咖啡專業知識全書

咖啡豆產地、烘焙、沖煮、菜單設計與店家經營深度分析

CONTENTS

第一部 咖啡概論與咖啡香味

1 咖啡學概論

Chapter 1 咖啡植物學　　　　　　010

Chapter 2 咖啡生物學　　　　　　016

Chapter 3 咖啡農耕學　　　　　　018

Chapter 4 咖啡處理法　　　　　　026

Chapter 5 低咖啡因咖啡　　　　　040

Chapter 6 區分咖啡等級　　　　　044

Chapter 7 咖啡保存與包裝　　　　048

Chapter 8 咖啡貿易　　　　　　　050

Chapter 9 世界咖啡產業動向　　　052

2 咖啡香味

Chapter 1 感覺理論　　　　　　　060

Chapter 2 咖啡香味之評鑑　　　　066

Chapter 3 咖啡香味評鑑要素與基準　074

Chapter 4 實戰咖啡杯測　　　　　086

第二部 咖啡烘焙

3 生豆

Chapter 1 生豆成份　　　　　　　092

Chapter 2 生豆的品種與處理　　　098

Chapter 3 生豆評鑑　　　　　　　102

4 烘豆

Chapter 1 烘豆的起源　　　　　　108

Chapter 2 烘豆機的構造與發展過程　110

Chapter 3 烘豆機的加熱源與熱傳導方式　114

Chapter 4 不同烘豆機的特性　　　118

Chapter 5 生豆的物理變化　　　　122

Chapter 6 生豆的化學變化　　　　130

5 烘焙實作

Chapter 1 烘焙計畫　　　　　　　136

Chapter 2 烘焙變數　　　　　　　144

Chapter 3 烘焙訣竅　　　　　　　152

6 混豆

Chapter 1 混豆的目的　　　　　　158

Chapter 2 選擇混合的生豆　　　　162

Chapter 3 味道的關鍵　　　　　　164

Chapter 4 混豆的方法　　　　　　166

第三部 咖啡萃取

7 研磨

Chapter 1 研磨的作用　　　　　　　172

Chapter 2 研磨的種類　　　　　　　180

8 萃取

Chapter 1 咖啡萃取率與濃度　　　　192

Chapter 2 萃取率和濃度的變因　　　200

Chapter 3 水　　　　　　　　　　　208

9 濃縮咖啡

Chapter 1 濃縮咖啡萃取　　　　　　216

Chapter 2 克麗瑪　　　　　　　　　218

Chapter 3 濃縮咖啡萃取率　　　　　222

Chapter 4 濃縮咖啡機　　　　　　　236

10 沖煮

Chapter 1 濾器沖煮　　　　　　　　248

Chapter 2 沖煮實作　　　　　　　　253

第四部 拿鐵拉花

11 拿鐵拉花的原理

Chapter 1 拿鐵拉花的定義和種類　　270

Chapter 2 拿鐵拉花必備的材料和工具　276

Chapter 3 拿鐵拉花的必要條件　　　278

12 拿鐵拉花實作

Chapter 4 拿鐵拉花的基本步驟　　　292

Chapter 5 拿鐵拉花實作範例　　　　310

第五部 咖啡菜單

13 咖啡製作準備

Chapter 1 材料　　　　　　　　　　346

Chapter 2 咖啡萃取設備&器具　　　356

14 萃取

Chapter1 咖啡香味　　　　　　　　374

Chapter2 咖啡萃取　　　　　　　　380

Chapter3 蒸奶　　　　　　　　　　384

CONTENTS

15 咖啡菜單

Chapter 1 菜單開發 388

Chapter 2 菜單設計 392

16 義式濃縮咖啡

Chapter 1 FRITZ COFFEE COMPANY 396

Chapter 2 MOMOS COFFEE 399

Chapter 3 COFFEE LEC KOREA 402

Chapter 4 COFFEE GRAFFITI 405

Chapter 5 FIVE EXTRACTS 408

Chapter 6 FELT 410

Chapter 7 ZOMBIE COFFEE ROASTERS 412

Chapter 8 KISSO COFFEE COMPANY 414

Chapter 9 ASTRONOMERS COFFEE 416

Chapter 10 COFFEE JUMBBANG 418

17 手沖咖啡

Chapter 1 Kalita
NAMUSAIRO COFFEE 林之間咖啡 422

Chapter 2 Kalita Wave
ELCAFE COFFEE ROASTERS 424

Chapter 3 FLANNEL
HELL CAFE 426

Chapter 4 Chemex
FIVE BREWING 428

Chapter 5 Hario
MESH COFFEE 430

Chapter 6 Hario
WANGCHANG CO.王昌商會 432

Chapter 7 Siphon
GREEN MILE COFFEE 434

Chapter 8 Aeropress
RUHA COFFEE 436

18 咖啡拿鐵與卡布奇諾

Chapter 1 CAFE LATTE
FACTORY 670 440

Chapter 2 CAPPACIUO
KIMYAKGUK COFFEE COMPANY
金藥局咖啡會社 432

Chapter 3 CAPPACINO ITALIAN
CAFFE KAMPLEKS 444

Chapter 4 DUMBOCCINO
RUSTED IRON 446

Chapter 5 CAFE LONDON
CAFE I DO 448

Chapter 6 CHAMP COFFEE
CHAMP COFFEE ROASTERS 450

Chapter 7 FLAT WHITE
LEESAR COFFE ROASTERS 452

Chapter 8 LATTEE REISSUE
REISSUE 454

Chapter 9 NO ICE LATTE
EPIC ESPRESSO THE COFFEE BAR 456

19 花式咖啡

Chapter 1 SHAKERRATO
PLAZ COFFEE   460

Chapter 2 VANILA LATTE
MONAD COFFEE ROASTERS   462

Chapter 3 CABARET MACCHIATO
CABARET MACCHIATO   464

Chapter 4 CITRUS CAPPUCINO
STEAMERS COFFEE FACTORY   466

Chapter 5 ORANGE CAPPUCINO
NOAHS ROASTING   468

Chapter 6 CAFE SAIGON
CAFE MULE   470

Chapter 7 CAFE BRULEE
WONDER COFFEE   472

Chapter 8 GRAPE FRUIT BOMB
COFFEE BOMB   474

Chapter 9 BICERIN
KONGBAT COFFEE ROASTER   476

Chapter 10 UVA MILK TEA
TREEANON   478

20 韓國咖啡師冠軍大賽參賽作品

Chapter 1 2015 KBC 第一名 宋露珠
VIOLET SIGNATURE   482

Chapter 2 2015 KBC 第二名 金德雅
O.S.T COFFEE   484

Chapter 3 2015 KBC 第三名 李恩珠
PUZZLE   486

Chapter 4 2014 KBC 第一名 鄭美麗
ORANGE PEEL SO GOOD   488

Chapter 5 2014 KBC 第二名 尹慧玲
REFRESSO   490

索引   492

第一部

咖啡概論與咖啡香味

1

咖啡學概論

咖啡屬植物有多種不同種類，以阿拉比卡種、羅布斯塔種、賴比瑞亞種、埃克塞爾薩種最具代表性。但其中品質以及產量最優秀的阿拉比卡種與羅布斯塔種的產業化交易最發達。

CHAPTER **1**

咖啡植物學

衣索比亞高原（又稱阿比西尼亞高原）的咖法地區，海拔高度最高
3500公尺，終年適合熱帶植物生長的氣候，所以是栽種咖啡的好地
帶。

咖啡的傳承

咖啡,發源於衣索比亞的咖法(Kaffa)地區,於西元575年左右傳至阿拉伯半島的葉門,15、16世紀前在其他地區沒有栽種的記錄。當時的當權者為了防止這項具有迷人魅力的作物被帶出海外,所以出口的咖啡都會先火烤過或是水煮過,去除發芽的可能。

在早期,咖啡是被當成食品的素材。西元800年,阿比西尼亞(Abyssinia,衣索比亞的舊稱)的

歐洛莫部落(Oromo)的人,會將曬乾後的咖啡櫻桃(coffee cherry)的種子與油或是奶油混合後,做成撞球大小的模樣食用。到20世紀初,非洲遊牧民族迦拉部落(Galla)會攜帶這種食品當作長期旅行時的主食。

之後,人們發現咖啡櫻桃的果肉與皮可以透過發酵製成紅酒。西元1200年左右,有人以滾水煮生豆之後拿來飲用。1300年左右,人們

將咖啡櫻桃去皮火烤壓碎後，以滾水沖泡飲用，是咖啡飲品的第一次登場，可以說是今日咖啡的始祖。

根據 16 世紀歐洲留下的記錄顯示，咖啡在當時早已席捲歐洲人的生活，因為咖啡的口味與香氣相當迷人；再者，生理學上也認為咖啡具有利尿、促進消化、醒神效果等優點。

從衣索比亞與阿拉伯半島傳遞到歐洲的過程中，咖啡有過許多不同的名稱。阿拉伯人稱為「qahwah」、土耳其人稱為「kahve」、17 世紀之後義大利稱為「caffé」、法國與西班牙稱為「café」、英國則是「coffee」、荷蘭為「koffie」，在德國則是稱為「kaffee」。

咖啡的系譜

⌄

1753 年，瑞典植物學家卡爾·馮·林奈（Carl Von Linné）第一個將咖啡分類為植物系（Vegetal）—被子植物群（Angiosperms）—雙子葉植物（Dicotyledons）—龍膽目（Gentianales）—茜草科（Rubiaceae）—咖啡屬（Coffea）植物。咖啡屬植物有多種不同種類，其中以阿拉比卡種（Arabica，又名小果種）、羅布斯塔（Canephora，又名中果種）、賴比瑞亞種（Liberica，又名大果種）、埃克塞爾薩種（Excelsa）最具代表性。但其中品質以及產量最優秀的阿拉比卡種與羅布斯塔種的產業化交易最發達，所以一般我們喝的咖啡不是阿拉比卡種就是羅布斯塔種。

咖啡樹是屬於四季綠葉的長青樹，不同的咖啡品種所能適應的氣候也不同。

❷ 羅布斯塔（Robusta）

19世紀末，非洲的剛果與幾內亞首度發現羅布斯塔。嚴格説來雖然是卡拉弗尼咖啡的下階品種，卻比其他品種優良，也比阿拉比卡來得更具商業化潛力。羅布斯塔這個名字的由來是一位荷蘭出身的商人發現，相較於昆蟲喜愛吃的阿拉比卡，羅布斯塔較不受蟲害，因而取名「Robuust」（荷蘭語為堅持、堅硬之意）。

羅布斯塔的培育條件較阿拉比卡好，不需擔心蟲害，生產量高，商業價值亦高。從遺傳學上看來，羅布斯塔擁有阿拉比卡的遺傳，但是香味與品質相對差許多，所以只能作為即溶咖啡使用。卡拉弗尼咖啡的下階品種除了羅布斯塔以外，還有科尼倫（Conillon）與瓜里尼（Guarini）等。

❶ 阿拉比卡（Arabica）

阿拉比卡的學名是 Coffea Arabica，在衣索比亞西南側咖法地區發現之後，經由阿拉伯半島傳遞到世界各國。阿拉比卡的咖啡不論是味道或是香味都比其他品種的咖啡卓越，是目前販售量最高的咖啡，佔全世界咖啡生產的60%。

阿拉比卡中最具代表性的有帝比卡（Typica）、波旁（Bourbon）、蒙多諾沃（Mundo Novo）、卡杜拉（Caturra）、卡杜艾（Catuai）、馬拉嘎吉坡（Maragogype）等。依據遺傳學分析，阿拉比卡是卡拉弗尼咖啡與歐基尼伊德斯咖啡（Coffea Eugenoides）交配的下階品種。

---

* 1983年，喀麥隆發現天然的無咖啡因咖啡，卡里爾咖啡（Coffea Charrieriana）。咖啡因含量低的藍西弗利亞咖啡（Coffea Lancifolia）則是在馬達加斯加發現的。然而，這2個品種所生產的咖啡過於苦澀，難以商業化。

阿拉比卡咖啡系譜

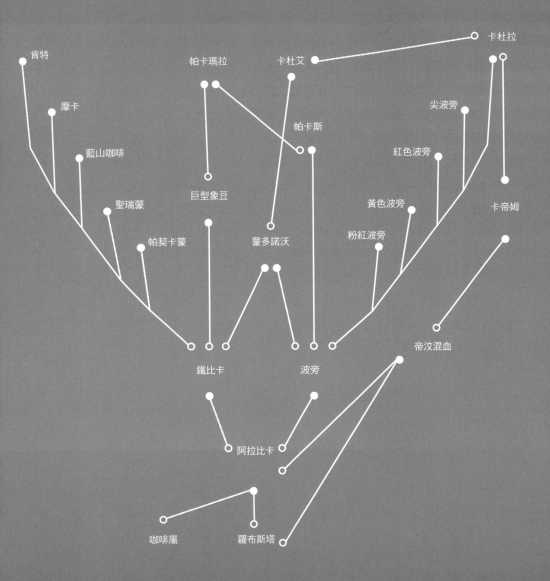

肯特

摩卡

藍山咖啡

聖瑞蒙

帕契卡蒙

帕卡瑪拉

巨型象豆

蒙多諾沃

卡杜艾

帕卡斯

尖波旁

紅色波旁

黃色波旁

粉紅波旁

卡杜拉

卡帝姆

鐵比卡

波旁

帝汶混血

阿拉比卡

咖啡屬

羅布斯塔

❸ 阿拉比卡與羅布斯塔的差別

若要讓阿拉比卡保持原有遺傳習性的話，需要維持 4 倍體的染色體且採用自體受粉的方式。相較於阿拉比卡，即使在溫度較高、高度較低的地方，羅布斯塔也容易生長。但若是在 10 度以下的環境則是相對受限制，又因為需要較多水份的關係，羅布斯塔才會廣泛栽植於年平均溫度較高的東南亞區域。咖啡因含量較高，苦味較強烈的羅布斯塔因可不受蟲害，產量穩定度相對較高。

阿拉比卡生豆

羅布斯塔生豆

阿拉比卡與羅布斯塔比較圖

阿拉比卡	比較	羅布斯塔
2n=44（4倍體）	染色體數	2n=44（4倍體）
自體授粉	受精方式	外來授粉
東非、中南美	主要栽種區	西非、東南亞
18～22度	年平均溫度	20～25度
0度	最低氣溫	10度
海拔900～2000公尺	栽培高度	海拔200～800公尺
1200～2000ml	降雨量	1500～3000ml
約3個月	最大週期	約1個月
每株10～20朵	開花數	每株60～80朵
1～1.5%	咖啡因含量	2～3%
最深2.5公尺	根深	最深1.5公尺
1.2～2公分	果實大小	9～1.6cm
弱	防蟲抵抗性	強
酸中帶強甜	香味特性	強烈苦澀

CHAPTER **2**

咖啡生物學

各種色澤的咖啡櫻桃。

咖啡櫻桃的構造

咖啡櫻桃的結構包含外皮、果肉、黏液質、內果皮、銀皮、生豆等。

❶ 外皮（husk）

咖啡櫻桃最外側的皮，在以日曬或是水洗處理法處理時，可在去皮（pulping）的階段將其與果肉分離。

❷ 果肉（pulp）

咖啡櫻桃的果肉也與其他果樹一樣散發甜味，只不過甜味較微弱。與外皮處理方式一樣，可以在日曬或是水洗處理時，於去皮階段分離皮肉。

❸ 黏液質（mucilage）

內果皮的表面沾滿的黏液質含有相當多的果膠 *（pectin）成份，容易腐爛。

❹ 內果皮（parchment）

咖啡櫻桃的果肉與生豆之間的果皮，表面有黏液質，具有保護生豆的作用。內果皮將生豆牢牢保護著，所以稱為內果皮咖啡（parchment coffee），西班牙文稱為 pergamino。

❺ 銀皮（silver skin）

包覆生豆的一層膜。於烘焙時剝開，稱為脫殼（chaff）。

❻ 生豆（green bean）

咖啡最主要的材料就是生豆，咖啡櫻桃最內層的種子，一般都是 2 個為 1 對。

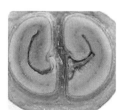

咖啡櫻桃剖面圖

公豆（peaberry）剖面圖

* 果膠：水果與蔬菜中常見的糖與酸的中和物質，以膠狀呈現，具有黏性，可用作細胞結合之用。

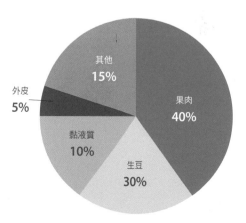

咖啡櫻桃的組成比例

其他 15%
外皮 5%
黏液質 10%
果肉 40%
生豆 30%

CHAPTER **3**

咖啡農耕學

咖啡樹苗

播種

咖啡生產的第一步就是播種。農夫在栽植大部分咖啡樹時，不是採取將內果皮灑到田地中的方式，而是先以苗圃培育咖啡櫻桃的種子。苗圃可以持續提供內果皮水、養份以及調整日照，同時也能培育出能夠生長的環境。播種後 1 至 2 個月過後，內果皮會開始發芽，接著就能將發芽約 40 ～ 60 公分的幼苗移植到農田中。

內果皮

種子發芽

栽培

$\vee$

❶ 樹蔭栽種

樹蔭栽種（shade grown），是在咖啡樹的周圍栽種較高大的樹木，並將咖啡樹種植在樹木之間的陰影處。較有歷史的咖啡樹品種，多半都是需要種植在陽光較弱的樹蔭處以調節日照，同時也可以利用樹蔭栽種防治病蟲害，避免烈曬，所以也可用有機農法。除了巴西之外，其他大部分的咖啡產地都是利用樹蔭栽種的方式提高咖啡樹品質。

樹蔭栽種

樹蔭樹（shade tree）的條件

大蕉樹（plantain tree）

必須是樹葉葉片較大的樹木
為了遮蔽陽光，所以樹葉要大片，或是樹枝能像雨傘展開為佳。

必須排除會強力吸收養份的樹木
與一般樹木的根部深度相比，咖啡樹為了易於收穫與養份供應（將養份集中於果實處），需要常常修剪，所以根部不深。咖啡樹的根部若較一般樹蔭樹深的話，養份會被樹蔭樹吸走，反而有害咖啡樹的生長。

必須排除水果樹
水果樹的水果成熟之後，容易有蟲害，所以要盡量避免。但是果皮較厚、尚未成熟之際就先摘取收成的大蕉樹（plantain tree）則是常見的樹蔭樹。

有機農法的定義

目前為止，人們還是相信有機農法就是完全不使用農藥，只使用天然肥料栽種。而有機農法（organic agriculture，或稱 organic farming）的正確定義如下：

「為了栽種農作物，容許使用肥料或是基於消滅有害菌與害蟲而噴灑殺蟲劑的行為，但是不容許使用化學合成的藥品。同時，為了土壤安全健康著想，不允許使用賀爾蒙生長促進劑或是餵食牲畜抗生素，以避免排泄物污染水源；基改作物（Genetic Modified Organism, GMO）更是不允許。」

❷ 日照栽種

巴西地區使用的栽種方法多半為日照栽種（sun grown），是將咖啡樹種植於強烈陽光之下，縮短咖啡櫻桃熟成的時間，以增加產量。然而，這個方式過度壓縮咖啡櫻桃成熟的時間，表面看起來熟成，但實際上尚未成熟，咖啡密度有落差的情況也不少見。這種方式產出的咖啡豆中的綠原酸（chlorogenic acid）含量過高，品質低落，且味道酸澀。所以日照栽種通常不建議用於傳統品種的咖啡樹，而是用於能夠承受日照的改良品種的咖啡樹。

肥料與防蟲

屬於咖啡屬植物的咖啡樹，原本是茂密森林中成長的作物，直接日照量少，所以可以防止產出過多果實。如果日照量過多，產量過多時，會影響第 2 年的生長，年產量就會逐年遞減。如果要防止葉枯病* 與日曬產生的問題，就要採用樹蔭栽種，時常修剪，並且保養土壤的方式。

主要營養素對咖啡樹的影響

營養素	供應方式	功能
氮N nitrogen	NO_2^+ NH_4^+	樹木生長、形成蛋白質、酶催化、產生荷爾蒙、光合作用
鉀K Potassium	K^+	提高果實品質、均衡水份、降低病蟲害
磷P Phosphorus	HPO_4^{2-} $H_2PO_4^-$	合成養份、強化根部、果實成熟、開花
鈣Ca Calcium	Ca^{2+}	形成細胞、深化根部與葉子、果實熟成與提高品質
鎂Mg Magnesium	Mg^{2+}	產生葉綠素、發芽
硫S Sulfur	SO_4^{2-}	形成尿素與蛋白質、產生葉綠素、降低病蟲害、發芽
氯Cl Chlorine	Cl^-	光合作用、平衡水份、交換氣體
鐵Fe Iron	Fe^{2+}	光合作用
硼B Boron	H_3BO_3	促進嫩芽與根部生長、果實熟成與開花
錳Mn Manganese	Mn^{2+}	酶催化、光合作用
鋅Zn Zinc	Zn^{2+}	產生賀爾蒙、光合作用
銅Cu copper	Cu^{2+}	產生葉綠素、形成蛋白質
鉬Mo Molybdenum	MoO_4^{2-}	氮代謝

* 葉枯病（Litchi Leaf Blight）：葉片自尖端逐漸褪色乾枯。

咖啡樹結出過多果實的樣貌

❶ 咖啡樹病變

一般稱為葉鏽病（CLR, Coffee Leaf Rust 或 Roja）的咖啡樹病變，是被一種叫做咖啡駝孢鏽菌（Hemileia Vastatrix）的菌種攻擊。被攻擊的咖啡樹的葉子會呈現生鏽狀，漸漸乾枯而死。這個菌種除了攻擊咖啡樹之外，更容易擴散到其他樹種，特別是同種類的樹木更是容易得到這種病。

1869 年因為荷蘭而開始栽種咖啡樹的錫蘭島（現今斯里蘭卡的舊稱），就是因為得到這個咖啡樹病變而轉換成栽種茶葉。咖啡樹病變迄今都還深深困擾著許多咖啡生產國。

感染病變的咖啡樹會因為不能行光合作用而無法開花結果，最終會導致收穫量急速下降，讓農場蒙受損失。再者，目前沒有根除的解決方法，只能每年施打 5 次左右含有鋅的肥料以及噴灑殺蟲劑來預防。

* 蟲蛀豆：蟲蛀豆於烘焙時，濕香與香味會稍差。

❷ 咖啡果小蠹

一般稱為咖啡果小蠹（CBB, Coffee Berry Borer，或 Broca），是棲息於咖啡櫻桃上產卵的蟲。卵孵化之後，幼蟲咬食生豆長大，等到成為成蟲之後再移居其他果實，而原本棲息的地方就會有一個洞，視為瑕疵豆之一，被分類為蟲蛀豆*（insect damage bean）。

因為咖啡樹有其防禦特性，所以其他蟲類不會接近咖啡樹，但是根據美國食品署（FDA）的研究結果發現，只有咖啡果小蠹帶有的細菌具有分解咖啡因成份的能力，並中和毒性。目前正努力利用這個菌種開發低咖啡因的咖啡。

咖啡果小蠹
圖片來源 :Google

❸ 咖啡炭疽病

1992 年，於肯亞初次發現的咖啡炭疽病（Coffee Berry Disease），是一種纏繞在咖啡櫻桃樹枝上使其腐爛的病。腐爛的咖啡櫻桃所產出的咖啡品質就會變差，嚴重的情況下還會讓產量減少。

咖啡樹病變

咖啡炭疽病

採收

∨

❶ 開花與果實成熟

需在發芽後 3 ～ 4 年左右才能看到咖啡樹開
花的模樣。若是開花季節到農場參觀的話，
會聞到咖啡樹的花香味，不過花期大約 3 ～
4 天左右，就會漸漸凋謝。花朵凋謝的地方
會結出果實，這個果實就是咖啡櫻桃。一開
始是綠色，後來會逐漸變成紅色、黃色或是
橘色。

咖啡花

❷ 採收

採收是咖啡生產最重要的一個環節。就算是
同一株樹的果實也有不同熟成度的可能，品
質就會有所差異。應該要先採收熟成度較高
的果實，因為其碳水化合物含量較高，甜味
與香味都相當平均（碳水化合物於烘焙時會
產生化學反應而使生豆變褐色）；相對來說，
尚未成熟的咖啡櫻桃於烘焙時，會出現淺淡*
（quaker）現象，產生酸澀與苦味，味道不
佳。

咖啡櫻桃（成熟）

咖啡櫻桃（尚未成熟）

---

* 淺淡：未成熟的生豆經過烘焙後，變成較亮色的
原豆。

選擇性採收

選擇性採收（selective harvesting）是農人選擇已經成熟的咖啡櫻桃進行採收的方法，又稱為人工採收（hand picking）。採收時期的咖啡櫻桃並非全部都已經成熟，因而需要人工每日確認咖啡櫻桃的成熟度，並選擇採收已經成熟的咖啡櫻桃。採用這種方式需要許多人工，方可每日確認咖啡櫻桃的成熟度，但這是能夠採收到優良品質的咖啡櫻桃的最佳方式。雖然不能百分之百保證使用選擇性採收一定能確保品質，但可以確認比搓枝法採收（striping）與機器採收為佳。

搓枝法採收

搓技法採收是將咖啡樹結出的咖啡櫻桃連枝採收，不考慮個別成熟度，所以相對品質會差一點，通常用於較次等級的咖啡。

機器採收

機器採收（mechanical striping）就是利用機器一次採收特定區段的咖啡櫻桃，所以多半在平地、大農場使用。與搓枝法採收一樣，是不分成熟度的一次全部採收，所以品質相對較差。

人工採收

巴西的機器採收

CHAPTER **4**

咖啡處理法

咖啡櫻桃採收後,最晚需於12小時內處理完成。如果放置不管的話,腐爛的可能性大增。

咖啡櫻桃處理的方法大致上分為日曬處理法、水洗處理法、去果肉自然乾燥處理法。同樣的處理方法,也會因為生產國家的特定情況或是生產目的而有所差異。

日曬處理法

⌄

　　日曬處理法就是將採收的咖啡
櫻桃乾燥處理的過程，又稱為乾燥
處理（dry method），堪稱最簡單的
乾燥方式，同時會產出優良的咖啡
品質，但是是相對辛苦的處理法。
相較於水洗處理法，日曬處理法的
過程單純，所以幾乎不會影響咖啡
櫻桃的品質。

　　再者，與將內果皮烘乾的水洗
處理法不同，日曬處理法是直接將
咖啡櫻桃整個曬乾，所以含水量不
平均，熱能也無法平均分配，烘焙
時不會有均一的結果。

　　但是若只選擇成熟的咖啡櫻桃
的話，脫殼後就能夠撿出瑕疵豆，
提高品質。

日曬處理程序

1 採收
harvesting

2 風選
winnowing

3 乾燥
dry

4 脫殼
hulling or husking

TIP　**日曬處理法的香味特徵**

日曬處理法是讓咖啡櫻桃的果肉與黏液質的
成份進行化學作用，提高甜度與醇度。不過
略帶酸味，不能說是屬於香甜的香味。

❶ 採收

若要咖啡品質優良，最重要的是必須選擇成熟的咖啡櫻桃。

❷ 風選

透過風選除去摻雜在咖啡櫻桃中的樹枝或是葉子。

❸ 乾燥

把咖啡櫻桃放置在乾燥場，將含水量曬至剩下 10% ～ 13% 左右。

❹ 脫殼

將含水量 12%以下的內果皮放入機器進行脫殼，產生生豆。

TIP 日曬乾燥法
與機器乾燥法（mechanical dry）

日曬乾燥法使用庭院（patio）或是桌台*（table）；機器乾燥法則是使用乾燥機。日曬乾燥法會受天候影響，所以在日照數不足的地方多半與機器乾燥法並用。

---

* 桌台：桌台乾燥法，又稱非洲式高架棚架乾燥法（african bed），起源於衣索比亞。首先在樹幹上放網子，將咖啡櫻桃放上去乾燥，需要置於通風良好之處。中南美洲多半採用這個方式曬乾咖啡櫻桃。然而，非洲式高架棚架乾燥法受限於單位面積的關係，生產費用較高，不屬於常用的方法。

日曬乾燥法

庭院乾燥

機器乾燥

非洲式高架棚架乾燥

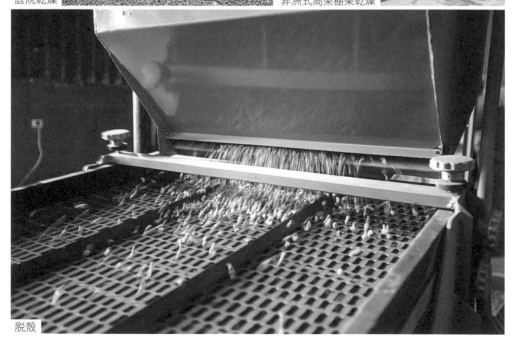

脫殼

咖啡處理法

29

水洗處理法

又稱為濕式處理法（wet method）的水洗處理法，相較於日曬處理法較為複雜，但是中途有許多品質管理的機會，生豆的品質比日曬處理法較為優良。

水洗處理法採取內果皮曬乾的方式，所以比日曬處理法所需的乾燥時間來得短，適合天氣變化劇烈的地區。

TIP **水洗處理法的香味特徵**

水洗處理法先去除咖啡櫻桃的果肉與黏液質，所以會有較香甜的香味。發酵之後帶有酸味這一點，是與其他處理法不同之處。再者，處理過程中有多道撿出瑕疵豆的程序，能夠提高咖啡的品質。但是相較於將整個咖啡櫻桃曬乾的日曬處理法，會少點甜味與醇度。

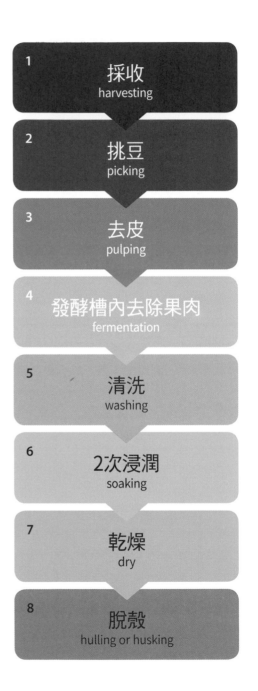

水洗處理程序

1 採收 harvesting

2 挑豆 picking

3 去皮 pulping

4 發酵槽內去除果肉 fermentation

5 清洗 washing

6 2次浸潤 soaking

7 乾燥 dry

8 脫殼 hulling or husking

❶ 採收

若要咖啡品質優良，最重要的是必須選擇已經成熟的咖啡櫻桃。

❷ 風選

將採收好的咖啡櫻桃放入浮選槽（flotation tank），在水面上分離咖啡櫻桃（水份過度蒸發時，密度會降低）、樹枝、葉子，好進入下個階段。

❸ 去皮

又稱為破皮（depulper）。將咖啡櫻桃放入機器中，分離外皮與果肉。有使用滾筒（cylinder）、圓盤（disc），或是環保（eco）等方式。但是尚未成熟的咖啡櫻桃就算去皮也無法分離外皮與果肉，因此無法通過撿豆機。

浮選槽

撿豆機

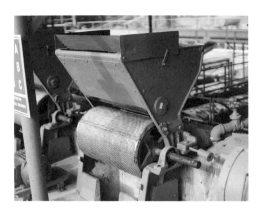

滾筒去皮機

滾筒去皮機是可以同時採用電動去皮與手動去皮的方式。如同手動磨豆機一般,不需用太大的力氣即可操作。設備較小,利於移動,可用於栽植高度較高的地方。

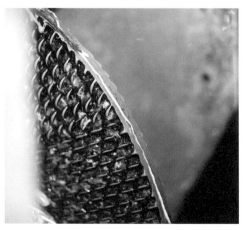

圓盤去皮機

利用大型器具,多用於水洗處理法的濕磨機。圓盤去皮機是利用離心力的方式將咖啡櫻桃的外皮與果肉分離,一般都會使用 2 個圓盤,以高速運轉方式去皮。

環保去皮機

去皮後,減少去除黏液質而使用的水,較不浪費水。以哥倫比亞與佩納戈斯(Penagos)為代表。

❹ 去皮

這個階段是去皮之後，去除內果皮剩餘的黏液質，是水洗處理法中重要的環節。

黏液質的主成份果膠中，含有約 33％的原果膠（protopectin）與葡萄糖、果糖；約 30％的還原糖，以及約 30％的非還原糖，約 20% 的纖維素與其他成份。

發酵就是分離果膠中的合成物，和加水份解（hydrolysis）出微生物 2 種方式。

內果皮泡水發酵時，非水溶性物質的原果膠需要加水份解（分解水的合成物，產生 2 種分子的化學反應），而水溶性的糖則是能漸漸消失於水中。

發酵時間依據產地與農場特性略有不同，通常需要 6 到 12 個小時左右。發酵時間過長的話，生豆容易腐敗，要特別注意。

不同的國家與地區所使用的水量、溫度、溼度會不同，所以會有不同的結果。例如水源不足的非洲地區多用微生物進行好氧發酵＊（aerobic fermentation）與厭氧發酵（anaerobic fermentation）。所以非洲產的水洗處理咖啡豆才會帶有紅酒香味。

＊ 好氧發酵是利用氧氣，而厭氧發酵則是不利用氧氣。所以，好氧發酵的微生物最終會製造出二氧化碳與水，厭氧發酵的微生物則是會產生有機酸，是會讓煤炭等發酵產生味道的物質。

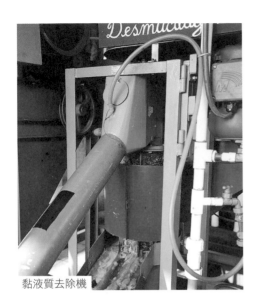
黏液質去除機

TIP 黏液質去除機

發酵時間過長，內果皮容易腐敗，也會拉長作業時間，所以使用黏液質去除機降低內果皮損傷的風險，也可讓處理過程更有效率。黏液質去除機是以物理的方式將內果皮外圈的黏液質去除的機器。用這種方式去除黏液質，能讓咖啡香味更平均。不過，發酵的過程所產生的香味成份就容易被忽略，咖啡香味可能就不那麼豐富。

TIP 廢水處理問題

發酵所使用的廢水不可直接排放，因為發酵過程中會產生酸性物質，會造成環境污染。所以發酵後的廢水必須加入中和劑，待中和完成之後才可排出。發酵時必須考慮經濟問題，同時也必須注意環保問題。

❺ 清洗

清洗是為了使內果皮不再發酵，而使用水清洗殘留黏液質的過程。這當中有一道品質管理程序稱為渠道（channeling）；在渠道中放入內果皮，會讓密度正常的內果皮與相對不足的內果皮分離。透過渠道可以區分密度不夠高以及過輕的內果皮，因為水可以篩選出尚未成熟或是有瑕疵的內果皮。

❻ 2次浸潤

2次浸潤就是將內果皮放在水中10到24個小時左右，這個過程能減少讓咖啡呈現苦味的多酚（polyphenol）與雙萜（diterpene）。但是要注意不可浸泡太久，不然內果皮會再度進入發酵狀態；再者水洗處理法也不是非得使用2次浸潤不可，可以選擇要或不要。

❼ 乾燥

放置於乾燥場中，曬至內果皮水份剩下10%～12%左右。可以適度地並用日曬乾燥法或是機器乾燥法。水洗處理法會使用日曬乾燥法中的庭院乾燥。

❽ 脫殼

當水份達到12%以下時，就可將內果皮用機器脫殼，產出生豆。

去果肉自然乾燥處理法

去果肉自然乾燥處理法是擷取日曬處理法與水洗處理法的優點，將咖啡櫻桃的外皮與果肉分開，在帶有黏液質的狀態下進行乾燥處理。將外皮與果肉分開，就能夠保留清新的香味，而在帶有黏液質的狀態下進行乾燥，就能夠保留甜味與醇度。

這是由巴西所開發的處理法，目前世界各地的咖啡農夫也積極投入使用。然而黏液質的特性是容易腐敗，所以農夫也必須注意這個危險性。為了補強這個缺點，這個方法只能在天候乾燥，以及乾燥的環境下作業，或是在不受外部影響的乾燥設施中處理。

為了生產品質優良的去果肉自然乾燥的咖啡，需要有嚴格的管理程序。雖然這麼做的確實可以獲得品質相對較高的咖啡，但是生產量無法提高，價格也相對高上許多。

去果肉自然處理程序

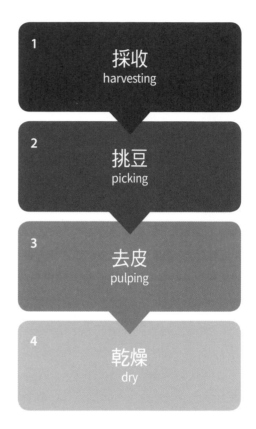

1 採收 harvesting

2 挑豆 picking

3 去皮 pulping

4 乾燥 dry

TIP　去果肉自然乾燥處理法的香味特徵

去果肉自然乾燥處理法是認為黏液質中的果膠成份對於生豆有正面的影響，也能比水洗處理法保留更多的甜味與醇度，而且褪去外皮能夠減少酸味，提升香味。不過，去果肉自然乾燥處理法與日曬處理法一樣，處理過程中無法撿出瑕疵豆，若黏液質腐敗的話，就容易失敗。所以能否挑選出成熟的咖啡櫻桃，才是提高品質的關鍵。

❶ 採收

因為去果肉乾燥處理法失敗的機率相當高，就算是小量生產也必須付出相對成本，所以品質的控管非常重要。也就是在採收階段就需要非常注意。

❷ 挑選

從採收的咖啡櫻桃中挑選出成熟的咖啡櫻桃。

❸ 去皮

將咖啡櫻桃放進機器中進行去皮。在不使用水或是少量水的情況下，使用可以多次去皮的小型渠道。

❹ 乾燥

帶有黏液質的內果皮放置於乾燥場曬乾的過程。最重要的是要在 2 到 3 日內將含水量降到 20％～24％左右，此為果皮乾燥（skin dry）。進行果皮乾燥時，若乾燥時間過長或是內果皮互相沾黏的話，就容易腐敗，所以必須定時翻整攪拌。

TIP 設定乾燥期間

假定在天氣好的地方採用日曬乾燥法，需要 5 到 6 天左右，含水量會降到 10％～12％。不過各個地區的氣候不盡相同，所以就算是同樣的乾燥期間也不見得會有相同的成果。

特別是果皮乾燥之後的乾燥期間，必須由生產者依據想要生產的香味調整日照量與溫度。

採用機器乾燥時，內果皮可於短時間內乾燥，但是過多的熱能可能變成烘焙，所以多半只在商業咖啡使用機器乾燥。

渠道

日曬處理法	水洗處理法	去果肉乾燥處理法

優點	優點	優點
不浪費水 不需要太多人工	可品質管理	能引出咖啡最佳風味

缺點	缺點	缺點
過程中缺乏品質管理	浪費水 需要大量人工 需要大量設備投資	需要細緻管理 需要大量人工 失敗可能性高

其他處理法

∨

❶ 蜜處理法

蜜處理法與去果肉乾燥處理法非常類似，所
以去果肉乾燥處理法也被稱為蜜處理法。之
所以稱為蜜處理法，是因為內果皮側的黏液
質像蜂蜜一樣。首先採用這個處理法的是哥
斯大黎加。2013 年一位日本人訪問哥斯大
黎加，試圖尋找可以取代日曬處理法的方
法。當時多用水洗處理法的哥斯大黎加，也
在嘗試使用去果肉乾燥處理法時意外發現了
蜜處理法。蜜處理法與去果肉乾燥處理法一
樣，都可以降低酸味，提升甜味與醇度。而
依據黏液質量的多寡，可以區分為黃蜜處理
法、紅蜜處理法、黑蜜處理法。

黃蜜處理法

黏液質約剩 25%的狀態下，將內果皮曬乾，
或是採用日曬乾燥法於太陽下放置 8 天左
右。蜜處理法的咖啡，生豆顏色較淡，甜味
較少；不過，黏液質腐敗的可能性較低。

紅蜜處理法

黏液質約剩 50%的狀態下，將內果皮曬乾，
或是採用日曬乾燥法於太陽下放置 12 天左
右。顏色較黃蜜處理法深，甜味更棒。

黑蜜處理法

黏液質維持 100%的狀態下，將內果皮曬乾，
或是採用日曬乾燥法於太陽下放置 14 天以
上。與去果肉乾燥處理法最為類似，是蜜處
理法中生豆顏色最深的一種，甜味與醇度也
最高。這個方式的黏液質量最多，所以要小
心不要沾黏，最好使用通風性最佳的非洲式
高架棚架乾燥，並且要常常翻整攪拌。

❷ 濕刨處理法

印尼有許多咖啡品種，其中最常使用的是濕刨處理法。一般而言，印尼的咖啡（以阿拉比卡為基準）帶有土壤的香味，醇度較高，但其實這是較落後的作業環境以及濕刨處理法的特有產物。濕刨處理法是將發酵的內果皮曝曬於陽光下 2 到 3 天，果皮乾燥之後再進行脫殼程序。因為是在內果皮含水量約 20%～24% 的情況下脫殼，生豆表面會有脫殼後的損傷。也因為採用快速乾燥的方式，所以生豆也容易有裂痕。再加上可能是在不是非常乾淨的地方進行曬乾作業，可能會沾染不好的味道。

既然這樣，印尼為什麼要使用濕刨處理法呢？

第 1 個原因可以從印尼的歷史找到。咖啡是在 1966 年荷蘭殖民時傳入印尼。在荷蘭殖民時期，為了擴大咖啡產業的收益，所以以縮短處理過程與減少人工費用為由選擇濕刨處理法。

第 2 個原因是印尼的天氣。印尼 1 年四季濕氣重、降水量高，氣候條件明顯不適合咖啡生產，加上容易滋生細菌的關係，所以才會選擇濕刨處理法。

然而，近年來因為關注印尼咖啡品質的人增加，所以生產者也積極努力改善印尼咖啡的品質，相信不久之後就能看到品質更好的印尼咖啡。

❸ 麝香貓咖啡（kopi luwak）

麝香貓咖啡是讓麝香貓（civet）吃下咖啡櫻桃，並排洩出無法消化的咖啡櫻桃所產出的咖啡。麝香貓咖啡就是利用動物的腸胃系統進行處理，所以帶有特殊香味，讓全世界的富翁都趨之若鶩，造成麝香貓咖啡的價格水漲船高。

麝香貓咖啡原本是麝香貓自然吃下咖啡櫻桃，再以人工方式採集排泄物中的咖啡櫻桃而來，但是取得相當不易。所以目前採用捕捉麝香貓，強餵咖啡櫻桃（甚至於是餵食尚未成熟的咖啡櫻桃）的方式生產，因此目前價格要稍微下降一點。

然而，若是以自然的方式生產麝香貓咖啡，則效率較低；若是以人工飼養的方式，可說是虐待動物。想想，若是以強迫的方式餵食麝香貓咖啡櫻桃的話，用排洩出來的咖啡櫻桃所製作的咖啡，會對我們產生什麼影響呢？

印尼咖啡農場

麝香貓咖啡

低咖啡因咖啡

許多人享受咖啡的美味，但卻有不少人，特別是孕婦、青少年、罹患心臟疾病的人，或是對咖啡因*過敏的人，想找尋低咖啡因或是無咖啡因的咖啡。

低咖啡因咖啡相較於一般咖啡來說，味道較單調，而在去除咖啡因的過程中會順帶去除一部分的抗酸物質，所以單從健康層面看來，無法給予肯定的評價。

低咖啡因生豆

低咖啡因生豆的顏色會較一般生豆深，因為是在含水量高的情況下放入機器內乾燥。

低咖啡因咖啡的基準

歐洲與美國對於低咖啡因咖啡的認證基準不太一樣，美國的基準較為嚴格。

❶ EU

咖啡因含量需在 0.1% 以下（以阿拉比卡為基準）。

❷ 美國

咖啡因含量需在 0.045% 以下，且必須去除 97% 以上的咖啡因（以阿拉比卡為基準）。

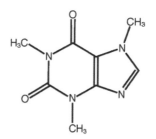

$C_8H_{10}N_4O_2$　　M.W. = 194.19

---

*咖啡因：1820年，德國的化學家弗里德里希・費迪南・龍格（Friedrich Ferdinand Runge）在可可豆（cacao bean）中提煉出咖啡因，因而發現咖啡因這項物質。咖啡因是生物鹼（alkaloid）的一種，是植物防範病蟲害的機制。咖啡因的語源則可以從德語的「kaffee」與法語的「café」中找出蛛絲馬跡。化學名稱是1.3.7-trimethylxanthine，化學式是C8H10N4O2。一般情況下，阿拉比卡咖啡的咖啡因含量是1～1.5%、羅布斯塔咖啡則是2～3%。適量攝取的話，會刺激中樞神經，加快新陳代謝並能抑制睡意。一般來說攝取咖啡因的1小時之後會產生效果，約3到4小時後效果會消失。

低咖啡因咖啡的製作方法

❶ DCM

加入二氯甲烷（dichloromethane）溶劑，可以萃取並去除咖啡因。但由於二氯甲烷是致癌物質，殘留的可能性高，所以目前已經禁止使用這個方式。

❷ EA

加入乙酸乙酯（ethylacetate）溶劑，可以萃取並去除咖啡因。但由於乙酸乙酯對呼吸道與神經有不好的影響，殘留的可能性高，所以目前已經禁止使用這個方式。

❸ 超臨界二氧化碳（supercritical CO2）

利用液化的二氧化碳萃取並去除咖啡因。是除了瑞士水洗處理法以外常用的方式。由於需要購置能讓二氧化碳在液體與氣體之間不停轉換的機器，所以一開始就有設備投資的費用。

❹ 瑞士水洗處理法

利用水與活性碳層的方式萃取並去除咖啡因。由於是在瑞士發現的，所以稱為瑞士水洗處理法。這個處理法擁有專利技術，相對便宜且能安全生產低咖啡因咖啡產品。

瑞士水洗處理法的
低咖啡因咖啡製作過程

1. 用熱水澆生豆。

2. 用水溶出生豆可水溶性的成份之後，以活性碳層反覆篩選去除99.9%的咖啡因。

3. 將生豆從活性碳層中撈出，讓去除咖啡因的生豆得以吸收其他成份。

4. 將生豆放入機器烘乾。

DECAFFEINATION PROCESS

SWISS WATER

BEAN COMPOSITION
A typical green coffee bean is composed of:

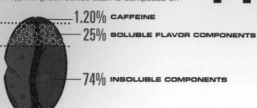

- 1.20% CAFFEINE
- 25% SOLUBLE FLAVOR COMPONENTS
- 74% INSOLUBLE COMPONENTS

DECAF DEFINED
SWISS WATER® PROCESS™
100% chemical free

FLAVOR-CHARGED WATER
How flavor-charged water is collected:

CAFFEINE

FLAVOR-CHARGED WATER

The water extracts the caffeine and the flavor solids from the bean.

"Flavor-Charged" water composed of 25% flavor solid is created.

CHEMICAL-FREE DECAFFEINATION PROCESS

Beans are first soaked in water to prepare for extraction process.

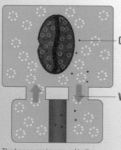

CAFFEINE

WATER FLOW

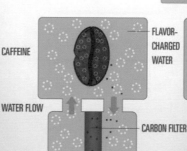

FLAVOR-CHARGED WATER

CARBON FILTER

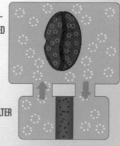

The beans are immersed in the flavor-charged water. Initially the water is caffeine free, and as a result the caffeine diffuses into the water. Since the concentration of the flavor components are equal, only the caffeine is removed and the flavor stays intact.

The water then passes through a carbon filter that traps the caffeine. Now that the caffeine is removed, the water flows back to the beans to remove more caffeine.

The process takes roughly 8 hours until the beans are 99.9% caffeine-free.

The decaffeinated beans are removed from the water. They are then dried, cleaned, polished, bagged and shipped.

1 Hour   8 Hours

資料來源：coffee for less

CHAPTER **6**

區分咖啡等級

區分等級的起始

⌄

　　咖啡第 1 次出現等級劃分是在巴西。將生豆區分為 1 等級、2 等級以及下位等級。當時將破碎的生豆（broken bean），在烘乾過程或是保存過程中失去水份、變成白色的生豆（white）劃分為瑕疵豆。

等級區分的意義

⌄

　　將咖啡區分成不同等級，是為了讓販售者與消費者能夠清楚溝通，不會錯買想要的咖啡。例如來自哥倫比亞的咖啡中，生豆最大顆的會標示為頂級（supremo），而來自衣索比亞的生豆中，瑕疵豆較少的生豆會標示為 G1。

等級區分的變數

∨

等級區分基準依據不同情況有所不同，但是商業販售的產地會採用同一種分類法，依據生豆的大小與密度、栽種高度、瑕疵豆含量以及香味來分級。

篩選機

分類機（色澤）

確認色澤範圍之後，進行生豆分類的分類機。

分類機（密度）

依據密度區分生豆的分類機。

人工

以人的雙手進行生豆分類的作業。

❶ 依據篩孔大小分類

像篩子一樣的篩選機，可以根據生豆的大小分類。編號 # 18 以上的生豆在哥倫比亞是屬於頂級，在肯亞與坦尚尼亞則是列為 AA（Double A）等級。

❷ 依據密度與栽培高度分類

一般而言，栽種高度越高的生豆，密度越高。高地栽種時，日夜溫差較大，咖啡櫻桃成熟的時間較長，也會產生更多不同的物質，所以相對密度會高一點。以栽種高度與密度來劃分，商業價值最高等級的咖啡有瓜地馬拉與哥斯大黎加的 SHB（極硬豆，Strictly Hard Bean），以及宏都拉斯、薩爾瓦多、墨西哥、尼加拉瓜的 SHG（極高山豆，Strictly High Grown）。

❸ 依據瑕疵豆（defect beans）含量分類

伊索比亞與印尼是以生豆含有瑕疵豆的數量區分為 G1、G2、G3。

瑕疵豆種類

黑豆
black bean

原因　　微生物過度發酵。

香味特徵　酚酸（phenolic）、泥土味（dirty）、
　　　　　霉味（moldy）、酸味（sour）

酸豆
sour bean

原因　　採收熟透或是已掉落的咖啡櫻桃，或是
　　　　處理過程中使用細菌過多的水，或是過
　　　　度發酵。

香味特徵　發 酵 味（fermented）、 臭 豆 味
　　　　　（stinker）

未熟豆
immature

原因　　採收未成熟的咖啡櫻桃或是微生物過度
　　　　發酵。

香味特徵　草 味（grassy）、 稻 草 味（straw-
　　　　　like）、 生 臭 味（greenish）、 澀 味
　　　　　（astringent）

霉豆
fungus bean

原因　　溫度與濕度控制不當產生黴菌（任一生
　　　　產過程都會發生）。

香味特徵　發酵味、酚酸、泥土味、霉味

蟲蛀豆
insect damage bean

原因　　咖啡果實中有鑽孔蟲的幼蟲所鑽出的洞。

香味特徵　泥土味、酸味、霉味、里約味（rioy）

浮豆
floater

原因　　處理過中（特別是乾燥與保存過程）咖啡櫻桃在高溫中曝露過久。

香味特徵　發酵味、霉味、土質味（earthy）

萎縮豆
withered beans

原因　　生產過程中遇到乾旱或是水源不足。

香味特徵　草味、稻草味

貝殼豆
shell

原因　　遺傳原因。

香味特徵　焦味（burnt）、焦黑味（charred）

破豆
broken / chipped / cut

原因　　去皮與脫殼的過程中，生豆受到強大外力或是過強的乾燥過程而產生的破損現象。

香味特徵　泥土味、酸味、發酵味

外部雜質
foreign matter

原因　　生產過程中有外部雜質。

香味特徵　雖然不會對香味造成影響，但是衛生條件不佳會造成生產效率降低。

咖啡保存與包裝

保存方式

⌄

生豆保存的最大變數就是溼度。濕度超過 60 ，容易產生黴菌。

TIP 赭麴毒素 A（ochratoxin A）

因為粽麴菌（aspergillus ochreceus）或是青黴菌（penicillum viridicatum）而產生的黴菌毒素（mycotoxin）。赭麴毒素 A 是 1965 年於南非首度於粽麴菌中提煉出來。之後，美國、歐洲與日本等地都在米、麥等穀類以及咖啡、辛香料等農產品中發現有污染情況。生豆中若含有赭麴毒素 A，也不會在烘焙的過程中消失，這種毒素還可能會造成腎臟癌或是肝癌。赭麴毒素 A 多半於瑕疵豆中發現，必須用人工等較細緻的挑豆程序才能選出好豆子，降低危險性。

包裝方式

⌄

❶ 麻包包裝

用黃麻纖維做的麻包（jutebag）或黑森麻袋（hessian sack），是最常使用的包裝方式。雖然價格便宜，但由於無法阻絕水份入侵與香味肆溢，對於咖啡香味有致命的變數。

❷ 穀物包裝

為了補強麻包包裝的缺點，所以 GrainPro 公司開發出穀物專用的塑膠內袋，可以有效阻絕外部各種干擾。大部分的精品豆都會先裝入穀物包裝後，再放進麻包中運送。

❸ 真空包裝

真空包裝是將袋中生豆的空氣儘量壓縮，以維持生豆一定品質。但是價格較貴、用量不多的前提下，通常只會用在精品生豆。

麻包包裝

穀物包裝

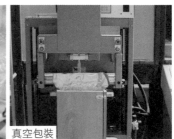

真空包裝

CHAPTER **8**

咖啡貿易

期貨市場

⌄

　　期貨市場（future market）是制定一個價格，於
現在這個時間點進行買賣的契約，但必須考慮未來價
格的變動。因為是預先制定一個價格進行買賣，所以
往後價格出現任何波動都可能會有影響，要注意不要
受到波及而有所損失。

　　阿拉比卡的期貨交易在紐約期貨交易市場（ICE
www.theice.com）、羅布斯塔的期貨交易在倫敦期貨
交易市場（EURONEXT www.euronext.com）。

咖啡貿易用語

⌄

❶ FOB

Free on Board 的簡寫，為產品從產地交貨給採購者的價錢，也
就是船上交貨。一般商品交易條件中多會與 CIF 並用。賣方將契
約中載明的貨物交給買方指定的船舶裝載後，即完成交付作業，
也就是完成交易當下所需的費用與保險。之後就由買方自行負擔
了。

❷ CIF

Cost、Insurance、Freight 的簡寫。貿易契約中，明載由誰負擔賣方將商品從產地運送至目的地所需的成本價、航運費、保險費。CIF 價格就是包含出口商品的運送、保險費用的價格，也就是到達到貨港的交付提貨價格。一般來說，出口會採用 FOB 價格，進口會採用 CIF 價格。

❸ 提貨單（B/L）

是 Bill of Lading，即海運公司核發的寄售貨物的貨物代表證券。海運公司與貨主就運送條件訂定運送契約的憑證，是匯票附帶文件中最重要的 1 種。一般 1 件貨物運送會有許多提單，其中之一會指定港口進行交付提貨作業。

❹ 公噸（MT）

Metric Ton 的簡寫，意為 1 公噸。

❺ 鎊（lb）

Libra 的簡寫，為重量單位，一磅為 0.453 公斤。

❻ TEU

Twenty-feet Equivalent Unit 的簡寫，長度約 20 呎、高度與寬度各為 8 呎的貨櫃，約可乘載 21.7 公噸。

製作契約

∨

生豆交易的契約中，必須包含以下幾種內容：

① 契約日期：契約締結日期（例：2016 年 6 月 16 日）

② 編號：契約編號（例：CT08308）

③ 賣方：販賣生豆的個人或是公司（例：RTO Limted, Costa Rica）

③ 買方：採購生豆的個人或是公司（例：Orangee Coffee Company, South Korea）

⑤ 交易量：實際購買量（例：1 千包，每包 69 公斤，總共 6.9MT）

⑥ 品質與說明：具體說明等級與品質（例：Costa Rica Finca Pabio Tarrazu Burbon Washed SHB）

⑦ 生產年份：咖啡櫻桃採收年份（例：2016 Crop）

⑧ 價格：必須支付金額（例：每磅美金 400 元）

⑨ 條件：貿易條件（例：CIF、FOB）

⑩ 重量與條件：運輸條件（裝船 [shipped] 或上岸 [landed]）

⑪ 運送條件：送達目的地的日期 （2016 年 6 月中）

⑫ 送達地點：送達場所（例：釜山）

⑬ 支付：支付方式（例：憑單付款 [NCAD, Net Cash Against Documents]）

⑭ 保險：責任保險（由賣方負擔 [To be covered by seller]）

⑮ 特殊事項：其他條件（例：特殊航空服務 [SAS, Special Air Service]）

⑯ 仲裁管轄：紛爭管轄地（例：首爾）

世界咖啡產業動向

近15年來，美國、北歐、澳洲的精品咖啡消費量有逐漸增加的趨勢。連星巴克都開設專屬精品咖啡的星巴克典藏門市（스타벅스 리저브；starbucks reserve），讓精品咖啡產業擴大，而韓國國內的各大品牌咖啡也跟著設立特別門市。

精品咖啡已經從既有的大量、均一性的生產方式，改變為從栽種、處理、萃取為止都著重保留咖啡原本香味。為了展現咖啡最佳的風味，會採用輕烘焙以取代重烘焙，讓消費者漸漸理解咖啡的品質與提高消費者的關注程度。近年來，許多消費者已漸漸熟悉各種不同精品咖啡，可以期待韓國的精品咖啡產業持續發展。

咖啡相關的國外團體

❶ 國際咖啡組織

因應咖啡經濟崛起且日漸重要，於 1963 年成立國際咖啡組織（International Coffee Organization , ICO），有一段時間還接受聯合國支援。目前管理全球 77 個加入國際咖啡協定（International Coffee Agreement）的咖啡生產國與消費國，總部在倫敦。

INTERNATIONAL COFFEE ORGANIZATION

❷ 歐洲精品咖啡協會

1998 年在倫敦成立的歐洲精品咖啡協會（Speciality Coffee Association of Europe），是歐洲精品咖啡普及的重大推手。推動精品咖啡認證系統（SCAE Coffee Diploma System），也提供咖啡教育訓練課程。

SPECIALITY COFFEE ASSN. OF EUROPE

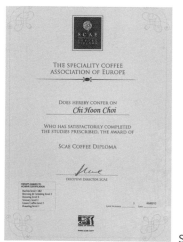

SCAE 證書

❸ 美國精品咖啡協會（SCAA）

1982 年成立的美國精品咖啡協會（Specialty Coffee Association of America），是為了發展精品咖啡與培育咖啡師的協會。目前約有 2500 個商業會員，為全球最大的咖啡貿易協會。

SPECIALTY COFFEE ASSOCIATION OF AMERICA

❹ ACE

ACE（Alliance for Coffee Excellence） 每年於咖啡產地舉辦咖啡評鑑大會，是由咖啡競賽組織（Cup of Excellence, CoE）所管理的非營利組織，辦公室設於美國波特蘭（Portland）。咖啡競賽組織 CoE 從 1999 年於巴西開辦，至 2015 年為止共有 11 個國家舉辦過比賽。介紹通過不同國籍的審查委員嚴格審查的咖啡。該組織將產地品質優良的咖啡介紹給消費者，讓栽種咖啡的農夫能夠獲得應得的報酬，為咖啡產地的永續經營而努力。

ACE ALLIANCE FOR COFFEE EXCELLENCE

精品咖啡興起

人們多半會問，精品咖啡是什麼呢？許多人會將精品咖啡定義為「美國精品咖啡協會杯測評鑑獲得80分以上的咖啡」。從協會的立場不能說這樣的定義有問題，但是從宏觀的角度來看，這個定義還稍嫌不足。

精品咖啡與現代人日常所使用的智慧型手機的發展軌跡類似。20世紀的尾聲，智慧型手機尚未普及於人們的生活，而今人手1支智慧型手機，可說是普及率相當高的1個現代化用品；這現像屬於典範移轉的一種。

這樣的典範移轉模式也同樣出現在咖啡。

咖啡等級可以區分為商業咖啡與精品咖啡。商業品牌的咖啡多使用單一香味以及帶有些許瑕疵的咖啡；而精品咖啡則是使用帶有多種咖啡香味，品質更高的咖啡。

近來，精品咖啡的需求與供應漸漸增加，價格相對低廉許多，一般消費者也得以品嚐到精品咖啡。而生產者也越來越能掌握消費者的喜好，積極地生產消費者喜愛的咖啡品項。

目前，美國咖啡市場中的精品咖啡已經達到30%的佔有率，足見精品咖啡正以驚人的速度發展中。就像智慧型手機已經成為一般人的必備用品一樣，咖啡也漸漸成為現代人不可或缺的產品之一。

精品	豐富的香味
頂級 （高級商業）	普通的香味
商業	有瑕疵的香味

CoE 咖啡

致力於咖啡產業的
永續經營

$\vee$

2000 年初期,生豆的價格暴跌,收益持續下探的情況下,咖啡農夫逐漸放棄栽種咖啡。目前小規模的農場也經營得相當辛苦,再加上病蟲害,更讓咖啡產業苦不堪言。為了提升全球咖啡農夫的生活品質,推動了多種制度。

咖啡競賽組織

舉辦生豆品鑑大會,嚴選出最高品質的生豆,並透過拍賣保障其價格。

- 認證機關:ACE
- 網站:www.allianceforcoffeeexcellence.org

國際公平貿易標籤組織
(Fairtrade Labelling Organizations
International, FLO)

建立適當的價格與公平的交易,可使農夫脫離貧窮的生活、提升生活品質的認證系統。

- 認證機關:Fair Trade International
- 網站:www.fairtrade.net

熱帶雨林保育聯盟
（Rainforest Alliance）

為農夫爭取社會平等地位與經濟自立，以及提倡環境保護為目的成立的團體。

•認證機關：Rainforest Alliance
•網站：www.rainforest-alliance.org

有機農認證
（Organic Certified）

不使用人工殺蟲劑與化學肥料栽種的有機作物認證制度。

•認證機關：美國農業部（USDA, United States Department of Agriculture）
•網站：www.usda.gov

4C 協會
（Common Code for the Coffee Community）

為保護環境與保障農夫生活品質，協助提升咖啡產業的效率與打入市場的組織。

•認證機關：4C Association
•網站：www.4c-coffeeassociation.org

友善鳥類
（Bird Friendly）

積極以百分之百的樹蔭栽種與有機農耕的方式，保存土壤與鳥類棲息地，維持生態環境的制度。

•認證機關：Smithsonian Migratory Bird Center
•網站：www.nationalzoo.si.edu

UTZ

馬雅語（Maya language）的 Kapeh 是「好咖啡」的意思，為提升瓜地馬拉農夫生活品質，提供適當價格的直接交易制度。

•認證機關：UTz Kapeh
•網站：www.utz.org

2

咖啡香味

香味，並非只是單純的味道與濕香，還包含食用過後嗅覺與味覺所傳遞的綜合感覺。若想理解咖啡香味，這是不可或缺的一環。然而，在各種感官的互相影響之下，難以針對香味給予客觀的評價。香味的記號依據不同民族、地區、年齡、性別、飲食文化而有所差異。為了降低差異，必須反覆進行杯測練習，方能找出客觀的評鑑基準。

感覺理論

味覺與嗅覺

❶ 味覺

味覺是指刺激舌頭味蕾微細胞*而獲得的感覺。某種物質透過溶解於水、油、其他液體而傳達味覺。而無法分解的物質則無法刺激味蕾，所以無法傳遞味覺。

一般來說，舌頭又稱為乳突（papilla），分布有多樣腺體，依據其位置不同各自負責不同的味覺。

絲狀乳突
（filiform Papilla）
葉狀乳突
（foliate Papilla）
蕈狀乳突
（fungiform Papilla）
輪廓乳突
（circumvallate papilla）

絲狀乳突：平行分布於舌前，數量最多，掌管觸覺。

蕈狀乳突：分布於舌前之間，掌管甜味與鹹味。

葉狀乳突：分布於舌外側緣，近輪廓乳突處，對酸味敏感。

輪廓乳突：分布於界溝 (sulcus terminalis) 前，呈倒 V 形排列，對苦味敏感。

人的舌頭可以感受 5 種味覺，說明如下：

甜味（sweetenss）：可以感受到由低分子化合物組成的糖類。與其他臨界值* 較高的酸味與苦味相比，味道較柔和，能夠中和平衡味覺。咖啡成份中的蔗糖與寡糖都是甜味的來源。

酸味（sourness）：透過溶解分離的氫離子（H+）而探知的味覺，能夠感覺出酸性物質。咖啡成份中的檸檬酸（citric acid）與酒石酸（tartaric acid）會釋出多種有機酸。

苦味（bitterness）：會散發出苦味的物質很多，其中一項就是生物鹼劇毒物。人們會感受到苦味就是因為接觸劇毒物而產生的身體防禦本能。咖啡成份中，咖啡因與綠原酸就是擔綱苦味的角色。

鹹味（saltness）：中性鹽所散發出的味覺。鹹味與苦味的情況類似，咖啡成份中的鈉（Na+）與鈣（K+）雖然會帶出鹹味，但是含量並不高。

鮮味（umami）：氨基酸系調味料的一種。L 谷氨酸（L-glutamic acid）所帶出的鮮味是 5 味中最晚被發現的。

---

* 微細胞：感受味道的感覺器官，大部分味蕾都能感受到1種以上的味道。

---

* 臨界值（門檻值）：引起感覺細胞反應的最低刺激。臨界值越低、越敏感；越高越遲鈍，越不容易感覺到刺激。

4 種味覺的臨界值

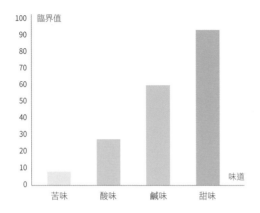

❷ **嗅覺**

人的嗅覺受體（receptor）是鼻孔內側（鼻腔）黏膜的嗅上皮的上皮細胞。當飄散在空氣中的氣體擴散進入鼻黏膜後，刺激細胞所產生的感覺，我們稱為嗅覺（olfaction）。

由約 5 萬個感覺受體組成的人體感覺系統，讓人類可以區分 4 千多種氣味並留下對氣味的記憶。只是該刺激若是持續一段時間，會讓人漸漸習慣，反應就會鈍化許多。

嗅覺細胞與掌控中樞神經的腦部位置相當近，所以比其他感覺器官更為敏感，但同時也容易受到外部毒性物質的影響。

一般用餐進食時，若是要感受食物的味道與香味的話，不建議將食物拿到鼻子面前聞，反而是建議以咀嚼的方式會更有效率。這是因為食物入口之後會經由舌後的喉頭，透過非黏膜的鼻後嗅覺*（retronasal route）刺激嗅覺細胞之故。我們不單只用鼻子感受香味，而是會善用味覺、觸覺一起來感受香味。

杯測時，需要啜飲*（slurping）的原因就在於咖啡的香分子飄散於口腔內後，透過鼻後嗅覺的刺激，會傳遞給微細胞，能夠取得更多資訊。

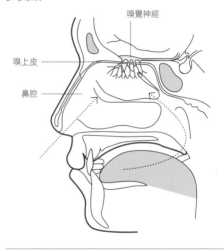

* 鼻後嗅覺：我們在進食用餐時，不單單只用舌頭感覺食物的味道。這可以從我們因為感冒而鼻子塞住的同時，會削弱我們對食物的敏感度一事中理解。

這世界上有酸、甜、苦、鹹、鮮味等各種味道，我們所吃的、喝的所有食物都會經由鼻後嗅覺帶起味覺、嗅覺以及觸覺等感官之間的互動。之所以會覺得橘子的甜味與酸味、葡萄的甜味與酸味會不盡相同，就是這個原因。

同一種食物會出現不同的味道，就是嗅覺機能帶來的不同感受。

* 啜飲：體驗咖啡香氣佈滿口腔的味覺。將咖啡倒一點到杯測專用湯匙中，緩慢靠近嘴巴，稍稍打開嘴巴將咖啡與空氣一同含入口中，就會散開至整個口腔。啜飲是讓咖啡刺激感覺細胞，特別是刺激微細胞，以傳遞更正確的香味。在口水干擾之前快速地將咖啡攝入，能夠降低影響要素。

不過啜飲若是過於急躁，容易嗆到，需要特別注意。

但是也不是說不啜飲就不能稱為杯測。一般常見杯測初學者會採用啜飲的方式，通常也會建議先從啜飲開始練習。待熟悉啜飲之後，再集中學習香味評鑑會比較好。

濕香（aroma）

一般香味的英文標示為 aroma，而專業的香味評鑑則可區分為下列 3 種範疇。

---

* 咖啡浮渣（crust）：杯測時，在杯測杯中放入已經磨碎的咖啡粉。加水後，咖啡表面浮現些許咖啡粉，被稱為咖啡浮渣。而在咖啡浮渣尚未破碎的狀態下，其香味就稱為浮渣濕香。

* 瑕疵風味：咖啡香味若出現問題，於杯測時會是扣分要素。

TIP 聞香瓶使用法

咖啡聞香瓶（Le Nez Du Café）是法國製香公司 Jean Lenoir 與 SCAA、哥倫比亞咖啡生產者協會（Federacio'n Nacional de Cafeteros, FNC）一同從咖啡的香味中找出最具代表性的 36 種香味的聞香瓶。咖啡聞香瓶就是根據前述法國製香公司 Jean Lenoir 製作出的葡萄酒聞香瓶（Le Nez Du Vin）補強而成的。種類雖然不多，但是可供練習用。咖啡聞香瓶由酵素風味（enzymatic）、焦糖風味（sugar browning）、乾餾風味（dry distillation）、瑕疵風味*（aromatic taints）所組成，此外還有許多不同的聞香瓶陸續問世。

咖啡聞香瓶

研磨咖啡
香味（fragrance）或是
乾香（dry aroma）

萃取咖啡
香氣或濕香（wet aroma）

咖啡浮渣*
浮渣濕香

❶ 酵素反應形成的香氣，酵素風味

是揮發性高的香氣，不論是磨碎的咖啡粉或是萃取咖啡都可以感受到這種香氣。咖啡樹在成長的過程中因為酵素反應而出現清淡且乾淨的香味。

❷ 褐變反應形成的香氣，焦糖風味

烘焙過程中的褐變反應所形成的香氣，芳香中帶點酸味。

❸ 乾式反應形成的香氣，乾餾風味

烘焙時，在生豆水份幾乎去除的狀態下，持續產生熱化學反應所出現的香氣，是生豆的纖維質碳化的香味。

香味

　　英語字典中查找「flavor」一字的話，會出現「風味」、「香味」、「味道」等多樣解釋。而在咖啡領域中，「flavor」正是杯測時所採用的用語。

　　香味一詞，如同前述，並非只是單純的味道（taste）與濕香，還包含食用過後嗅覺與味覺所傳遞的綜合感覺。若想理解咖啡香味，這是不可或缺的一環。然而，在各種感官的互相影響之下，難以針對香味給予客觀的評價。香味的記號依據不同民族、地區、年齡、性別、飲食文化而有所差異。為了降低差異，必須反覆進行杯測練習，方能找出客觀的評鑑基準。

　　能夠協助香味評鑑的輔助教材就是咖啡風味輪（flavor wheel）。

SCAA 咖啡風味輪

咖啡香味之評鑑

杯測基準

⌄

　　杯測就是利用嗅覺與味覺的評鑑方法。進行杯測時，要在盡量避免會影響這 2 種感官能力，以及能夠集中注意力的場所。

❶ 溫度與相對濕度

氣溫過冷、過熱，或是濕度過高、過於乾燥的地方，會讓感官失去敏銳度。最佳溫度是 20 ～ 25 度，相對濕度在 45% ～ 55% 左右。

❷ 裝備與設備

杯測所需要的裝備與設施必須維持衛生狀態，不可有任何味道。

❸ 場所

場所要選擇安靜,可以集中注意力的地方,不能有灰塵與異味。參與杯測的人員不得使用香水,或是味道較為濃郁的化妝品。杯測之前避免吃鹹、辣的飲食。萬一感冒的話,不可以使用 2 個湯匙,避免將感冒傳染給他人。

❹ 樣品烘焙

依據烘焙份量略有不同。一般而言,樣品烘焙多建議 8 ～ 12 分鐘左右即可。烘焙等級依據 Agtron 公司的咖啡烘焙度檢測計(colorimeter)的數值為基準,以 ＃ 60 ～ ＃ 65 最為適當*。不可以出現焦火*（scorching）與燒焦*（tipping）之類的烘焙缺陷。烘焙過後,在生豆的冷卻過程中不可以用水,要以空氣進行冷卻。

❺ 樣品保存

烘焙過後的樣本需放在 20 度左右的舒適室溫下保存與排氣(degassing),所以建議於烘焙過 8 ～ 24 小時內進行杯測為佳。

---

* 若使用其他咖啡烘焙度檢測計,如 Probat Colourette 時,數值為90～100;使用Tonino 時,數值為90～100最為適當。

* 焦火:過度加熱會使生豆表面燒焦或是產生黑色燒焦的現象。

* 燒焦:透過生豆的胚芽排除熱氣的現象。過度加熱生豆時,生豆尾端會出現黑色燒焦,用舌頭舔的話會嚐到燒焦味。

❻ 萃取比率

杯測時萃取比例基準為生豆 8.25g 與水 150ml。這是根據咖啡沖煮控制圖表*（Coffee Brewing Control Chart）的金杯咖啡（golden cup）理論而來的萃取比率。進行 150ml 的杯測時，需要在杯中放入固定份量且研磨好的咖啡粉，加滿水（如果杯測水量為 200ml，則需要生豆 11g）。一定要遵守萃取比率。

杯測杯或是杯測碗，也就是杯測使用的杯子，大部分都是採用玻璃杯或是陶杯，容量最少要 150ml，最多到 260ml。

❼ 研磨

研磨時，篩網（mesh）尺寸為 20 號（約840μm），才能讓 70%～ 75%的生豆順利研磨成需要的粗細。一般來說會比手動式磨豆機的顆粒大。研磨好的咖啡粉的香味很快就會四處飄散，所以杯測時必須蓋上杯蓋。杯測時不會使用研磨好後過半小時以上的咖啡粉。

❽ 水

杯測所用的水必須是純淨無雜質與無味。再者，在預測總溶解固體量（TDS, Total Dissolved Solids）時，最佳數值是 125 ～ 175ppm。TDS 數值若比 100ppm 低，或是比 250ppm 高的話，就需要調整水中礦物質含量。礦物質含量過高時，無法充分萃取，味道會過淡；相反的，若是礦物質含量過低，則酸性成份會過度溶解於水中，形成酸味。

水溫則是煮沸之後降至 93 度時最適合。氣壓也會造成影響，所以要調整適當的高度。

---

* 咖啡沖煮控制圖表：最佳萃取強度與速率的圖表。

不同種類的杯測用杯子

杯測桌擺設

❶ 杯測必備物品

杯測時需要準備幾樣必備物品，首先是杯測用的杯子與湯匙，以及測量豆子的砝碼，砝碼重量約 0.01g 為佳。

接下來是磨豆用的磨豆機以及熱水。桌上需放置清洗湯匙用的杯子、吐出咖啡用的杯子以及計時器。如果有餐巾紙的話，可以用來擦拭沾到水的湯匙。

若不是採用盲測，可以將豆子或是生豆樣本放在桌上，方便杯測進行。若希望取得具有可信度的杯測結果，這些必備物品必須保持乾淨，才能以最佳狀態正確地進行杯測。

杯測必備物品

❷ CoE 杯測

- 每 1 種樣品要準備 4 份杯測杯，在桌子的兩側各放置 2 杯。
- 一輪基本要由最少 10 種樣品組成。由前至後採用同一方向進行。
- 計時計要放在以進行方向為基準的內側位置。
- 杯測時間約 50 分鐘。

CoE 杯側的杯測桌

❸ SCAA 杯測

- 每 1 種樣品要準備 5 份杯測杯，放置在桌子的同一側。
- 一輪基本要由最少 10 種樣品組成。由前至後採用同一方向進行。
- 計時計要放在以進行方向為基準的內側位置。
- 杯測時間約 50 分鐘。

SCAA 杯側的杯測桌

杯測程序

⌄

杯測必須遵守一定的程序，若是樣品稍有問題，會影響杯測的可信度。

❶ 生豆份量

必須確認使用的杯測杯的容量，選擇生豆的份量。

❷ 生豆研磨

杯測用的豆子要分別研磨。研磨之前要先清理殘留在磨豆機裡的咖啡粉。

❸ 確認乾香

研磨成粉之後，放入杯測杯並蓋上杯蓋，避免香味揮發。乾香需於磨好的 15 分鐘內確認。用手輕碰杯蓋，並將鼻子湊上去聞，較能聞到並確認乾香。

❹ 加水

確認乾香之後，進行倒滿熱水程序，桌子兩側各站一位杯測員。按下計時計的同時，依序開始倒入熱水，此時倒入熱水的速率必須盡量維持相同速率。為了讓咖啡粉平均受熱，要從杯測杯邊緣往中間慢慢倒入熱水，最後需要確認是否所有咖啡粉都與熱水結合。

❺ 確認濕香

熱水倒滿之後，可以藉由上升的水蒸氣確認濕香。濕香如乾香一般容易揮發，香味也較單一，但是可以依此掌握單一香味。

❻ 破粉

杯測時，咖啡表面浮現的咖啡粉稱為咖啡浮渣。研磨咖啡並加入熱水的 4 分鐘後，會形成一層薄膜，用湯匙撥開薄膜的動作就稱為破粉。

湯匙來回撥 3 次，所有樣本皆需以同樣的次數破粉。

一般會事先確認哪 1 杯需要破粉以確認濕香；若是採用 CoE 杯測，桌子兩側各有 2 份杯測杯，則需要事先討論其中哪 1 杯要破粉。

❼ 撈渣

將咖啡表現殘留的咖啡浮渣用湯匙全數撈起，此過程稱為撈渣。此時與破粉一樣，為自己負責的杯測杯進行撈渣即可。為了不混淆味道，開始撈渣前必須用水將湯匙清洗乾淨。

❽ 確認香味

計時計的時間到 10 分鐘時，正式開始評鑑香味。一般來說，過了 10 分鐘之後，咖啡萃取的口味屬於可以品嚐的階段，溫度也趨於適中，是可以品嚐的最好時機。

先從杯測杯的邊緣開始飲用並確認香味。杯測員不可互相干擾，必須依照既定程序執行。

❾ 評鑑結束

確認香味的時間約為 50 分鐘。咖啡冷卻之後，
也可以繼續評鑑香味。

事實上若溫度過高，我們的感官能力會稍稍下
降，所以熱的時候品嚐的感覺會比冷卻之後品
嚐還要差，冷卻後也才能更準確地品嚐出味道。

在杯測結束之前，皆可以變更分數。所以最終
分數出爐前，可只記錄各項目的分數，總分可
以在杯測結束後再加總即可。

杯測程序

生豆份量
▽
生豆研磨
▽
確認乾香
▽
加水
▽
確認濕香
▽
（4分鐘後）
破粉
▽
撈渣
▽
（10分鐘後）
確認香味
▽
（杯測開始50分鐘，咖啡完全冷卻之後）
確認香味
▽
評鑑結束

咖啡香味之評鑑

咖啡香味評鑑
要素與基準

咖啡香味評鑑要素

❶ 乾香與濕香

乾香是從乾燥的研磨咖啡粉感受到的香味；而濕香則是研磨咖啡粉加水之後所感受到的香味。兩者皆能評鑑強度（intensity）與品質（quality）。不過在 CoE 杯測中，濕香、乾香與香味沒有太大的關聯性，所以不會評鑑水平尺度，也就是酸味的品質這個項目。

❷ 澄淨度（clean cup）

澄淨度是評鑑咖啡缺點的項目。若對於香味有任何影響，則無法有好的評鑑結果。

❸ 甜度（sweetness）

甜度指咖啡可以嚐出的甜味強度，只進行水平尺度的評鑑。

❹ 酸度（acidity）

酸度為 2 維評分，同時採用水平尺度測量酸的品質，以及用垂直尺度測量酸的強弱。

❺ 醇度（body）與口感（mouth feel）

醇度與口感是評鑑咖啡含在口中的物理觸感，同時會採用水平尺度與垂直尺度。

❻ 風味

一般會稱為香味的風味，屬於咖啡基本的特性。透過口腔所感受到的味道與經由鼻後嗅覺刺激嗅覺細胞後，能夠感受到風味。風味這一項目就是評鑑咖啡的整體味道，僅採用水平尺度。

❼ 餘味（aftertaste）

餘味是啜飲之後仍停留在口腔的各種味道，僅採用水平尺度。

❽ 均衡度（balance）

確認甜度、酸度、醇度（以及口感）、風味等要素是否均衡（並非僅是份量統一）的評鑑項目，僅採用水平尺度。

❾ 一致性（uniformity）

樣品是否均一的評鑑項目，僅採用水平尺度。

❿ 整體評價（overall）

杯測者的整理評估，可能會帶有杯測者的個人喜好，僅採用水平尺度。

⓫ 總分數（total score）

瑕疵的分數以外的分數加總。

⓬ 瑕疵（defect）

瑕疵指瑕疵豆所引起的不好的味道。瑕疵的種類有小瑕疵（taint）與大缺陷（fault），前者是香味的缺點，後者是風味的缺點。瑕疵分數是要從總分數中扣除。

⓭ 最終分數（final score）

總分數扣除瑕疵分數之後，即為最終分數。

咖啡香味評鑑基準

⌄

❶ 分數尺度

垂直尺度（vertical scale）

評鑑要素中感覺認知程度的高低，稱為尺度。此處是指強弱。

水平尺度（horizontal scale）

杯測者依據自身經驗為依據的評鑑要素，來評鑑「品質」。評鑑品質時垂直尺度很重要，而垂直尺度會參考水平尺度的評分。

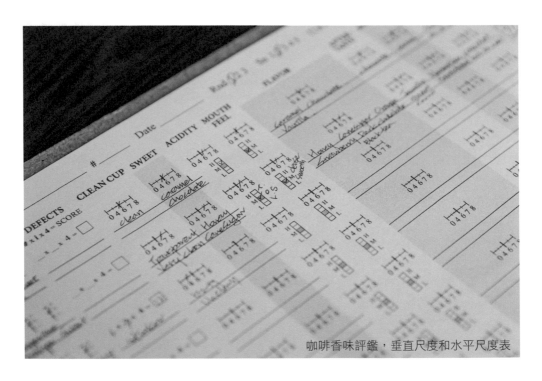

咖啡香味評鑑，垂直尺度和水平尺度表

TIP 質（qualitative）與
量（quantitative）的差異

評鑑咖啡風味時，最重要的不是量（強度），
而是質（品質）。不論量（強度）的分數有
多高，質（品質）不好，最終分數也不會好。

例如酸度中，如同醋酸味（acetic acid）一
般的咖啡，在垂直尺度中的酸度是強的，但
是這是不好的酸味，因而水平尺度中的分數
反而是低的。

好的風味

柑橘味（orange）、杏桃味（apricot）、
黑莓味（black berry）、葡萄味（grape）、
草莓味（strawberry）、巧克力味
（chocolate）、焦糖味（caramel）、炒花
生味（roasted peanut）

香味評鑑方法與用語

❶ 乾香與濕香

從研磨咖啡粉中感受的香味即為乾香。確認
乾香時，垂直尺度為強度，水平尺度為品質。
接著加入熱水後確認濕香；破粉之後確認濕
香，最後撈渣之後再次確認濕香。濕香與乾
香一樣，垂直尺度是強度，水平尺度則是標
示品質。

不好的風味

土質味、煙味（smoky）、橡膠味（rubber）、
稻草味（straw）、皮革味（leather）

❷ 澄淨度

澄淨度是精品咖啡最重要的一環。就像窗戶不乾淨的話，就無法清楚看到窗外的風景一樣。擁有許多風味的咖啡若是澄淨度不夠，就無法看出該品種咖啡的潛在狀況，甚至於可能會有所偏差。

可以以炒過的花生為例。如果將炒花生長時間放在冰箱內，「冰箱味」就會附著在花生上，花生就變不好吃了，因為冰箱味道會蓋過花生本來的味道。

澄淨度這個項目就是要確認咖啡有否摻雜了不必要的雜味，確認不會妨礙香味評鑑。

好的澄淨度

透明（transparent）、
乾淨（clean）、
無雜質（clear）

不好的澄淨度

渾濁（dirty）、
灰塵（dusty）、
澀味

❸ 甜度

甜度也是精品咖啡很重要的一環。就如同成熟橘子的甜度與酸度適當一樣，甜度必須與其他酸度、醇度（口感）、風味、餘味取得平衡。之所以會強調製作精品咖啡時，必須選擇糖度高且已成熟的咖啡櫻桃的原因就在於此。

好的甜度

蜂蜜味（honey）、蔗糖味（canesugar）、砂糖味（sugar）、焦糖味、糖漿味（syrup）、黑糖味（brown sugar）、甘甜味（mellow）

不好的甜度

澀味、低糖味（low sweet）

❹ 酸度

酸味不僅僅是強度高就分數高，還要與前述甜度相比。沒有甜味就不會有好的酸味。成熟水果的酸甜味是好的酸味，而醋酸味就是不好的酸味。酸度就是確認好的酸味的核心重點。

好的酸度

成熟橘子味（ripe orange）、葡萄柚味（grapefruit）、莓果味（berries）、葡萄味、多重（complex）、細緻（delicate）、透明（bright）、纖細（fine）

不好的酸度

酸味、醋酸（acetic acid）、銳利（sharp）、刺激（acrid）

❺ 醇度與口感

醇度與口感是舌頭與上顎感受到的觸感的評鑑項目。以舌頭品味咖啡時，可以感受咖啡是否具有溫潤口感、黏稠度與質感，以及最後吞咽下去的感受。

咖啡的碳水化合物含量越高時，咖啡的醇度就會越高。人們會比較喜歡栽種高度較高的咖啡的原因，也是因為栽種高度較高的咖啡其碳水化合物含量較高的緣故。

好的醇度

黏稠度與質感 醇厚（thick）、黏性（viscous）、濃密（dense）、味重（heavy）、油膩（oily）

溫潤口感 奶油（buttery）、油脂（creamy）、滑潤（smooth）

重量感 糖漿（syrupy）、圓潤（round）

不好的醇度

澀味、粗糙（rough）、水味（watery）、稀薄（light）、沙質（sandy）

❻ 風味

前述提及的風味是最基本，且是集合所有香味評鑑的要素。風味越多樣豐富的咖啡越能越得高分。咖啡冷卻之後若依然保有好的風味的話，分數會更高，冷卻後風味若不好則分數會較低。咖啡於冷卻之後，反而能品嚐出更多不同特徵。品質好的咖啡於溫度下降之後反而能持續品嚐到好的風味。

好的風味

蜂蜜味、巧克力味、可可味（cacao）、果香味（fruity）、柑橘味、葡萄柚味、杏桃味、紅茶味（black tea）、茉莉花味（jasmine）、黑莓味、葡萄味、多重、細緻、豐富（rich）、冷卻後風味（hot to cool）

不好的風味

草味、霉味、土質味、油味（oldy）、淡薄（flat）

❼ 餘味

餘味是喝完咖啡之後在口中感受的餘韻，與風味相關。越是具有多樣豐富香味，且香味持久的咖啡，分數會越高。相對的，喝下品質不好的咖啡，在口中殘留不好的香味時，會影響分數。試想，若喝下咖啡，經過喉嚨吞咽下去之後，口中卻散發出橡膠的味道，且持續留在口腔中，這樣的咖啡怎麼可能會拿到高分？

好的餘味

蜂蜜味、巧克力味、可可味、多重、持久（long）、殘留（lingering）

不好的餘味

渾濁、灰塵、快速消失（fast-fade）

❽ 均衡度

平衡是指調和酸度、醇度（或口感）、風味、餘味等要素，才能獲得高分。當然，平衡度也必須與澄淨度，甜度一同考量，才能得到好的評鑑分數。特別是咖啡的甜度是均衡咖啡口味與風味的重要關鍵要素。

好的均衡度

完整（structured）、均衡（well-balance）、冷卻後風味

不好的均衡度

不均衡（unbalanced）、強烈苦味（strong bitter）、強烈酸味（strong sour）

❾ 瑕疵

瑕疵是風味的缺點，可能會在咖啡生產的任一過程中發生。前述提及，瑕疵分成小瑕疵與大缺陷。在 SCAA 杯測過程中，會將強度較弱的缺點記錄為「小瑕疵2」，將強度較強的缺點記錄為「大缺陷4」，

最終計算分數時，會將發現瑕疵的杯數乘上瑕疵強度，成為瑕疵分數之後，再從總分中扣除。

酸味、橡膠味、發酵味、酚酸

CoE與SCAA的
香味評價基準

$\vee$

1. CoE 基準

❶ 項目基準

乾香與濕香

$\vee$

瑕疵

$\vee$

澄淨度

$\vee$

甜度

$\vee$

酸度

$\vee$

口感

$\vee$

風味

$\vee$

餘味

$\vee$

均衡度

$\vee$

整體評價

CoE 杯側與 SCAA 杯測不同，乾香與濕香項目會確認強度，但最終分數不會合計。

❷ 項目分數

- 各項目的最高分數為 8 分，最低分數為 0 分。
- 6 ～ 8 分之間以 0.5 分為單位加減。
- 基本分數為 36 分，滿分是 100 分。

❸ 項目

4 分— 低等（below standard）

5 分— 商業（commercial, commodity）

6 分— 精品（specialty）

7 分— 優良（exceptional）

8 分— 高級（optimum）

各等級分數，以 6 分的精品咖啡為基準，最終分數落於 80 分以上，未滿 86 分為精品咖啡。86 分以上為 CoE 咖啡，90 分以上則是稱為總統獎（Presidential Award）。（2016 年起 CoE 咖啡的基準從「85 分以上」調整為「86 分以上」）

---

* 包含筆者在內的人都知道，有許多乾香與濕香相比風味較差的咖啡。但是若以風味為評鑑中心，不代表只注重風味而不計較品質。咖啡再怎麼樣都是「飲品」之一，比起香味來説，風味更顯重要。

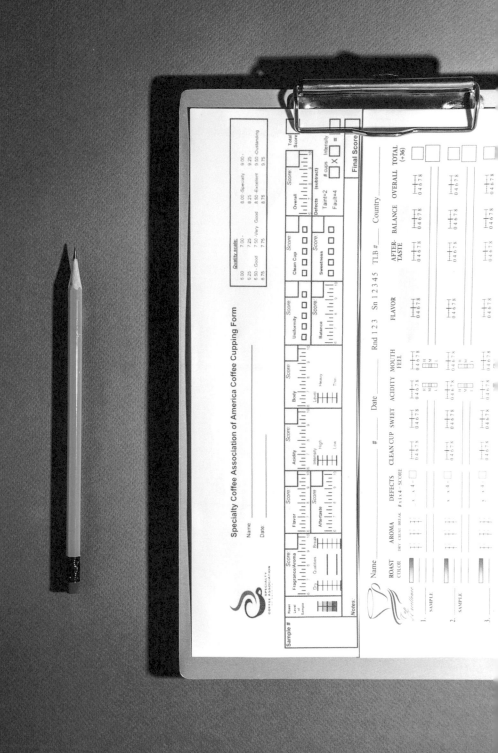

2. SCAA 基準

❶ 項目基準

乾香與濕香

∨

風味

∨

餘味

∨

酸度

∨

醇度

∨

一致性

∨

均衡度

∨

澄淨度

∨

甜度

∨

整體評價

∨

瑕疵

❷ 項目分數

- 各項目的最高分數10分，最低分數0分。
- 6～10分之間，以0.25為單位加減。
- 一致性、澄淨度、甜度各由5個等級組成，1個等級以2.5分計算。
- 沒有基本分數，最高分數100分。

❸ 分數的意義

分數上雖然存在有0～5分的情況，但是5分以下沒有任何意義可言，所以以6分為基礎分數為佳。

評鑑時多採用下頁（85頁）的印象尺度評分表（image scale），最終分數80分以上，即為精品咖啡。

品質尺度			
6.00 好	7.00 非常好	8.00 優秀	9.00 超凡
6.25	7.25	8.25	9.25
6.5	7.5	8.5	9.5
6.75	7.75	8.75	9.75

（出處：SCAA cuping Protocol）

總分品質分類		
90-100	卓越（Outstanding）	精品（Specialty）
85-89.99	優秀（Excellent）	
80-84.99	非常好（Very Good）	
＜80.0	低於標準（Below Specialty Quality）	非精品（Not Specialty）

（出處：SCAA cuping Protocol)

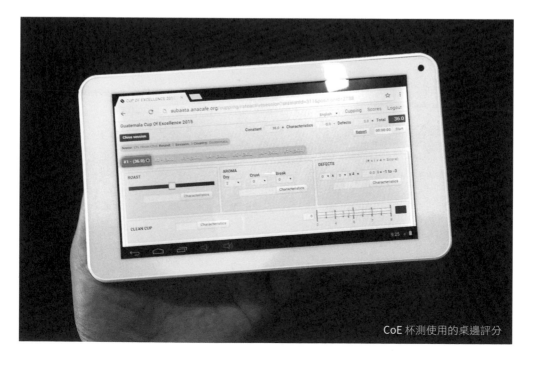

CoE 杯測使用的桌邊評分

CHAPTER **4**

實戰咖啡杯測

杯測技術

第一，常喝好的咖啡

若想要準確分析咖啡風味，平時就要多飲用品質優良的咖啡。如果長期飲用品質不優的咖啡，會漸漸失去評鑑優良咖啡的能力。當飲用咖啡的品味能力漸漸低落之後，就難以嚐出咖啡的優良特性。雖然也要掌握風味的缺點，但這不是必須事項。

強度

品質

第二，常與有實力的專家相處

為了熟悉品質優良的咖啡基準，需要與具有專業能力的杯測者一同進行校正（calibration）。風味基準沒有掌握好，或是過於根據個人基準評鑑，會失去可信度。與其他評鑑相同，必須確認評鑑基準，方可客觀地進行評鑑。

第三，可活用印象尺度

印象尺度是咖啡風味的強度與品質的數字和表情符號。

杯測時的注意事項

∨

❶ 先入為主的誤謬

先入為主地以樣品的成長環境判斷品質。
例如，單就因為是巴西咖啡就給予低分。

❷ 外觀的誤謬

不以樣品的風味，僅因為外觀缺失而判斷品質。

例如，單就豆子顏色深就認為是品質優良。

❸ 期待的誤謬

尚未確認樣品之間的差異就下判斷。
例如，評鑑2種樣品時，直覺認為其中1種較差。

❹ 干涉的誤謬

輕易認同其他杯測者的意見。
例如，因為其他杯測者的意見，而決定給予低分之情況。

❺ 選擇的誤謬

杯測時僅給予中間分數或是極端的過高、過低的分數。
例如，害怕自己給予的評分與他人不同，進而多半都給予中間分數。

其他咖啡品質評價方法

∨

❶ 3點檢驗（triangulation test）

將3個樣品各自標示無相關連的3個數字後，透過風味評鑑找出其他特徵的測試。可以區分咖啡所帶有的特質並加以比較，購買生豆或是進行品質管理時，可以確認既有產品與新產品的相似點與相異處。許多杯測大會會採用3點檢驗，藉以排除視覺上產生的先入為主的誤謬，且會建議於較暗的地方進行。

❷ 5中取2檢驗（2 out of 5 test）

在5個代號樣品（coded sample）中，區分其他2個（同一種咖啡）的測試。採用3點檢驗的進階版5中取2檢驗，可降低偶然性，並提高客觀性及可信度，不過難易度相當高，所以需要十分熟練才可進行。

❸ 2、3點檢驗（duo-trio test）

2個代號樣品中，找出與既存樣品相類似樣品的測試。這個方式並不難，但需要集中確認掌握樣品之間的相似處。可以組合多種樣品，經過16～28次的測試，但因為是2擇1，有50%的機率，所以可信度較3點檢驗差。

第二部

咖啡烘焙

3

生豆

生豆是決定咖啡香味的第一個要素。

不論是多麼厲害的烘焙師，也無法將阿拉比卡咖啡烘焙成羅布斯塔咖啡，同樣的也無法將羅布斯塔咖啡烘焙成阿拉比卡咖啡。所以生豆的選擇是烘豆最重要的步驟。

依據生豆的品種，有不同的樣貌與風味，最具代表性的就是鐵比卡與波旁。生豆長度較長、較薄的鐵比卡在烘焙時容易加熱；而較厚、較圓的波旁則是較不易導熱。

CHAPTER **1**

生豆成份

左右咖啡品質的關鍵之一的生豆，受生長地區環境的影響相當大。不同品種的生豆成份的構成要素也略微不同，若是採用不同的分析方法，會有些許差異。不過為了後續能夠烘焙出具有一定品質的咖啡豆，必須先瞭解生豆的成份。

生豆品種依據不同成份，分成阿拉比卡與羅布斯塔；最大的關鍵就是栽種環境。高海拔栽種的阿拉比卡與低海拔栽種的羅布斯塔相比，羅布斯塔遭受病蟲害的危險相對低，所以產生酸澀口味的咖啡因與綠原酸（chlorogenic acid）的含量也較低。

再者，阿拉比卡因在日夜溫差大的高海拔地區栽種，咖啡樹能夠慢慢生長，咖啡櫻桃也能確實生長到厚實的密度，形成咖啡香味的醣類與脂質比率會較高。

相對的，低海拔的羅布斯塔對於病蟲害的防禦較為發達，組成成份就會出現差異，生長速度也會相對快速。

生豆成份表

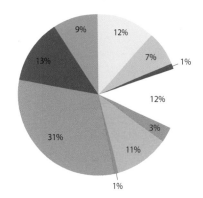

水份	12%	葫蘆巴鹼（trigonelline）	1%
非揮發性酸	7%	纖維素	31%
咖啡因	1%	純澱粉與果膠	13%
蛋白質	12%	水溶性碳水化合物	9%
灰	3%	二氧化碳	0%
脂質	11%		

咖啡豆成份表

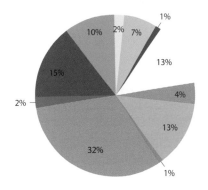

水份	2%	葫蘆巴鹼	1%
非揮發性酸	7%	纖維素	32%
咖啡因	1%	純澱粉與果膠	15%
蛋白質	13%	水溶性碳水化合物	10%
灰	4%	二氧化碳	2%
脂質	13%		

（資料來源：The Coffee Roaster's Companion，Scott Rao著，崔美昌譯，2016年，Coffee Libre）

碳水化合物

生豆有超過一半的成份是碳水化合物。可以區分為單醣類（葡萄糖、寡糖、半乳糖 [galactose]）、雙醣類（蔗糖、麥芽糖、乳糖）、多醣類（純澱粉、肝糖 [glycogen]、糊精 [dextrin]、纖維素）。

蔗糖是多以玻璃糖（以玻璃型態存在的糖）的型態，佔生豆成份的 6 ～ 8% 左右，烘焙時會經過梅納反應（maillard reaction）、焦糖化反應（caramelization）與史崔克降解反應（Strecker degradation）所引起的褐變現象，藉此合成香氣化合物。

烘焙過程中，單醣類與胺基酸進行反應之後會消散，但是多醣類在烘焙結束後還會殘留，並於萃取濃縮時以奶油型態維持平穩狀態。

生豆於流通、保存過程中，會有許多可能的變數，特別是玻璃糖，保存場所溫度越高，就越容易產生揮發。

梅納反應產生的碳酸化合物的分解

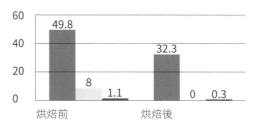

（資料來源：Coffee Roasting，Gerhard A. Janse 著，宋朱斌譯，2007年，主賓）

生豆的碳酸化合物含量（單位%）

種類	阿拉比卡	羅布斯塔
可溶性	9.2～13.5	6.2～11.9
難溶性	46.0～53.0	34.0～44.0
多醣類	3.0～4.0	3.0～4.4
單醣類	0.2～0.5	0.2～0.5
寡糖	6.0～9.0	3.0～7.0
纖維素	41.0～43.0	32.0～40.0
半纖維素	5.0～10.0	3.0～4.0
碳水化合物 總額	55.2～66.5	41.2～55.9

（資料來源：咖啡師想知道的咖啡學，韓國咖啡專家協會，2011 年，gyomoom）

胺基酸與蛋白質

⌄

依據不同品種，生豆蛋白質含量也不同，大約是落於 8 ～ 12% 左右，種類也相當多樣。其中，佔蛋白質含量 0.3 ～ 0.8% 左右的胺基酸，於烘焙時與糖反應後會產生類黑精（melanoidine）與香味化合物。

生豆於烘焙時，蛋白質進行熱溶解，依據不同的烘焙程度而產生不同層次的麩胺酸（glutamic acid）的鮮味。

熱能會讓蛋白質出現成份上的變化，展現咖啡最重要的特色。

梅納反應產生的胺基酸分解

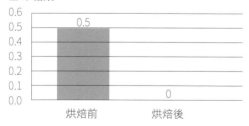

■ 單糖類

（資料來源：Coffee Roasting，Gerhard A. Janse著，宋朱斌譯，2007年，主賓）

脂質與礦物質

⌄

生豆的脂質含量因栽種地的土壤、氣候以及生豆的品種而有所差異。平均值大約是阿拉比卡 15.5%、羅布斯塔 9.1%。生豆的脂質多半分布於胚乳（albumen），表面僅有少數含量。脂質是由多種物質組合而成，而其中的咖啡豆醇（kahweol）與咖啡醇（cafestol），是只有在生豆成份中才有的脂質物質。

脂質會以液體狀態存在於生豆的表皮細胞，於烘焙時組織膨脹並流出表皮。生豆於高溫快速烘焙時，隨著組織膨脹，脂質的移動就會加速，產出咖啡油。與一般食品不同，生豆的脂質能夠抑制生理活性物質中對於人體有害的活性氧類，有預防壓力的效果，也有助於抗癌。

另一方面，生豆的礦物質含量約 4% 左右，多半都是水溶性，含有大量的鉀與少量的鎂、硫、鈣、燐等。特別是羅布斯塔中能夠抵抗真菌作用的銅比阿拉比卡多，這同時也是羅布斯塔產生黴菌的可能性較低的原因。

咖啡因

∨

咖啡因是咖啡、茶、可可等植物的果實、葉片、種子中的生物鹼成份，帶有利尿與甦醒的效果，所以許多飲品中多半都含有咖啡因。

咖啡會產生酸味的成份也與咖啡因的含量有關，也就是咖啡因的含量會影響咖啡產生酸味的可能；而咖啡因含量會因生豆的品種與栽培地、萃取方式不同而有所差異。咖啡因基本上溶於水，水溫越高越容易溶解更多咖啡因。低溫時，咖啡因與綠原酸結合，產生濁度現像（turbidity），酸味會增加。為了防止此類酸味增加，已萃取的咖啡都會進行急速冷凍。

生豆的咖啡因成份中，含有能夠阻隔有害微生物與細菌污染的抗菌效果，與抑制產生赭麴毒素（ochratoxin）的殺菌劑，也有預防因為紫外線產生的皮膚癌的效果。

葫蘆巴鹼

∨

生豆的葫蘆巴鹼是以比綠原酸更高溫烘焙時所分解的菸鹼酸（nicotinic acid）與形成化合物的吡啶（pyridine），進而產生咖啡香味。葫蘆巴鹼也存在一般食品中，特別是魚貝類食品。而生豆的葫蘆巴鹼的含量在阿拉比卡是 1.5%、羅布斯塔是 0.65%、利比利亞為 0.25%。

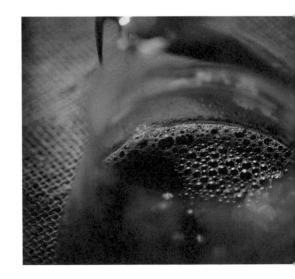

綠原酸（Chlorogenic acid；CGA）

⌄

生豆含有的茶多酚成份主要是肉桂酸（cinnamic acid）與奎尼酸（quinic acid），統合稱為綠原酸。

生豆目前已知最少擁有 13 種以上的綠原酸，不過準確的含量會依據品種、栽培環境、成份的分析方式而有所不同。

綠原酸與咖啡因具有防止酸澀味的功能，目的是防範黴菌繁殖與害蟲攻擊，保護咖啡樹。烘焙等級越高，綠原酸越容易快速消失，變成揮發性合成物，並產生酸味。生豆若用極淺度烘焙（light roast）或是高溫短時間烘焙，會殘留一部分綠原酸，而產生金屬味與酸澀味，對嗅覺與觸覺都是極度負面的影響。

但是，綠原酸能夠除去對人體致命有害的活性氧類，具有相當重要的功能；同時能夠延緩生豆酸化的時間，所以於烘焙時採用較低溫的烘焙等級，讓咖啡豆可以維持一定的熟成時間，能讓酸澀味漸漸消失。

其他成份（維他命與有機物）

⌄

生豆也與其他一般食品一樣，含有多種維他命。只是生豆的維他命特性會隨著烘焙過程中被破壞的程度而有所差異。維他命 B1 與維他命 C 多數會於烘焙時被破壞，但是菸鹼酸與維他命 B12、葉酸較耐高溫，特別是菸鹼酸會因為葫蘆巴鹼的熱分解，造成咖啡豆的含量還比生豆多。

有機物包含咖啡酸（caffeic acid）、檸檬酸（citric acid）、蘋果酸（malic acid）、酒石酸（tartaric acid）等非揮發性酸與醋酸（acetic acid）等揮發性酸，會影響酸味。

咖啡中最重要的酸是奎尼酸與蘋果酸，透過熱分解與中和反應，產生不同色澤與香味。不過若是烘焙時間拉長，含量就會隨之減少。

生豆的品種與處理

品種

烘焙時，挑選生豆的品種相當重要。原因在於品種不同，所能展現的咖啡香味的最大值也不同。

例如歷史最悠久的鐵比卡就擁有優良的酸味與香味，但是無法抵抗咖啡病變等病蟲害，所以必須栽種於高海拔地區，因此難以使用樹蔭栽種或是隔年收成的栽種方式。然而，因應咖啡需求增加，為了穩固咖啡生產國的主要產業，就需要找到比鐵比卡更能防止病蟲害，且生產量高的新的交配品種。

事實上哥倫比亞到 1967 年為止，幾乎百分之百都是栽種鐵比卡，但目前多栽種生產性高，可以以日照栽種的卡杜拉（Catura）、卡斯提優（Castillo）等交配品種。

然而，這種品種比起鐵比卡或波旁等在地品種，較無甜味。這正是烘焙時必須要考慮到各咖啡生豆品種的特性的原因。

生豆的品種與處理

生豆處理方式

採收咖啡櫻桃的當日即需進行處理，不這樣做的話容易發酵，進而產生品質丕變。

處理方式可以分為水洗、日曬、去果肉自然乾燥處理法；處理法不同會影響咖啡香味。

水洗法是將咖啡櫻桃的果肉取出後，浸泡發酵最少 10 小時、最多 72 小時。發酵的關鍵在於找出可完整去除咖啡櫻桃的黏液質，並能產生好的酸味的時間點。不過若發酵時間超過 72 小時，就會變成過度發酵，對香味有負面的影響。不同的咖啡農場採用不同的發酵方法，也會產生不同的香味，這獨特的香味同時也是各個農場的特色。

日曬法是於採收之後直接將咖啡櫻桃進行乾燥處理。這個過程中，黏液質的成份會增添生豆的醇度與甜度。日曬會經過許多挑選的過程；與水洗不同的是，生豆的成熟度與密度差異較大，烘焙後色澤不易平均，所以要使用通風良好的平台進行乾燥，才能讓水份含量較為平均。

生豆的處理方法與乾燥方法相當重要，其理由在於水份的含量。烘焙時生豆水份的變化與最終香味有非常大的關連性。水份含量也會依據生豆的保存時間不同而出現差異，具體說明如下：

❶ 新豆（New Crop）

採收 1 年以內的生豆，其水份含量約為 12 %。色澤一開始為青綠色（bluish green），一段時間過後就會變成綠色。生豆觸感具有黏性，且味道帶有穀物香與果香。若水份含量高，生豆會較重。由於生豆含水量高，若採用傳導熱比重較高的烘焙，必須十分注意烘焙情況。

❷ 1 年豆（Past Crop）

採收後 1 年到 2 年的生豆，水份含量約為 10～11%左右，色澤會從綠色變成淺綠色。生豆觸感稍具黏性，且味道具有穀物香與香辛料感。韓國進口的生豆大部分都是 1 年豆，因為與產地的距離遙遠，運送時間較長的關係。

❸ 舊豆（Old Crop）

採收後 2 年以上的生豆，水份含量為 9%以下，色澤為淺褐色，爾後會漸漸變成褐色。生豆觸感不具黏性，且味道稍具香辛料感。水份含量低，所以重量較輕。

TIP　陳年咖啡豆（Aged Coffee）

為了展現不同的風味而刻意以年份別保存、熟成的咖啡。一般來說，生豆保存時間越長，水份與內含成份就會減少，香味也會跟著消逝。但是陳年咖啡豆就如同將醃泡菜放在甕中熟成一般，經過一定時間的發酵，會降低酸味、苦味、澀味，也就是產生褐變反應，增加咖啡的醇度。

生豆評鑑

精品咖啡僅佔全世界咖啡生產量不到 10%，但因不追求量而追求質的關係，會經歷嚴格到接近挑剔的挑選過程。不僅需要肉眼確認模樣與色澤，預測與咖啡品質有關的水份、密度等數值，也會以杯測的方式評鑑香味。

美國精品咖啡協會 SCAA 依據生豆的水份、大小、瑕疵豆數、密度、色澤等基準進行評鑑。

水份

∨

生豆的標準含量為 10 ～ 12% 左右。水份含量過低的生豆大部分都是因為已經存放過久，香味會較差；但水份含量超過 13% 以上的話，容易繁殖黴菌。依據生豆的含水量決定烘焙的火力與時間，含水量越高，熱傳導率越低，燒焦、烘焙瑕疵（roasting defect）的發生率就會越低。相對來說，水份含量低的生豆於烘焙時，產生的熱風比例較高，乾燥過程就可以自由調整，以展現最佳香味。

大小

⌄

　　生豆大小決定咖啡等級。一般而言，生豆越大顆，價格越高。購買生豆時，會使用篩子篩選大小，也會利用過往資料進行篩選，過濾品質。標準的篩子（standard screen）為小號 #14、中號 #15 ～ 16，#17 以上就是大號。

　　烘焙時要分生豆大小的原因在於熱力吸收的面積會有差異，假設將以 #17 篩選過的生豆 100 顆與以 #14 篩選過的生豆 100 顆，採用同一條件進行烘焙，#14 篩選過的生豆，肯定會比 #17 篩選過的生豆的受熱效果更佳。

瑕疵豆的數量

⌄

　　瑕疵豆數量與咖啡品質有極大的關係，對烘焙的影響也很大，所以事前一定要仔細確認。紐約期貨交易市場的生豆是以每 300g 中肉眼可辨識的瑕疵豆的種類與數量加總後，計算瑕疵豆的分數。瑕疵豆一般都是於採收或是處理過程中產生，而瑕疵豆的有無是區分商業豆與精品豆的標準。

密度

密度是評鑑生豆的另一個標準。生豆的栽種地區高度越高，密度會越堅實；不過品種不同，也會出現密度差異。密度的計算方式是，將生豆裝滿 100ml 的容器中，測量該容器的重量。

萬一生豆的體積相同、重量不同時，較重的生豆密度較高，烘焙時就需要較多的熱能。密度較高的生豆較重，相反則較輕。而密度會影響咖啡香味與醇度。

色澤

生豆會依據品種與保存場所，而有不同的色澤。一般而言，高海拔栽種的阿拉比卡會選擇水洗方式處理，呈現青綠色；低海拔栽種的羅布斯塔會呈現黃綠色或是黃褐色。生豆保存越久，會變成淺綠色。若保存方式有問題，就可能出現變質的情況，例如色澤不一致，且會出現白色。色澤可以依據標準樣本進行比較。

SCAA 與 CoE 的分數等級

SCAA	90～100分	Outstanding
	85～89.99分	Excellent
	80～84.99分	Very good
CoE	90～100分	Presidential Award
	86～89.99分	CoE
	80～85.99分	Specialty

4

烘豆

據說烘焙生豆的起源，是為了防止生豆被攜帶出海外而將生豆火烤，爾後發現烘焙過的咖啡豆香味濃醇，而繼續採用烘焙生豆再沖泡飲用的方式。如今隨著咖啡的需求量增加，咖啡保存方式與如何品嚐咖啡豐富的風味，成為今日飲用咖啡所需要考量的方向。

烘豆的起源

許久以前，咖啡飲用的方式僅是將咖啡櫻桃榨汁飲用，或是將種子去皮後加水煮滾，也就是當成藥用飲品。如今則出現不同的享用咖啡的方式。

為了防止生豆被攜帶出海外，而將生豆火烤，這成為了最初烘焙生豆的起源。爾後發現烘焙過的咖啡豆香味濃醇，而繼續採用烘焙生豆再沖泡飲用的方式。烘豆的起源有諸多說法，但隨著咖啡的需求量增加，咖啡保存方式與如何品嚐咖啡豐富的風味，成為今日飲用咖啡所需要考量的方向。

如今咖啡成為世人愛戴的飲品之一，烘焙成了不可或缺的重要關鍵。然而，在消費者越來越挑嘴的情況下，烘焙技術也逐漸複雜化。烘焙若只是單純炒生豆的話，並不複雜，但若要展現咖啡不同的香味，就需要仔細烘焙，相形之下就會經歷許多複雜且多變的烘焙過程。

當然，每一次生豆的品質都不一樣，無法完全掌握烘焙的變數。但是常常練習的話，就能夠縮減誤差值，展現咖啡的最佳風味。

烘豆的起源

烘豆機的
構造與發展過程

烘豆機的構造

烘豆機的構造可以區分為氣體或電力產生能量的發熱區、傳送生豆的傳送區、控制熱能的控制區，以及將氣體排出的排氣區。幾乎所有烘豆機都是這以這4個構造組成，目的都是為了烘焙時可以讓生豆平均受熱。

滾筒的構造

滾筒烘豆機會依據直接熱傳導的方式，分為單一構造與雙重構造。

鑄鐵烘豆機的熱傳導率與熱保存率較優異，從許久以前就開始使用。但是預熱速度慢，熱能無法持續，容易因過熱導致燒焦現象。不鏽鋼烘豆機材質易導熱，預熱速度快，熱傳導率高，但是很容易冷卻是其缺點。

為了補強上述缺點，開發了雙重構造烘豆機。雙重構造烘豆機在機器內部有空氣層，擔任阻絕效果，可以更安全地烘豆。

機器內部有攪拌葉片，可以攪拌生豆，讓生豆平均受熱。生豆因為攪拌葉片的數量與角度，而以不同的型態迴轉，所以攪拌葉片是能否均一烘焙的必要因素。

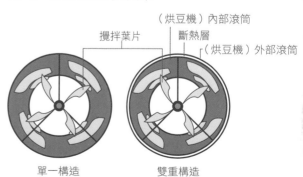

單一構造　　　　　雙重構造

烘豆機的發展過程

⌄

烘焙咖啡豆的歷史遠短於咖啡的歷史。

根據文獻指出，咖啡烘焙始於 12 ～ 13 世紀左右。阿拉伯地區的人們以石頭、土堆做成火烤爐，將生豆炒熟之後，以熱水煮滾並飲用。

1650 年，鐵製的烘豆機正式登場；當時多用鐵或是銅製的火爐進行烘焙。

商業用烘豆機的開發是 1842 年，由英國最先製作並取得相關專利的烘豆機。之後烘豆機就以歐洲與美國為中心迅速發展，直到 19 世紀，製作出了各種不同的烘豆機。如今我們採用的是滾筒烘豆機；最初是以燃燒樹枝、煤炭的方式加熱，現在則是採用電力或是瓦斯加熱。

最常見的是滾筒烘豆機，依據不同的製造公司可分為水平型、垂直型與流動型*。依據作業方式可以分成同一處理方式、連續處理方式。不過最普遍是依據熱傳達方式區分為熱風型、半熱風型、直火烘烤型。

---

* 流動型：生豆在熱風中不停翻攪的烘焙方式。

烘豆機變遷史

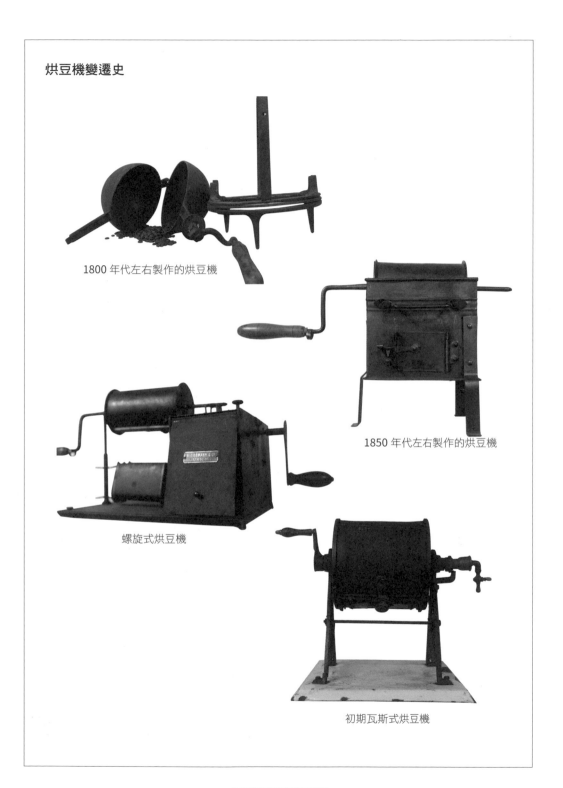

1800 年代左右製作的烘豆機

1850 年代左右製作的烘豆機

螺旋式烘豆機

初期瓦斯式烘豆機

烘豆機的
加熱源與熱傳導方式

加熱源

⌄

　烘焙時，生豆會歷經蒸焙階段與熱分解，產生複合香味，讓咖啡能夠展現更上一層樓的香氣。而供應熱能的就是加熱源。生豆會因為吸收不同的熱能種類（瓦斯、電力、炭火）而產生差異。要理解烘焙的加熱源，可以先從自己喜歡的香味開始研究，所以要先檢視熱傳導的方式。

熱傳導方式

⌄

　烘豆機的熱傳導方式有傳導（conduction）、對流（convection）、輻射（radiate）3種。烘豆機的構造也會依據這3種熱傳導方式製造。每一種熱傳導方式都有其特色，若能熟知這些特性，就能夠烘焙出品質一致的咖啡。

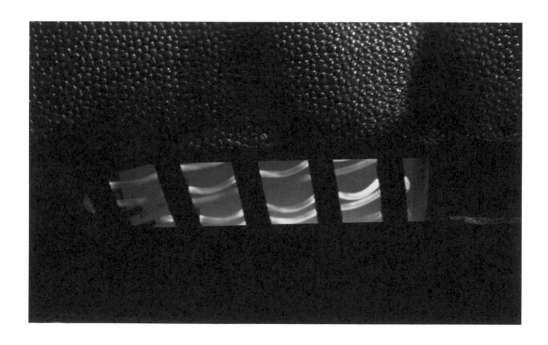

烘豆機的加熱源與熱傳導方式

❶ 傳導

將高溫傳遞到低溫處的過程。傳導正是將熱能從一個物體傳遞到另一個物體，滾筒式烘豆機就是以滾筒的方式傳遞熱能。傳導熱會依據滾筒的材質、大小、厚度而有所差異，氣體的傳導率比液體高，所以含水量較高的生豆於烘焙時，若採用傳導熱比較高的烘焙方法，需要特別注意火候的調整。

❷ 對流

與透過物體傳遞熱能的方式不同，對流是透過氣體傳導熱能。烘焙時，熱源會充滿滾筒內，形成熱空氣以傳遞熱能，稱為對流。對流熱比傳導熱更容易滲入生豆，也能夠充分平均提供生豆熱能。對流則是會依據對流速度而有所差異。

❸ 輻射

與透過固體或氣體為媒介,進行熱傳達、熱對流的方式不同,輻射是以波長迅速傳遞熱能。人群聚集的地方會比只有暖爐的地方溫暖的原因在於,人的體溫會散發出熱能,而輻射熱就是直接傳遞進生豆內部的熱能,所以熱效率更高。近來採用輻射熱的烘豆機越來越多,不過目前輻射熱烘豆機的使用率依然少於傳導型、對流型的半熱風式烘豆機。

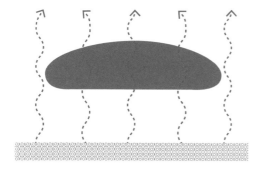

TIP **咖啡豆內外熱度不同的原因**

在烘焙的蒸焙階段,生豆的水份蒸發、重量減輕,碳水化合物、蛋白質、脂質等成份與熱結合之後,進行梅納反應與中和反應等化學反應。此時,生豆的內部就會因為質量均衡法則而填補損失的能量,熱能就由此產生。

接著,生豆內部溫度越高,導致水份蒸發之後,細胞跟著膨脹,二氧化碳增加,就會出現一爆。要注意的是,一爆時,火力會瞬間遞減,風速維持不變,但熱能不足,導致生豆內外溫度差異變大。

舉例來說,生豆內部溫度是 230 度,外部熱能供應的熱風溫度為 200 度時,生豆的內外部就會出現顯著的色澤差異。

不同烘豆機的特性

TIP

炭火烘豆機（Charcoal Roaster）

1970 年代日本開發的烘豆機，以炭火的強大火力與輻射熱的遠端紫外線，迅速地將生豆烤熟。炭火的煙與生豆結合會產生獨特的香味，但是熱度調整不易，過高的輻射熱會破壞生豆的細胞組織，讓香味流逝，是其缺點。

數位烘豆機（Digital Roaster）

利用熱風與輻射熱，以電力產生熱能烘焙生豆。數位烘豆機也屬於這一類，以數位技術控制加熱源，大大提升了烘焙的便利性。但是無法大量烘豆，且加熱源操作較困難，是其缺點。

直火烘烤烘豆機

將開有洞口的圓形滾筒橫放，滾筒將火爐（burner）包住，也具有強制排氣系統。

直火烘烤烘豆機看似是將生豆直接火烤，但其實外層有滾筒覆蓋，熱風迴轉不會直接接觸到火源。

日本多數使用這類烘豆機，並以傳導熱方式烘焙出多種咖啡豆。

然而直火烘烤時，生豆的水份較熱風式的烘焙更容易傳導熱能，所以可能會造成部分生豆燒焦。要注意即使生豆的膨脹度過低，也要延長烘焙時間。

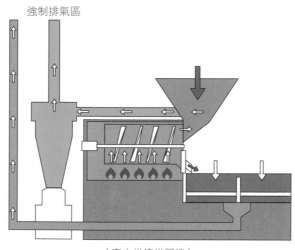

（直火烘烤烘豆機）

半熱風式烘豆機

最常見的烘豆機形式。滾筒後方開洞，讓熱風流入滾筒內，使用風扇或是發動機的轉動，製造空氣中的氣壓差，讓熱風在滾筒中流動。半熱風式烘豆機也採用高溫的再循環燃燒瓦斯，以提高熱效率。

生豆藉由滾筒表面的傳導熱，以及後方進入的熱風、生豆散發出的輻射熱，達成烘豆的效果。

半熱風式所需耗費的時間比直火烘烤短，因為熱保存狀態較佳的關係，可以穩定進行烘焙。若能調整滾筒的迴轉速度與排氣速度，可以改變傳導熱與迴轉速度、對流熱與排氣速度，依據想要的風味調整熱能。

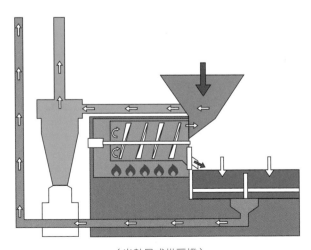

（半熱風式烘豆機）

熱風式烘豆機

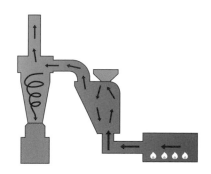

以後燃器（after burner）加熱空氣，並強制將空氣灌入烘豆機，熱效率高且可均勻烘豆，常為大型烘豆工廠使用。熱風式烘豆機可以迅速進行高溫烘焙，使生豆組織細胞快速膨脹；相較於直火烘烤，即使烘焙等級相同，所能保留的可用成份也較高。

然而，熱風式採用對流熱的比重高，生豆快速膨脹導致香味容易散發，是其缺點。

（流動型烘豆機）

側面示意圖

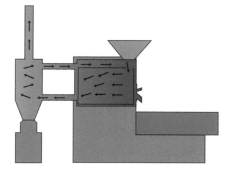

俯瞰示意圖

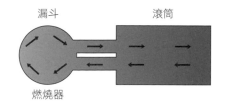

漏斗　　　　　　　　　　滾筒

燃燒器

（再循環式烘豆機）

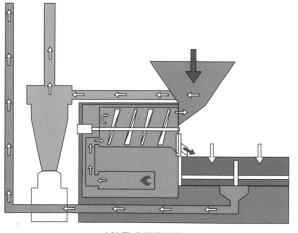

（熱風式烘豆機）

生豆的物理變化

烘焙生豆時，會利用各種人體感官確認豆子的外觀、聲音、味道等，因此基本上烘焙可說是透過各種人體感官確認豆子的變化。

當然，生豆的品種、栽培環境不同，變化也會有所不同。但是一定情況下的物理變化，多半都與烘焙時間與烘烤程度的差異有關。

只是要注意，即使設定同一烘豆程序，上午與晚上烘焙出來的效果也會不盡相同，因為烘豆機本身也會有不同變數。

烘豆機的火力測量與溫度感應的位置也會影響烘豆機實際的溫度，產生差異，閘板的位置也會影響風速。此外，天氣或是排氣等外部原因也會影響生豆數值的變化，所以才需要透過各種感官去觀察，正確度才會提高。如果烘豆機只需要輸入一定數值就可以烘焙出品質均一的豆子，我們就不需要理解複雜的烘豆原理，只要輸入固定數值進行作業即可。

烘焙時，首重生豆的變化，時時確認變化的數值，適度調整；這一點請千萬不要忘記。

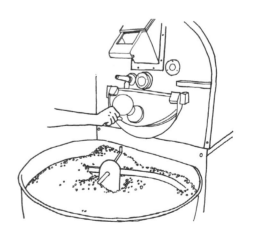

蒸焙階段

烘焙的第一階段─蒸焙。亦即加熱生豆，使水份蒸發的階段。

一般生豆的含水量為 9 ～ 13 左右，烘焙結束之後會減少 0.5 ～ 2 的水份（具體數值會依據生豆種類、烘焙時間、烘焙等級而異）。而生豆水份的變化，也就是熱能造成的重量、成份減少。一般而言，含水量較少的生豆需要更多的熱能，以利蒸發水份。

從烘焙的瞬間開始，生豆的水份就開始蒸發。當溫度到達 100 度時，生豆表面會開始傳導熱；當超過 100 度時，生豆的內部就會進行水份蒸發。

生豆內部的水份蒸發時，會一次產生許多水蒸氣，造成生豆內部的壓力升高。此時，原先供應的熱能就會隨著水份蒸發而消散。若要持續供應熱能，就必須根據內部最大壓力點，平衡沸點上升與壓力、溫度，漸漸進行蒸發。

不同生豆會有不同差異，不過大部分生豆的溫度到達 160 度時，內部壓力增加，細胞組織膨脹，重量就會快速減少。

生豆組織膨脹時，重量會隨之減輕，此時，生豆與滾筒內的攪拌葉片的碰撞聲就會稍稍變得柔和。若這個時候將生豆取出觀察，表面的銀皮會呈現白色脫落；這是反覆膨脹與收縮的現象。烘焙日曬豆、未熟豆時，就需要適度調整火力，提高膨脹速度，才能讓銀皮完全掉落。

色澤

∨

　觀察生豆的色澤是烘焙過程中可以捕捉到多樣變化的方法，不過還是會依據不同的品種、密度、處理方法、保存狀態等而有所不同。

　高海拔栽種的咖啡，會依據烘焙進行的狀況，從淺綠色變成亮黃色、黃褐色變成亮褐色、暗褐色變成黑褐色。低海拔栽種的咖啡會在變成亮黃色之前，變成透明的白色；這是因為低海拔的咖啡相對密度低，水份的移動情況不同。水份蒸發之後，生豆會呈現黃色，就是褐變反應的開始。生豆在不斷反覆膨脹與收縮的過程下，銀皮會脫落，正式進入熱分解，接著會散發出香味，稱為果仁味。

　生豆烘焙時間越長，顏色越濃，表面就會出現斑點。這就是烘焙階段中觀察生豆色澤的重要指標。

表皮

∨

　烘焙時，生豆水份蒸發後會產生氣體，使得內部壓力增加，進而產生膨脹。當然膨脹度也會依據生豆的種類、烘焙時間、烘焙等級等而有所不同。生豆以高熱快速進行烘焙時，膨脹度最高；低熱緩慢烘焙時，豆子的膨脹與收縮的次數增加，表面會更顯堅固。

　生豆的膨脹度不僅是細胞組織的空隙率，也會影響萃取速率。短時間內高溫烘焙的豆子，膨脹率高，香味明顯輕盈，萃取也快速；反過來，生豆膨脹率低，香味較厚重，萃取也較緩慢，不過豆子腐敗的速度也就相對緩慢。

密度

$\vee$

生豆於烘焙過程中，會因為重量減輕與表皮膨脹導致密度降低。生豆水份蒸發後，內部產生氣體，壓力增加，原先緊密的細胞組織就會膨脹並發出聲響。烘焙時，密度越堅實、栽種海拔高的生豆，需要的熱能越多，一爆時發出的聲音也會越大。

TIP 依據密度不同而進行的烘焙方式

密度高的生豆不容易進行熱分解，特別是日曬豆的糖含量高，加熱時表皮的糖份與銀皮結合，容易燒焦，所以需要特別注意。

假設生豆的大小為1坪，這1坪空間內有100個房間，房間層層相疊，每一個房間的外圈都有斷熱層可以阻絕一開始進來的熱能。但是持續吸收熱能之後，表皮會膨脹，熱能就會透過房間這個通路傳入。

若此時生豆的密度太高，也就是傳導熱的通路過於狹窄，生豆的成份就會緩慢地產生變化，也會需要更多的熱能。所以決定投入溫度、投入數量、熱傳導方式時，必須同時考慮密度。

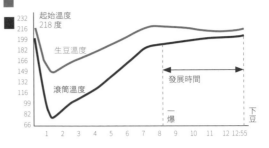

密度高的生豆 起始溫度與溫度上升曲線

起始溫度 218度
生豆溫度
滾筒溫度
發展時間
一爆
下豆

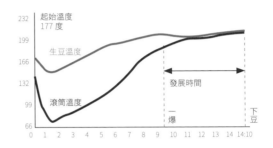

密度低的生豆 起始溫度與溫度上升曲線

起始溫度 177度
生豆溫度
滾筒溫度
發展時間
一爆
下豆

重量

$\vee$

因為烘焙造成的重量減輕，與生豆的水份減少有關。烘焙後的豆子會減少 12～32% 的重量，不同階段的變化也會有不同重量。從物理質量來看，生豆的水份減少最多，而蒸焙階段中，二氧化碳減少量最多。但是這也依據生豆種類、烘焙等級、烘焙時間而有所不同，特別是保存狀態不同，更是容易出現更大的差異，這點亦需特別注意。

一爆

∨

　　生豆加熱後，內部溫度上升，細胞組織變弱，蒸發的水份就會累積在細胞壁旁，找尋出路。在這個過程中，氣體一一從擴大的細胞組織之間的空隙排出，當氣體排出豆子外的量越多，生豆就會承受不住壓力，中間內側密度較低的地方會產生裂縫，進而出現一爆。中間部分爆裂開，排出氣體的瞬間，緊接著開始收縮。此時的生豆相當脆弱，並會產生水蒸氣，散發出的氣體味道帶有醋香以及酸甜的複合氣味。

　　一爆之後，經歷過收縮的生豆再次膨脹，置於上升 4 ～ 8 度的溫度中，爆裂音會漸漸消逝，收縮也會逐漸緩和。生豆表面的銀皮幾乎脫落，散發出香味與溫和的酸味。一爆之後就是發展時間，這在烘焙階段是相當重要的瞬間，幾秒的差異就能夠決定咖啡的香味，所以調整發展時間是最大的關鍵。

　　一爆之後，烘焙於增加 4 ～ 8度中進行，生豆的溫度上升速度會趨緩，接著會迅速增溫，溫度會突然增加的原因正是中和反應。生豆內部的壓力在溫度上升之際，分子會結合，製造出高分子化合物，進行中和反應，如此產出的咖啡的重量相對較重，且會出現苦味。中和反應之後，生豆進入安穩狀態，可排出不必要的熱能。

　　到達這個時間點之後，生豆表面會產生光澤，以及巧克力香等香味，這個現象多半與生豆內部壓力有關。然而，壓力會依據烘焙進行的速度而有所差異，同時也必須考量外觀的差異。

　　一爆時排出的氣體會帶有淺青色光澤。

TIP **烘焙發展時間（develop time）**

所謂烘焙發展時間，是指一爆與下豆時間之間，生豆成份變化所呈現的現象。在一爆之前為止，因為生豆膨脹度低，香味尚未出現。但是一爆後熱能開始產生變化，因此之後發展時間長短、何時下豆，就會影響味道的變化。

一般 S—CURVE 烘焙曲線

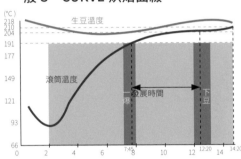

二爆

生豆於烘焙時，會因熱分解而產生氣體，強化組織，延續至無法再膨脹的瞬間，會出現第 2 次爆裂音，也就是開始發熱之後，再增加 3 度左右進行烘焙的時間點。

二爆時所排出的煙氣會變成帶藍色，生豆的表面變成淺褐色，且光澤鮮明，散發出苦味，並伴隨著香味。

此時若再進一步烘焙，會成為深城市烘焙（full city roast）或是法式烘焙（french roast）。這時生豆的溫度約達 215 度以上，表面色澤呈現淡褐色，有咖啡油。甜美香味漸漸減少，但出現豐富的香味，其中還會帶有強烈、稍具刺激的香味。

達到深城市烘焙後，再上升 4～8 度，爆裂音會變得更大聲，成為義式烘焙（Italian roast）。這時候，生豆表皮會呈現圓形脫落，發展時間也從此開始，並出現生豆表面與內部分離的現象。直接加熱讓生豆表面堅硬，而生豆內部的熱能延續性相對較佳，此時，會出現較強苦味與咖啡油，也會有濃郁香味。

冷卻

冷卻是烘焙時展現想要的香味
的重要過程。烘焙的冷卻機能不好
時，生豆的溫度無法在想要的瞬間
降低，內部就會持續進行烘焙，會
成為比想要的烘焙等級還要高的烘
焙等級。因此，若要正確達到想要
的咖啡香味，烘焙的冷卻技巧就相
當重要。

生豆的物理變化

CHAPTER **6**

生豆的化學變化

比較生豆與咖啡豆的成份，烘焙過後的生豆會流失大多數的胺基酸，
蔗糖、綠原酸、葫蘆巴鹼也會大量減少。也因為如此，生豆的成份會
因為烘焙而大量進行化學反應，產生獨特的色澤與香味。這一章節會
介紹說明多種化學反應，理解生豆的口味與香味、色澤的變化，更可
簡單理解烘焙的結果。

梅納反應

＞

葡萄糖與甘胺酸加熱之際，會產生褐色色素的類黑精中和反應，這個反應是由法國化學家梅納發現，所以稱為梅納反應。

梅納反應是非酶褐變反應，是還原糖與胺基酸反應所產生的現象。烘焙時生豆中少量的胺基（amino group）與還原糖的羰基（carbonyl group）結合反應，最終會產生褐變反應的類黑精反應（melanoidine）。

梅納反應到了後半段，會產生大量的二氧化碳，透過史崔克降解反應產生揮發性的二氧化碳、醛、酮等化合物，就是香味的來源。

然而，梅納反應僅在溫度達到 130～200 度才會出現，溫度若無法達到 100 度以上的液體狀態，就不會出現梅納反應。

簡單來說，水煮豬肉就不會產生褐變反應，香味的變化也相對較小。再者，梅納反應的溫度越高，高分子綜合體的質量也會增加，才能出現獨特的色澤與苦味。

類黑精可以去除對人體有害的活性氧類，具有抗酸雨、抗癌的效果。

熱分解

＞

熱分解是透過加熱活化分子，使分子不會互相結合，以產生新的物質。烘焙時，生豆會吸收熱能，也就是產生吸熱反應，稱為熱分解。這個過程中，綠原酸會分解成揮發性的酚，而葫蘆巴鹼則是會分解成吡啶與吡咯啶（pyrroline），脂質會變成揮發性的萜烯（terpene），形成香味。

加水分解

∨

　加水分解是水分子進行化學分解，與人體消化器官消化食物的過程相似。烘焙時，一部分的綠原酸會透過加水分解，變成奎尼酸與咖啡酸。加水分解的相反就是脫水合成，即水分子脫離其他物質；脫水合成是小物質凝聚成大物質的綜合反應過程。

碳水化合物

∨

　碳水化合物最常見的是糖類，透過光合作用，以粉末與纖維素形成許多不同的糖。生豆的多醣類除了纖維素與半纖維素之外，都是由新物質合成的碳水化合物。碳水化合物於烘焙階段的褐變反應、梅納反應、熱分解、加水分解中，皆為重要的成份。

焦糖化

∨

　焦糖化是加熱葡萄糖、寡糖、蔗糖、麥芽糖、乳糖之後，產生的最終褐色物質（不會自然產出）。

　不過，若焦糖化時溫度過高、加熱過久，水份與二氧化碳就會讓生豆燒焦，溫度持續上升，也會造成表皮變成黑色而出現苦味。生豆的色澤較淺的部分，若於烘焙後變得更淺，顯示該處含有糖份，能促使焦糖化反應。

胺基酸與蛋白質

∨

　生豆的胺基酸於烘焙時會與糖進行梅納反應，變成類黑精與香氣。與無法持續保留熱能的胺基酸相比，於烘焙過後，蛋白質還能保留一段時間熱能。依據不同的烘焙等級會出現麩胺酸，散發出清新氣味。葡萄糖或是寡糖等單醣類大部分會與胺基酸進行反應，而蛋白質則是僅有一部分會與胺基酸進行反應。

單寧

∨

　又稱為單寧酸的單寧，常見於植物根部與樹枝、果實、葉子，是多酚聚合物的一種。在成熟的咖啡櫻桃中，單寧含量少。單寧基本上是澀味，具有會讓物質變成黃色或是褐色的成份。

　烘焙過程中，單寧與水、二氧化碳溶解之後產生乙醛，透過褐變反應改變色澤與香味。

咖啡因與葫蘆巴鹼

∨

　熱能穩定地到達 130 度以上時，除了一部分咖啡因會蒸發之外，其餘都會保留下來；而相對不穩定的葫蘆巴鹼，加熱時其分解速度會在一瞬間迅速加快，產生非揮發性物質菸鹼酸與揮發香氣物質吡啶，也就是維他命的一種—維他命 B3（niacin）。

5

烘焙實作

若無法充分理解前述章節說明的生豆的特性與烘焙的基本原理，則可能會找不到每一回烘焙結果不同的原因，進而無法找出解決方式。接下來，我們透過實際烘焙的說明，提供實戰參考。

烘焙計畫

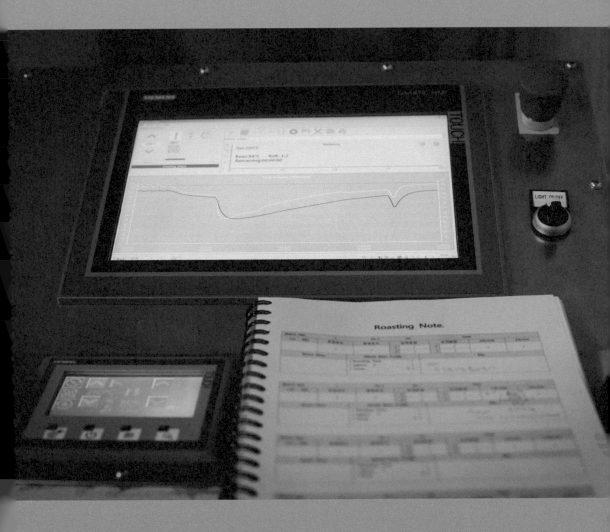

烘焙開始前要先計畫該如何呈現想要的香味。

烘焙首重選擇適合該生豆（材料）、萃取方法（使用用途）的烘焙等級，接著思索並確認烘焙會產生的變數，並一一解決。

最基本需要先確認的是，烘豆機是否正常運作，以及當天天氣、濕度與排氣狀況、預熱速度等，並確實記錄下來。藉由確實記錄烘豆機的狀態，才能夠一眼看出烘豆機的狀況；若出現特殊異常情況時，才知道該如何解決。持續記錄數據資料，並確實整理管理，也可以當成調整變數的根據，並能找出烘焙時出現瑕疵的原因。

決定烘焙等級與烘焙方式

∨

決定烘焙等級與烘焙方式之前，要先考慮咖啡豆的使用用途，也就是要先考慮該烘焙到哪個程度，用何種方式萃取，才能決定烘焙計畫，並有效率地進行烘焙。

不同烘焙等級的咖啡豆子

下豆時間點	外觀與香氣	類別
一爆起至巔峰	膨脹、 表面出現皺褶	淺度烘焙 （Light）
一爆巔峰至終止	膨脹、 表面出現皺摺	肉桂烘焙 （Cinnamon）
一爆終止後收縮	強烈酸味、 甜味開始出現	中度烘焙 （Medium）
一爆終止後膨脹	調和甜味、 鮮明酸味	深度烘焙 （High）
二爆前至二爆開始	調和酸味、 高醇度	城市烘焙 （City）
二爆起至巔峰	排出咖啡油、 弱酸、 濃醇	深城市烘焙 （Full City）
二爆巔峰至終止	表面有光澤、 甜苦酸、 酸味多樣性較少	法式烘焙 （French）
二爆終止後	表面變黑、 低醇度、 不具多樣風味	義式烘焙 （Italian）
排出咖啡油後	表面略黑、 有炭味	土耳其烘焙 （Turkish）

決定用途

∨

　如果不是使用單品咖啡豆的話，就需要決定要混合哪幾種生豆。單品咖啡豆要考慮生豆的品種與密度、含水量等，以能夠呈現最佳風味的方式進行烘焙。混豆則是要考慮每種豆子的調配比率與烘焙等級，同時也要考慮烘焙過程中可能發生的作業損失量。

烘豆機預熱

∨

　依據烘豆機的滾筒構造與材質，需要設定不同的預熱時間。烘豆機若沒有充分預熱，生豆放入之後，產生熱損傷的可能性較高，也會延遲發展時間。

　從小火開始加熱 5 分鐘，之後改中火；中火加熱 10 分鐘後改成大火。以這種漸進式的加熱方式，才能讓金屬材質的烘豆機均勻受熱。

　如果一開始就用大火加熱，只有滾筒溫度會快速上升，難以穩定進行烘焙。再者，若是以閘板控制流動，熱能就不易流出，因此可以稍微打開閘板進行烘焙為佳。

　預熱時間一般是 30 分鐘到 1 小時左右。當滾筒溫度呈現穩定狀態時，將決定好的生豆數量從漏斗處放入烘豆機。

蒸焙

常溫的生豆放入烘豆機之後，會吸收滾筒內部的溫度，導致滾筒內部溫度持續下降。直到生豆溫度與滾筒溫度趨於一致之後，生豆溫度才會開始上升，我們稱此溫度為轉折點（turning point）。

當生豆溫度超過 100 度之後，水份開始蒸發成水蒸氣，內部壓力增加。一般來說，生豆溫度到達 160 度時，內部壓力會導致細胞組織膨脹，氣體找到出口散出，而水份蒸發讓表面產生收縮，表皮就會出現皺摺。

烘焙時，生豆含水量越高，越需要更多熱能。此時，與其一次性地加熱，不如拉長蒸焙時間，慢慢地、充分加熱為佳。

特別是直火烘烤的烘豆機，要特別注意每個蒸焙階段。

生豆放入時的溫度會影響烘焙時間；若生豆放入時溫度過高，會一次性、大量加熱，較可能導致表面呈現焦黑。相反的，溫度過低時放入生豆，會導致烘焙時間必須拉長，生豆的可用成份就會減少。

烘焙時，生豆的放入數量與溫度必須考慮烘豆機的容量。若放入數量超過或少於烘豆機的容量，容易出現焦黑等烘焙瑕疵。

熱分解

生豆經過蒸焙階段後，進入熱分解階段。外觀看來已經出現褐變現象，透過梅納反應產生香氣與化合物。生豆表面溫度到達 160 ～ 170 度時，肉眼即可辨識色澤的變化，但由於褐變現象是蒸焙過程結束之前就會出現的現象，所以密度越高的生豆，表面就不容易均勻，色澤也無法均一。

烘焙進行時，生豆溫度會急速上升。烘焙溫度再增加 5 度左右，爆裂音開始出現。生豆內部氣體開始往外衝的瞬間，出現收縮現象，色澤就會快速出現變化。

第 1 次爆裂音產生的溫度再多增加 5 度左右，爆裂音會逐漸緩和。當生豆溫度到達 210 ～ 220 度時，生豆內部壓力增高，分子互相結合產生中和反應，不需要的熱能就會釋放排出，也就是生豆會發熱，讓咖啡產生香味與酸味。

冷卻

當到達計畫中的烘焙等級時，取出豆子後即刻進入冷卻階段。因此，正確的下豆時間點是冷卻階段最重要的考量因素，也就是要依據使用用途制訂烘焙計畫。當然也要熟悉之前提及的生豆變化過程。若於適當時間取出，溫度會快速降低；若不快速冷卻，生豆內部殘留的溫度會讓生豆繼續處於烘豆狀態。冷卻的方式有 2 種，一是灑水降溫冷卻（quenching），另一個是空氣循環降溫的空氣冷卻。大規模烘焙的工廠多採用前者，迅速冷卻是提升咖啡品質的必要條件。

烘焙變數

如前所述，進行烘焙時，不可盲目相信機械的數值，而是應該考慮生豆的物理、化學特質，預測可能的變化，並且做出各種可能變數的因應對策。不論是經驗多豐富的烘焙師，都會認真記下烘焙過程中的各項數據，因為影響烘焙結果的火力與排氣情況等變數並不是完全一成不變。

烘焙中咖啡香味的變化

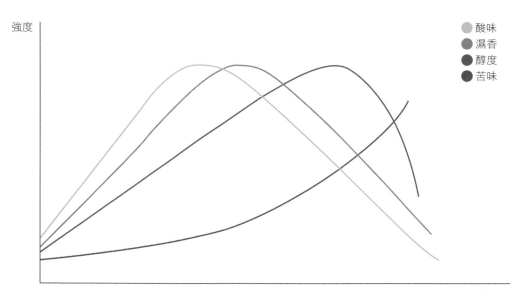

烘焙時間

烘焙時間根據熱能決定。烘焙的基本原則是引出生豆的物理與化學變化，所以調整熱能是烘焙的基本要素。

因此，烘焙時間與生豆的物理、化學變化的關係相當密切。

首先說明物理層面，烘焙時間越長，生豆內部細胞組織膨脹，才能萃取出更棒的咖啡。然而，從化學反應層面來看，不論耗費多久時間，若無法到達一定溫度，就不會出現任何化學反應。舉例來說，假設引起生豆化學變化的碳水化合物中的含量為 10%，需要到達 180 度才會開始化學反應，若烘焙時間過短，只完成不到 5% 就進到下一個階段，而剩下的 5% 就會停留在生豆內部，直到烘焙結束為止，繼續成為讓生豆持續變化的因素。

再以另一個例子說明，密度高、大顆的生豆於高溫狀態下放入烘豆機，進行快速烘烤，於一爆終止時刻取出。此時的物理變化是生豆的膨脹度高，萃取容易，但是化學部分的綠原酸與葫蘆巴鹼等成份卻無法確實進行化學變化，導致酸澀味出現。另一方面，若緩慢進行烘焙，則同一時間點內取出的咖啡豆就會少點酸澀味。

以上說明可以看出，烘焙時間的調整，能夠決定咖啡香味是否能完整呈現。

咖啡香味會依據烘焙過程中出現的梅納反應與褐變反應的比重而有所差異，咖啡香味的組成物質也會因為時間的流逝而從輕盈變厚重。

由於烘焙時間能左右生豆能否擁有最棒的咖啡香味，所以必須思考該採用何種萃取方法，才能達到想要的咖啡香味。

重新整理一下前述說明，烘焙時決定咖啡香味的是溫度，以及維持相同溫度的時間；而生豆加熱時，會依據生豆的大小、密度、厚度與熱傳導方式不同出現不小的差異。

生豆外部與內部的熱反應速度也不
一致,所以若只想要提高萃取速率,
而快速進行烘焙的話,可用成份就
不確定能留下太多,導致生豆內部
與外部的烘焙速度不同,味道就無
法平衡。

排氣

> ⌄

排氣與熱風速度有關。當維持一定熱能時，滾筒內熱風速度越快，會讓內部溫度隨之下降。

當熱能充足時，風速就需要快速進行調整，縮短烘焙時間；不過若熱能不足，風速還是在快速狀態的話，生豆的內部與外部溫差就會加大，就會對咖啡香味出現負面影響。

再者，風速加快時，滾筒內部壓力降低，生豆周圍的空氣流動加速，生豆內部會迅速形成高壓，此時氣體與香氣就會散出，讓生豆保持最佳狀態。相反的，若風速緩慢，滾筒內部形成高壓，內部煙氣與熱風不易散出，就會出現不佳的結果。

烘焙時，必須掌握排氣與熱能流動的原因就在此。

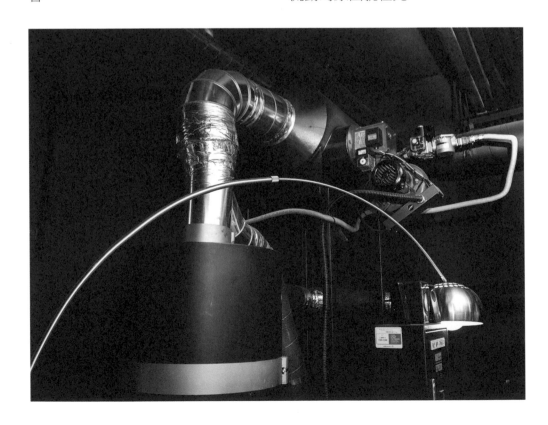

放入量

∨

　烘焙時，亦必須考慮烘豆機的容量、加熱源種類、滾筒的熱能保存狀況，才能決定生豆放入量。

　以烘豆機最大容量進行烘焙時，烘焙時間一長，熱能會不足，但是火力已經開到最大值，已經無法進行數量與容量的調整。雖然可以調整排氣以及調高生豆投入時的溫度，但相對容易產生燒焦，咖啡豆就可能會出現焦味。

　所以，最好的方式就是減少生豆投入量，火力可以隨時調整，才能夠展現咖啡的多樣口味。

預熱與烘焙次數

∨

　前述提及，烘焙預熱過程與烘焙的熱效率有關，因此，烘焙師會較喜歡使用不鏽鋼或是鑄鐵的烘豆機，其理由在於熱效率與熱保存率高。即使投入溫度相同，若預熱過程不同，就容易因為燒焦而出現不同的味道。

　烘豆機沒有充分預熱的話，烘焙就無法順利進行，同時，烘焙次數也會影響烘焙結果。烘焙師需要合理分配烘焙次數，並確認滾筒內溫度，以利快速進行烘焙。為了讓烘焙過程順利，必須先讓滾筒稍稍冷卻，才能再次提高溫度。

依據不同生豆投入量而產生的烘焙變數（以 5kg 為基準）

烘焙變數 ＼ 投入量	5kg	3kg	1kg	注意事項
投入時的溫度	220度	190度	160度	預熱狀態
轉折點	90度	110度	130度	溫度上升區間
溫度上升時間	2～3分鐘	1～2分鐘	不到1分鐘	火力調整
火力調整	80～100%	60～80%	20～60%	熱源
烘焙時間總和	較長	可以調整	較短	膨脹度差異

加熱源與壓力

∨

一般商業用半熱風式烘豆機的加熱源是瓦斯。瓦斯有液化天然氣（LNG）與液化石油氣（LPG），二者的火焰純度與安全性不同，是影響烘焙時間與熱能的關鍵之一。天氣冷的時候，或是烘焙室內氧氣不足時，熱能會降低，烘焙時間就會產生誤差；從結果看來，烘焙等級與咖啡香味就會不同。

而為了防止這個問題，瓦斯管線需要裝設調節器，以維持一定速率的瓦斯供應量。但若瓦斯管線過長，會難以維持一定程度的火焰，所以務必選擇好的擺設位置。

溫度感應

∨

烘豆機的溫度感應裝置大部分都是採用接觸式感應，主要用於測量生豆的實際溫度。但缺點是感應器的材質與擺放位置也會影響溫度的測量。

同樣是烘焙生豆，有的烘豆機

的一爆溫度是 195 度，但也有烘豆機是 187 度。再者，烘焙次數增加時，會因為咖啡油與粉塵造成誤差；感應器放得太深或是太淺也容易造成誤差，所以感應器需要擦拭乾淨，放入適當位置，才能準確測量溫度。

外部環境

∨

高氣壓使天氣晴朗且溫暖，低氣壓造成多雨陰天，2 種不同的環境會造成烘豆的極大差異。

造成差異的原因在於溫度上升區間。即使放入同一數量、同一生豆品種，同樣條件的情況下，在溫暖夏天的 ROR（每分鐘溫度上升率，Rise of Rate）會與寒冷冬天的 ROR 不同。

烘焙訣竅

依據不同用途決定烘焙方式

⌄

❶ 杯測

杯測的目的是評鑑生豆的品質,所以不需要凸顯過多技巧,只要能夠展現生豆的特質即可。烘焙後期緩慢拉長烘焙時間,生豆就會出現好的香味,且找不出缺點。杯測用的烘豆建議採用一爆巔峰至終止之間,或是終止後 1～2 分鐘內,未達發展時間為佳。

烘豆機樣品

❷ 沖煮

以沖煮為目標的生豆烘焙，多半著重於擷取香氣。高價單品若過度追求高等級烘焙，會讓已經擁有好的酸味與甜味的生豆無法發揮其特色。沖煮用生豆烘焙的平衡點來自找出最佳烘焙點，引發生豆的潛在能力，且必須依據烘焙時間使用適當的萃取工具。

❸ 濃縮

為使濃縮咖啡豆的味道與香味取得平衡，多半會使用混豆。不論是單品或是混豆皆可萃取濃縮，但一般商業烘焙主要採用混豆。

一般咖啡專賣店會區分成美式咖啡豆，或是風味咖啡＊（variation）的咖啡豆混豆，以滿足不同口味的消費者。烘焙等級也會依據味道光譜（spectrum），採用城市烘焙或深城市烘焙。

＊風味咖啡：加入牛奶、糖漿、其他添加物等做出的咖啡，例如拿鐵、卡布奇諾、咖啡摩卡、瑪奇朵等為代表，稱為風味咖啡飲品，或濃縮咖啡飲品。

品質管理

⌄

❶ 選購生豆

韓國近來出現許多販售生豆的專門業者，可以選購的生豆品種也逐漸多元，同時有能力引進特定國家、特定品種生豆的業者也逐漸增加。

也不過 7、8 年前，韓國市面上流通的生豆多半依賴美國、日本、德國等進口商引進，而這類生豆品質多半會比現今直接進口的品質差。

再加上對於生豆不夠瞭解，直接將新豆拿去烘焙，也就是烘焙含水量較高、採收後第 1 年內的咖啡生豆，最後卻嫌棄這批生豆品質不好，還要求退貨，殊不知問題正是因為採用錯誤的烘焙程序，才會造成味道苦澀。如今我們已與過去不同，可以輕易區分咖啡生豆的差異。

烘焙生豆時，若對生豆不熟悉、不理解的話，就難以烘焙出該生豆的理想品質。

TIP

近年來購買品質優良生豆的通路越來越多。

不僅有提供少量購買的通路，生豆的選擇也趨於多元化。也有以簽訂 6 個月或是 1 年採購契約的模式，從產地以貨櫃為單位直接進口。

購買時也要依據使用用途，以不同的評鑑基準選擇生豆單品或是混合生豆；可以用比較生豆的外觀、色澤、含水量、保存方式等特性來區分，或是以樣本烘焙萃取之後，採用試飲評鑑的方式選購。

❷ 烘焙保留水份

需要選用高價位烘豆機的最大理由，在於功能好的烘豆機於烘焙時能夠維持一貫的烘焙品質。烘焙過程中，若周圍溫度過高則生豆容易變質，所以控溫相當重要。因為在去除咖啡生豆的銀皮，產生咖啡油與粉塵的同時，會有各項溫度感應器與排氣的問題。

然而許多烘焙師卻輕易忽略烘豆機的這些特性。其實烘焙生豆時，是利用瓦斯提供烘焙動力，因此需要瞭解烘焙機內的溫度與顯示板上的溫度，是來自於機器內部的感應器，依據不同角度安裝排氣孔，才能成功烘焙出想要的咖啡豆。

優秀的咖啡師會為了萃取品質優良的濃縮咖啡，認真研讀機器的構造與原理。所以，優秀的烘焙師也應該認真研讀烘焙機相關基本常識。

❸ 生產程序

烘焙業者以一定的金額販售自己生產的咖啡產品，因此需要對這些產品負責，所以生產程序的管理也是需要重視的一環。從生豆的選購、保存到烘焙的過程，時刻不得馬虎，一旦滲入雜質，或是出現其他問題，就無法烘焙出品質優良的咖啡產品。從產地進口品質優良的新豆時，倉庫的溫度與溼度是否適中、是否遵守先進先出的管理規定；如果不遵守上述規定，數月內生豆的含水量就會劇降而產生異味。

如果沒有確實進行雜質管控，導致混進小石頭或是鐵粉等雜質，不僅會損壞機器，更會失去客戶的信任。因此，烘焙需要注重生產設施與程序管理。

6

混豆

這世界上有許多種類的咖啡豆，而每個人喜歡的咖啡、享受咖啡的方法也不盡相同，混豆正是可以滿足消費者多樣口味的方法之一。

混豆的目的

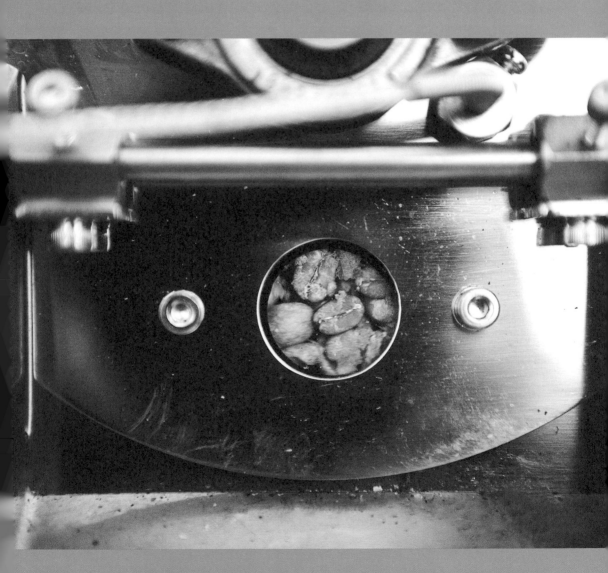

擴大生豆差異

∨

前述提及,生豆的特性會依據產地、國家、區域而有所不同。有的生豆具有好的酸味,也有的生豆具有香濃、有魅力的甜味;將許多不同風味的生豆混合為一,即能擷取各自優點。咖啡工廠選定的產品,由於是大量製造並能保持相同品質與風味,導致家常混豆難以出頭。

基本上,混豆是為了補足單品所缺少的 2% 的不足,並依據生豆酸味與品質的平衡,選擇不同的生豆,以保障生豆具有一定的酸味與品質。

以自己特有的混豆訣竅,混合不同種類的生豆,創造出不同的風味,也是市場上需要混豆的理由之一。

客戶需求

∨

❶ 為誰調配混豆

做出自己預設的最佳混豆風味是很辛苦的,但不論是單純為了自己,還是為了販售,都需要準備詳細的混豆計畫。飯店的早餐咖啡、擁有多種不同風味咖啡的咖啡專賣店、提供咖啡給員工的公司、提供免費咖啡的美容院、飯後提供咖啡的餐廳、在家自製咖啡等,混豆的開發都是基於上述客戶的需求,因此確實掌握客戶的喜好,也就是價格與風味,以及消費量與消費能力,都是非常重要的關鍵。

❷ 不同用途的混豆

若是客製化的混豆，就必須確認客戶要使用
哪一種萃取工具，例如濃縮咖啡機、自動咖
啡機、一般咖啡機、手動磨豆機等；因為不
同的工具會讓烘焙時間與萃取速度不盡相
同。烘焙等級與萃取工具的特性，必須依據
環境做調整。

補足單品咖啡的缺點

∨

　　單品咖啡所使用的生豆多為阿
拉比卡。阿拉比卡比羅布斯塔的香
味更豐富，也更具有地區特色，能
夠完整呈現絕妙香味。

　　目前筆者尚未看過提供羅布斯
塔單品的店家，理由可能在於味道
的平衡。當然羅布斯塔也具有濃醇
的口味與適當的酸味，是其優點。
但由於這是栽種於低海拔地區的咖
啡，所以風味相對不具多樣性，尚
無法獲得普遍性的好評。

再者，單品咖啡也有類似精品咖啡或是微批次（micro lot）咖啡的品質區分，不像過往以栽種的咖啡為主軸，而是以能夠保障農民收益的商業咖啡，也就是可以大量生產的咖啡為基礎。只是商業咖啡的生產過程中難以區分未成熟豆，所以咖啡味道失去平衡的可能性會大增。這類單品咖啡就需要透過混豆來補足不足的甜味、或酸味、或鹹味、或苦味、或鮮味。

近年來，精品咖啡逐漸取得地位，也讓產地能夠改善栽種環境，進而生產出平衡感卓越、品質優秀的單品咖啡。

更具價格競爭力

咖啡具有平衡口味，是因為栽培環境、採收、處理過程中許多農夫辛勤工作的成果。咖啡栽種若沒有適當的氣候與土壤，以及農夫的細心照護的話，生產過程就會產生許多大小不等的瑕疵。

這樣耗時費力所生產的咖啡，具有豐富甜味與複合酸味，並以柔和的口感獲得優良的評價。然而，生產費用就會相對提高，價格也不便宜，所以會採用多種單品混豆的方式，以降低成本負擔，又可以提高咖啡口味的平衡感。

選擇混合的生豆

依據味道分類

　　混合的生豆會依據生產量與味道的基準區分為 3 種。與有明顯酸味和甜味的溫和咖啡不同,羅布斯塔相對來說具有順口的苦味。世界最大的咖啡生產國巴西的咖啡則是擁有中性口感。而生豆的區分標準與決定混豆的基本香味相關。

❶ 溫和

阿拉比卡大部分是溫和咖啡,特徵是有豐富的香味與酸味、甜味,混豆也能充分展現此風格,代表是鐵比卡與波旁。

❷ 羅布斯塔

混豆加羅布斯塔最主要的目的是提高醇度。在韓國,人們喜歡濃醇甜的咖啡,所以在混豆中加入羅布斯塔,能夠贏得消費者的喜好。

❸ 巴西

巴西是全世界咖啡生產量最多的國家,海拔高度適當,盆地地形適合栽種咖啡,所以能擁有較具中性口感的咖啡。適度調和酸味與甜味、苦味,阿拉比卡品種也能具有高醇度的優點。

巴西的醇度較羅布斯塔來得清新,可當成混豆的基底使用,喜歡口感較濃的咖啡的歐洲(特別是義大利)或是日本等地的進口量極大。

依據處理方式分類

❶ 水洗

以水洗咖啡進行混豆時,酸味與甜味較明顯,喜歡口味較淡的咖啡的人特別喜歡這個味道。美國或是北歐等地重視咖啡澄淨度的人,多會選擇以這個方式混合的精品咖啡。品質好、具一致性,是其優點,但是醇度相對低了點。

❷ 日曬

以日曬咖啡進行混豆,能夠凸顯日曬咖啡特有的果香;一般會少量添加日曬咖啡。若是將日曬咖啡當成基底與其他咖啡混合,則會失去其特色。然而,具有甜味與口中殘留韻味的精品咖啡近來逐漸蔚為主流。

味道的關鍵

味覺是依靠舌頭的味蕾品嚐，味蕾因為化學的刺激而能告知大腦識別味道。味覺加上嗅覺，會讓我們記下味道，進而找尋那記憶中的味道。

❶ 甜味

不僅是咖啡，一般飲品的甜味都是最重要的味道。

如果辣椒醬中沒有添加一點果糖或是砂糖，就只有刺激性的辣椒粉鹹味，會讓人從此不再想吃辣椒醬。由此可知，甜味是中和口感、提引其他味道的重點關鍵；咖啡也不例外。咖啡的酸味也因為甜味之故，產生如同柑橘般的溫和酸味，能更進一步品嚐到芳香的餘味。

❷ 酸味

嘴巴可以感受到酸味是因為氫離子與鈉，這是咖啡最基本的味道。在咖啡中，好的酸味如同成熟的水果酸味一般，會伴隨著甜味。

❸ 鹹味

鹹味與酸味相同，是透過離子傳遞到味蕾，當刺激增加時會感受到鹹味。短時間內高溫烘焙的咖啡豆，或是剛烘焙好沒多久的咖啡豆，用來萃取濃縮咖啡時，會感受到鹹味。

❹ 苦味

其他味覺都是透過飲食獲得，但是苦味則是由 24 個受體組成，感受並發出警告。苦味是動物的一種防備機制，可以保護動物遠離劇毒物；然而咖啡中的苦味卻是類似巧克力或是啤酒香味。

❺ 鮮味

又稱為美味，是從海帶的鮮味提取的麩胺酸鈉鹽（monosodium glutamate），進而發現這第 5 個味道。除了海帶之外，螃蟹、蝦子、貝殼類、香菇、牛肉、豬肉中都可以發現鮮味的成份。越成熟的咖啡櫻桃越能展現鮮味，脂肪與胺基酸、水結合溶解後，透過味蕾傳達鮮味。

混豆的方法

先混豆

∨

決定需要混合的生豆與比率，一次進行烘焙。過程相對單純，損傷率低，且相當具有生產力，但是香味相對單調。因為不同生豆之間的密度不同，容易在烘焙中出現不均勻的情況。所以可以於進行生豆選擇時，事先挑選生豆的密度、大小、含水量相似的生豆來進行混豆，並拉長烘焙時間，以減少誤差。

後混豆

∨

各自以該生豆最佳的方式進行烘焙，再依據事前確定的比例進行混豆。優點是生豆能夠維持多樣風格，但是膨脹度與烘焙等級有差異，萃取時的一致性會降低；再者，依據調配比率而增加的烘焙次數或是混豆後發生損傷的機率也會相對增加。

混豆風格

⌄

混豆時要考慮的第一要素是，選擇能夠增進風味的生豆。一般而言，基底要選擇可用成份含量較高，具有濃厚香味的生豆，或是中性的生豆，才能緩和生豆之間的差異。

早餐綜合咖啡豆（Breakfast blend）

以醇度為重點。以瓜地馬拉為基底，添加蘇門答臘混豆；與牛奶相容，不會失去均衡感。

家常綜合咖啡豆（House blend）

以巴西為基底，添加衣索比亞混豆，更顯美味；適合美式咖啡與拿鐵。

義式綜合咖啡豆（Espresso blend）

以巴拿馬的鐵比卡為基底，喝起來順口的混豆。

饗選夏日綜合咖啡豆（Summer blend）

用肯亞與尼加拉瓜，以相似的比例進行混豆。具有奢華口感，再添加巴拿馬的鐵比卡，使口味均衡。

法式烘焙綜合咖啡豆（French roast blend）

烘焙到二爆為止，咖啡油較多，口感強烈的混豆。

特選綜合咖啡豆（Exotic blend）

以衣索比亞為基底，具有果香酸味與華麗口感的混豆。

混豆風格	巴西	蘇門答臘	巴拿馬	瓜地馬拉	肯亞	衣索比亞	尼加拉瓜	哥倫比亞
早餐綜合咖啡豆		25%		50%				25%
家常綜合咖啡豆	40%					30%		30%
義式綜合咖啡豆	25%		35%	20%		20%		
饗選夏日綜合咖啡豆			30%		35%		35%	
法式烘焙綜合咖啡豆		50%						50%
特選綜合咖啡豆			25%		25%	50%		

第三部

咖啡萃取

7

研磨

「研磨」（grinding）是萃取咖啡可溶成份的第一步驟，對萃取有著舉足輕重的影響。經由物理力量粉碎咖啡豆的「研磨」可以增加咖啡豆和水的接觸面積、幫助可溶成份順利萃取；此外，水流經咖啡粉時產生的適當阻力會影響萃取速度和時間。換句話說，咖啡的萃取速度和時間取決於水的流速和流量，因此控制此因素的咖啡粉顆粒（以下稱為咖啡粉粒）的大小和型態相當重要。而研磨過程中香氣物質揮發所帶來的豐富咖啡香氣，也使得「研磨」成為製作咖啡的過程中最令人開心的事。

研磨的作用

研磨時咖啡豆產生的變化

表面積增加

研磨是將咖啡豆碾碎,使咖啡豆內部也能均勻接觸到水的過程;也就是讓咖啡和水接觸的表面積增加,打造一個可溶成份更容易被萃取的環境。

咖啡由大約 1 百萬個細胞構成,其中包含了負責釋放咖啡味和香氣的水溶性固體。所謂咖啡萃取是讓水溶性固體溶解在水中,並將咖啡裡的揮發性香氣物質及不溶性固體與可溶成份分離的過程。而咖啡豆的粗細度會影響溶解在水中的水溶性固體和可溶成的量。咖啡豆研磨得越細,萃取出的可溶成份越多;研磨得越粗,萃取出的可溶成份越少。

香氣化合物的釋放

研磨也具有釋放咖啡中包含的香氣化合物的作用。咖啡細胞由 1 千多個香氣化合物組成;咖啡豆研磨時,細胞會生成約 3 巴(bar)的壓力,迫使香氣化合物與空氣結合散發出香氣。

帶有揮發成份的香氣無法持續太久,研磨後 15 分鐘內最多可以釋放出 60% 的香氣。隨著與氧氣接觸時間的增加,香氣會逐漸減少。若想讓香氣極大化,最好在咖啡豆研磨後儘快萃取(建議在咖啡豆研磨後的 4 分鐘內萃取咖啡)。

TIP 咖啡風味會隨著研磨過後的時間長短而改變

研磨過程中,咖啡豆裡包含的二氧化碳會與香氣化合物同時釋放,使香氣極大化,構成細胞壁的脂溶性物質也會暴露在外。一段時間後,二氧化碳含量逐漸減少,咖啡粉的香氣也漸漸減弱,氧氣滲透到原先二氧化碳的位置,與硫化合物(sulfur compound)結合,形成所謂的「氧化酸敗」(rancidity),飄散出怪味。以結論來說,研磨可以增加咖啡豆的表面積,可以讓香氣極大化,卻也是促進酸敗的主因。研磨後的咖啡豆會在極短的時間內引發香氣變質;如果希望咖啡香氣維持久一些,建議咖啡豆研磨後立即萃取飲用。

研磨粗細度的重要性

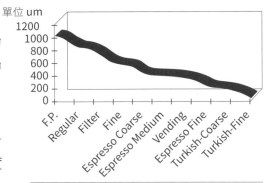

一般咖啡粉的顆粒粗細度

咖啡粉粒的大小、型態和均勻度對咖啡萃取有很大的影響。其中咖啡粉粒的大小，也就是粗細度，必須按照萃取工具的特性來調整。一般滴濾式萃取的粗細度為 800 ～ 900um*，濃縮咖啡機萃取的粗細度為 200 ～ 300um。

*um：微米（micron 或micrometer），1微米為1/100萬公尺。

用 Air-jet 去除細粉後的咖啡粉樣本

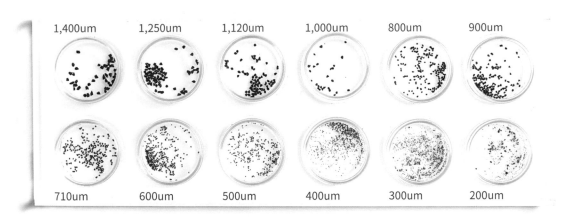

（資料來源：咖啡分析中心〔Coffee Analysis Center〕）

❶ 粗細度和萃取的相互關係

粗細度會影響萃取速度，是左右咖啡香氣、濃度與口感的關鍵要素。

理論上來說，咖啡粉粒越小，表面積越大，越能快速萃取出大量的可溶性固體；然而顆粒過細也可能造成咖啡成份過度萃取，造成萃取上的問題。

咖啡萃取方式中，除了濾泡方式之外，其餘都是仰賴水流經咖啡粉的過程來萃取咖啡。如果咖啡粉粒過細，會使水和咖啡豆的接觸時間比所需時間長，造成可溶成份過度萃取，嚴重時甚至會發生水完全無法通過咖啡粉的情況，使得萃取無法進行。

相反的，如果顆粒太粗，萃取時流速過快，咖啡豆和水的接觸時間縮短，則會產生可溶成份無法充分溶解的情況。

因此決定粗細度時要考慮水的流速，根據相應的萃取方式來做調節。

❶ 咖啡粉粒的大小與型態

咖啡粉粒的大小與型態決定了咖啡粉和水接觸的表面積，進而影響溶解在水中的咖啡成份量。

水和咖啡粉的接觸面積必須一致，咖啡成份才能被均勻萃取，呈現均質的風味；也因此，致力於提升咖啡粉粒的均勻度一直是咖啡師努力的方向。

不過，現有的研磨方式無法將咖啡豆磨成百分之百均質的大小，因為研磨過程中部分的咖啡豆並不是被刀磨碎，而是因衝擊而碎裂（crushing）。這種過程中產生的比咖啡粉更細小的咖啡碎屑，就稱為細粉。

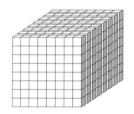

理想的咖啡粉型態為正六面體。

實際咖啡粉的均勻度

顆粒粒徑分佈

粗細度越均質的磨豆機，雜質越少，相同的顆粒粒徑分布越高。

粗細度

研磨的作用

175

❸ 細粉

細粉是研磨過程中產生的極細小顆粒，也可稱為咖啡碎屑。堅固的生豆經歷烘焙過程後密度下降，質地變得脆弱，這種狀態的咖啡豆在研磨的強力衝擊下，會產生許多細小的咖啡碎屑。

細粉量的多寡與馬達轉速（RPM,Revolution Per Minute）以及刀片密度有關；馬達轉速越高、力道越強，如果研磨力道比應有力道強，就可能出現過多咖啡碎屑；而刀片密度越高、越堅固，越容易出現切割面。

現有的研磨技術雖然無法避免細粉產生，但坊間有幾台磨豆機利用靜電方式減少出粉口產生細粉。

❹ 顆粒大小分析

研磨的終極目標是將咖啡豆均勻輾磨成期望的大小，但實際狀態下的咖啡粉是呈現出各種大小的粉粒狀 *。若想探究咖啡粉的均勻性，必須將咖啡粉粒根據大小分類，計算並分析各種顆粒大小的量，整理成一目了然的顆粒粒徑分佈（Particle Size Distribution）。顆粒粒徑分佈可以幫助我們掌握咖啡粉粒的實際大小和均勻度，也可以估算出與預先設定粗細度不同的粉量多寡以及細粉含量。磨豆機的顆粒粒徑分佈越均勻，性能越好。

*粉粒狀：粉狀與顆粒狀的統稱。

咖啡飲用完後殘留的細粉

細粉對萃取的影響

許多人認為細粉是影響咖啡香氣與口感的負面因素，因為以細粉含量高的咖啡粉進行萃取時，細粉會阻礙水的流動，增長萃取時間，造成咖啡成份過度萃取。這種咖啡多半苦味強烈、澄淨度 * 不足，口感粗糙。

然而細粉並不全然是不好的；咖啡粉粒中挾帶的少量細粉可以使水的流動不至於太快，具有調節水流速度的功能。

此外，當我們啜飲咖啡時，細粉會沾附在黏膜上，持續釋放風味和香氣。相較之下，完全無細粉狀態下萃取出的咖啡強度反而較弱，餘味無法留存太久。

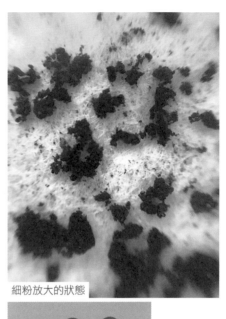

細粉放大的狀態

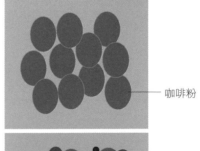

咖啡粉

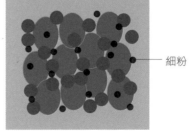

細粉

---

*澄淨度：香味缺點的評斷項目，香味缺點越多，分數越低。

顆粒大小的分析方法

1 篩（sieve）分析法

利用金屬或纖維製成的篩來分析顆粒大小的方式。多半是商業使用，篩網的粗細與間隔（40um ～ 1cm〔10 ～ 400mesh*〕）依據嚴格的標準規格化製作。篩分析法可以粗分為篩分和篩析。

篩分（sieve separate）

利用特定粗細與間隔的篩網將物體根據顆粒大小分類的方式。通過篩子的物體為累積通過量（under size），無法通過篩子的物質為累積殘留量（over size）。

篩析（sieve analysis）

在設定好的時間內將某種物體放置在篩網上搖晃，分類出累積通過量與累積殘留量。方法有上下晃動的偏旋（gyrating）、左右晃動的搖動（shaking），以及整體晃動的振動（vibrating）。可以直接以手搖動篩子，或是利用 Ro-tap 之類的電子搖篩機穩定地晃動。屬於價格相對低廉的顆粒分析法，然而花費時間較長，而且使用過的樣本無法重複使用，為其缺點。

---

* 目數（mesh）：表示篩孔大小的單位。1 mesh為1英寸，即2.54cm。

2 Ro-tap 分析法

利用機器振動篩子來分類物體的顆粒大小。在最上層放入 100g 的樣本，設定 5 分鐘的振動，讓篩子左右晃動。機器中設置多層篩網，每個篩網的篩孔大小皆不同，越下層篩孔越細。

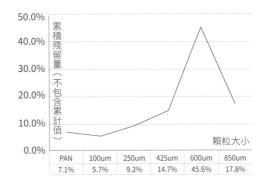

	PAN	100um	250um	425um	600um	850um
	7.1%	5.7%	9.2%	14.7%	45.6%	17.8%

（圖表縱軸：累積殘留量（不包含累計值），橫軸：顆粒大小）

Ro-tap（資料來源：Google）

3 雷射分析法

光線遇到物體時產生的反射現象，稱為繞射*（diffraction）；雷射分析正是利用這種反射光的強度和型態來分析粒徑分布。因為是利用光線的繞射和散射，又稱為雷射繞射散射法（laser diffraction scattering method）。由於雷射是由單色組成的光線，因此可以明確辨識散射程度。前方散射光聚集在凸透鏡上會在聚焦處產生繞射成像，根據大小和亮度等形式即可分析出顆粒大小的分布。繞射光的強度和顆粒大小成正比。

此方法可用於從 sub micron 到 mm 廣泛的測量單位，並可在短時間內根據樣品原有的樣貌完成量測。但設備本身極其昂貴，因此主要為研究室使用。

雷射粒徑分析儀（資料來源：Google）

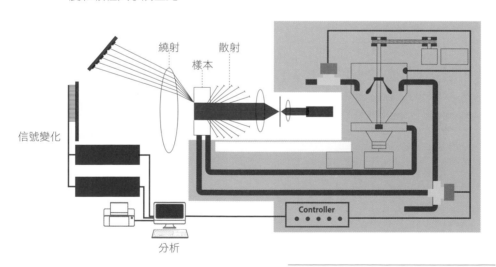

繞射　　散射

樣本

信號變化

分析

Controller

---

*繞射成像：雷射遇到顆粒表面時產生的現象，顆粒越大繞射角度越小。繞射光的強度和樣本體積成正比。（參考：Fraunhofer理論，米式散射理論）

研磨的種類

磨豆機的種類多元，功能也不盡相同。磨豆機的選擇足以影響咖啡的風味與品質，若曾品嚐過各式磨豆機呈現出的不同咖啡風味，肯定會讓你驚嘆不已，因此挑選時不能單純以便利性作為考量。根據使用目的來研磨咖啡豆是萃取優質咖啡的基本要素，若想達到期望的萃取成果，磨豆機的選擇不容小覷。

不同磨豆機的顆粒差異

刀片和馬達是左右咖啡香味的重要關鍵，可說是磨豆機的核心。

刀片的型態和材質會影響咖啡豆的研磨面積、碾碎及切割的比例；馬達的轉速則會影響咖啡粉粒的均勻度及細粉含量多寡。

研磨時咖啡豆和刀片交會的支點產生的摩擦熱，以及馬達產生的熱，會對咖啡香氣造成負面影響。咖啡粉排出時產生的靜電大小會因出粉口的型態和材質而有所差異，進而影響細粉含量和咖啡粉損失率。

研磨的種類

不同磨豆機的顆粒差異

$\vee$

　　刀片和咖啡豆在研磨的摩擦作用下必定會產生熱能。隨著研磨的反覆進行，溫度逐漸升高，咖啡豆也會隨之升溫。處於高溫狀態下的咖啡粉，原先約20um（2mm的1/100）大的腔隙*（lacunae）會受熱膨脹（肉眼無法分辨），對萃取也會有影響。特別是研磨成濃縮咖啡機使用的極細顆粒，研磨溫度所帶來的物理性影響更大。

　　咖啡粉粒在高溫下體積膨脹，會使萃取速度變快，吸熱後的咖啡顆粒大小變得不均勻，造成萃取時阻力不一致，形成通道效應。

　　研磨溫度跟香氣也有關係。咖啡豆的細胞中存在固定的壓力，裡頭充斥著揮發性香氣物質，香氣物質會在研磨過程中暴露於表面，釋放出香氣；咖啡粉溫度越高，香氣的擴散越活化。換句話說，研磨溫度越高，香氣揮發的速度越快，飲用咖啡時感受到的香味就會減少。

　　也因為研磨咖啡豆時產生的熱會對咖啡萃取造成負面影響，因此相較於不銹鋼材質，許多磨豆機廠商傾向使用不易受熱影響的金屬作為刀片素材，或設置冷卻片（air-cooling fin），讓熱傳導最小化。

---

*腔隙：假設咖啡細胞的大小為20um，一個2mm大小的咖啡粉粒可視為約100多個腔隙存在。

研磨方式與種類

❶ 溝槽式研磨（gap grinding）

平刀磨盤（flat burr）

上下 2 片鋸齒狀的刀盤以不同方向旋轉來研磨咖啡豆。刀片的間距越往外側越窄，咖啡豆倒入後會先被輾碎，隨著離心力被推擠到外側後，再以切削的方式進行研磨。

平刀磨盤是利用上下刀盤的間隔來調節粗細度，切割面比碾碎面多，顆粒大小均勻，細粉較少。

上方刀盤負責調整 2 個刀盤之間的間隔；下方刀盤根據馬達旋轉，擔任研磨咖啡豆的角色。

錐形磨盤（conical burr）

由鋸齒狀刀盤和圓錐形刀盤相互結合的型態。圓錐狀刀盤上方的溝槽間隔寬，下方溝槽間隔窄，咖啡豆投入圓錐狀刀盤的空間後，先於上方被碾碎，再移動至下方做切割。研磨後的咖啡豆依循重力原理排到外部。

就構造上來說，錐形磨盤的碾碎面積較大、切割面積較小，研磨時咖啡豆碾碎的比例比咖啡豆切割的比例高，產生的細粉較多。上方的圓錐形刀盤負責調節粗細度，下方的鋸齒狀刀片依據馬達旋轉，擔任研磨咖啡豆的角色。

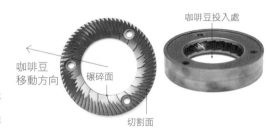

咖啡豆投入處
咖啡豆移動方向
碾碎面
切割面

優點 粗細度均勻，產生的細粉較少。

缺點 容易生熱，對咖啡香味有負面影響。摩擦力大，刀片的損耗速度快。

使用方法 平刀磨盤過熱時會自動停機，使用後最好能放置在常溫下充分冷卻。一般來說，研磨量到達 400 ～ 600kg 時是替換刀片的時機。

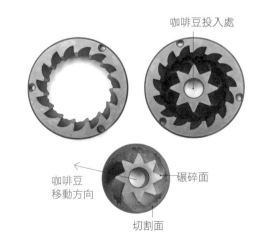

咖啡豆投入處
咖啡豆移動方向
碾碎面
切割面

優點 研磨後的咖啡粉以高速排出，產生的熱能較少。

缺點 粗細度不均，產生的細粉較多。

滾輪式磨豆機（roller mill）

利用 2 個帶有鋸齒狀刀牙的滾輪相互咬合的原理來研磨咖啡豆。滾輪中設有利用水冷卻的裝置，因此磨豆時產生的熱度較少。透過滾輪之間的間隔來調整粗細度。

每片刀片大小相同，滾輪之間的間隔也相等。

多半以切割的方式研磨咖啡豆，但還是會有部分咖啡豆被碾碎。

優點 研磨速度相當快，耐久性強。若在滾輪內設置冷卻設備，可以讓摩擦引起的熱能達到最小化。

缺點 價格昂貴，構造上維修保存不易。

---

❷ 衝擊式研磨（impact grinding）

砍刀式磨豆機（blade grinder）

砍刀式磨豆機和經常被稱為攪拌器的調理機（blender）原理相似，將咖啡豆放入磨豆機後按下開關，底部的刀片就會以旋轉的方式磨碎咖啡豆。

研磨過程中，重力會讓咖啡豆往下沉；研磨時間越長，同樣的動作反覆越多次，咖啡豆碰撞刀片的次數增加，咖啡粉粒就會越變越小。

優點 構造比其他種類的磨豆機單純，價格低廉。體積小，攜帶方便，是常見的家用磨豆機。

缺點 大多以碾碎的方式進行研磨，產生的細粉較多，咖啡粉粒的均勻度差。不適用於需要精密研磨的萃取。

不同用途的磨豆機種類

❶ 商業用磨豆機

短時間反覆使用也不成問題的高耐久性商品，可以在繁忙的店內有效率地使用。大多配置平刀磨盤或錐形磨盤，優點是粗細度調節幅度很廣，咖啡粉粒粗細度可以精細到 um 單位，適用於需要精準研磨的濃縮咖啡萃取。

商業用濃縮咖啡磨豆機依據計量的方式可分為分量器磨豆機以及無分量器磨豆機。

分量器磨豆機（doser grinder）

使用者可以利用閥片控制研磨的時間。研磨後的咖啡豆會堆積在分量器（doser chamber）上，使用時拉動撥桿（lever）將所需的咖啡粉份量裝在沖煮把手（protafilter）上即可。盛裝在沖煮把手裡的咖啡粉份量是手動調節，又稱為手動磨豆機。

無分量器磨豆機（doserless grinder）

用時間（s）或重量（g）來設定咖啡粉份量。每次皆能研磨出約略相等的份量，研磨後的咖啡粉不需經過分量器，直接裝在沖煮把手上。不需拉動撥桿，使用上較為方便，又稱為自動磨豆機。

❷ 家用式磨豆機

使用方法簡便。相較於商業用磨豆機耐久性較弱，短時間內無法反覆使用。刀片種類多元，但多半以砍刀式為主。家用式磨豆機除了電動馬達式的小型濃縮咖啡磨豆機和過濾式咖啡磨豆機（brewing grinder）外，還有手搖磨豆機。

手搖磨豆機（hand mill）

手搖磨豆機主要使用錐形磨盤，搖動手桿的力道需一致，才能維持同樣大小的粗細度。特點是沒有馬達，故不太會產生熱能。

樣式多元的手搖磨豆機。

磨豆機的構造

❶ 豆槽蓋（hopper lid）

隔絕豆槽中的咖啡豆和空氣接觸的蓋子。

❷ 豆槽（hopper）

裝咖啡豆的漏斗狀容器。

❸ 豆槽開關（hopper gate）

豆槽中的咖啡豆移動到下方的通道，向內推關閉，往外拉開啟。

❹ 調整粗細度的磨刀盤

轉動磨刀盤可以控制刀片的間距，調整粗細度。

❺ 分量器

研磨後的咖啡豆存放處。

❻ 撥桿

拉動撥桿時，粉槽內部的分隔板會跟著移動，內部的咖啡粉就會向外排出。

❼ 電源開關

磨豆機的開關。

研磨時聚集殘渣的托盤。

自動磨豆機的出粉口和控制鍵盤。

粗細度的調節方法

$\vee$

咖啡粉粒的大小和均勻度可以透過磨豆機來調整。粗細度可以決定萃取時與水接觸的咖啡豆表面積和萃取速度，也會影響咖啡中的水溶性固體比例。顆粒越細，表面積越大，萃取時間越長，水溶性固體比例高，口感清澈，強度高；然而顆粒過小，阻力也會變大，水無法輕易通過時會造成萃取速度變慢，使得咖啡成份過度萃取。

相反的，咖啡粉粒太粗時，咖啡豆和水的接觸時間變短，使得咖啡中的可溶成份無法有效萃取。因此適當的粗細度調節是穩定咖啡萃取的核心。

溝槽式研磨

溝槽式研磨中的平刀磨盤、錐形磨盤，以及滾輪式磨豆機是靠顆粒調整板來調整粗細度。每台磨豆機的調整板上都標有粗細度和方向，多半是用數字或圖示來表示，越小代表越細。但即使是同一種機型的同一個粗細度，實際上磨出的顆粒大小也可能有所差異。

衝擊式研磨

砍刀式磨豆機這類衝擊式研磨的機型，是根據研磨時間調整顆粒大小；研磨時間越長，咖啡豆和刀片碰撞次數越多，顆粒越小。

研磨的種類
189

8

萃取

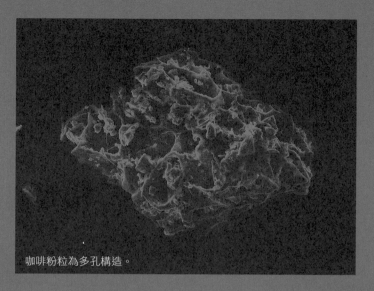
咖啡粉粒為多孔構造。

烘焙是透過加熱的過程讓咖啡豆中的纖維組織轉化成適合萃取的環境。生豆經由烘焙產生的物理和化學反應，促使多孔組織（物體內部和表面有多個小洞的結構）膨脹，可溶成份隨之增加，香氣化合物開始釋放。烘焙過後的生豆密度會降低，轉變為適合研磨的狀態。

由脂肪質組成的咖啡豆細胞壁充斥著香氣化合物和可溶成份，在研磨後的咖啡豆注入水，顆粒的表面被水團團包圍，促使水溶性固體溶解。這種藉由水在咖啡粉粒中流動來分離咖啡成份的過程，即稱為「萃取」（extraction），不溶性固體*也是在此過程中被分離出。

---

*不溶性固體：溶液中不能被溶解的固體狀態物，細粉屬於此類。

咖啡萃取率與濃度

咖啡萃取後評價口味的方式很多，大多都是仰賴嗅覺和味覺的官能鑑定（sensory evaluation）來進行。

並不能說官能鑑定不正確，但每個人都有各自屬意的口味取向和喜好，難以訂出一個明確的判斷標準來評斷。而且咖啡飲用後的感受中可以化為數據、制定為客觀標準的部分很少，這也是官能鑑定被認定是主觀評論的原因。

然而不可否認的是，多數人飲用咖啡的主因來自於喜愛其口味和香氣，因此評論時勢必無法將感官要素完全排除在外；因此，咖啡業界導入萃取率和濃度來增添評價的客觀性。

萃取率和濃度是將官能鑑定的結果以數值呈現的基本方法，也是了解咖啡特徵最有效率的準則。若能充分理解這個部分，就能以科學、客觀的標準來掌握屬意的咖啡風味。

咖啡濃度

⌄

濃度（strength）是溶液中所含的溶劑和溶質的比例。液體是溶劑，固體是溶質；以咖啡來說，水是溶劑，可溶成份是溶質。

水量相同的情況下，從咖啡豆中萃取出的可溶成份的量越多，濃度越高。濃度可以依據溶在水中的咖啡固體 * 和水的比例推算出數值。

濃度一般用總溶解固體（TDS, Total Dissolved Solids）數值來表示，可以透過改變萃取變因或稀釋來調整。

濃度（%）＝水／總溶解固體（g）× 100

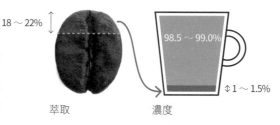

18～22% ↕

萃取

98.5～99.0%

濃度

↕1～1.5%

---

*咖啡固體：成份中包含的固體質，可分為溶於水的水溶性和不溶於水的不溶性。

當溶解在 1 杯咖啡中的固體和水的比例差異在 0.2 ～ 0.3 時，透過官能鑑定就能明顯感受出差異；這也表示固體是十分強勁、不容忽視的物質，不同萃取方式下任何細微的變因差異都會造成濃度上的變化。

日常中經常接觸到的沖煮咖啡或是長黑咖啡*（long black）的固體和水的比例，也就是「濃度」，平均值約介於 1 ～ 1.5 之間。

依據個人喜好改變的濃度偏好

咖啡濃度是相當主觀的 喜好，有人連濃度 0.5 ～ 0.6%的淡咖啡都無法入口，也有人偏好濃縮咖啡這類濃度介於 7 ～ 12%的濃咖啡。

每個區域的消費者喜好濃度一般都會落在特定範圍內，若非特殊情況，通常不會脫離範圍太多。掌握消費者喜愛的濃度是製作咖啡時的重要參考準則。

國外已有發表針對地域性咖啡濃度喜好的調查資料，韓國等亞洲國家則尚未出現類似的調查結果。

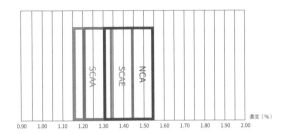

SCAA（美國），SCAE（歐洲），NCA（挪威）喜好度調查結果

萃取時間與濃度變化

咖啡萃取的過程中，隨著固體的比率不同，萃取液的濃度也會有所變化。萃取前段主要以水溶性固體為主，固體比例高、萃取液的濃度高；越到萃取後段，不溶性固體和水的比例增加，萃取液的濃度也隨之變淡。經歷後段萃取的咖啡會挾帶粗糙的口感和怪味，因此找出咖啡固體和水的理想比例，調整出最佳萃取時間，是很重要的。

萃取時間與濃度變化

---

*long black：由熱水加上2份濃縮咖啡製作而成的澳洲美式咖啡。

TDS

$\vee$

前面提過 TDS 是溶液中的固體總量，其中又可細分為總溶解固體和總懸浮固體 *（TSS, total suspended solids）。

使用濾器 *（filter）過濾溶液時，通過濾器的固體是總溶解固體，無法通過濾紙的是總懸浮固體。因為溶解固體和懸浮固體的密度不同，因此份量的計算方式也不同。

除了溶解固體和懸浮固體外，溶在水中的聚電解質 *（polyelectrolyte）、膠體 *（colloid）、離子 *（ion），以及咖啡萃取後殘留的咖啡渣（SCG, Spent Coffee Ground），都不算在 TDS 的固體內。

TDS 量測方法

咖啡的 TDS 指的是萃取液中除了水之外剩餘的固體總量。

以重量來量測固體的方式最準確，然而這種方式在實際操作上效率過低，因此大多選擇在液體狀態下間接測量。

測量方式有電導度（electrical conductivity）量測法以及折射率（refractive index）量測法。雖然使用電導度或折射率來計算質量並非百分之百準確，對於萃取完成後的鑑定仍有助益。

---

*總懸浮固體：存在於液體中的有機物質與無機物質；5um 以下的懸浮物以分散的狀態存在，5um 以上的浮游物以沉澱的狀態存在。

*濾器：與萃取咖啡時使用的濾器不同，由玻璃纖維製成，孔徑（pore size）約為 0.45um。一般濾紙的孔徑和樣式不固定，無法確實分離溶解固體和懸浮固體。

*聚電解質：帶電的高分子化合物，蛋白質屬於此類。

*膠體：由微小的粒子或液滴組成的分散體，又稱為膠質。微粒子無法溶於水，大小介於 1nm～1,000nm 之間，比一般分子和離子大，型態類似明膠（gelatin）。

*離子：帶電荷的原子或原子基團，中性的分子失去電或得到電時稱之為離子化。

直接式 TDS 量測方法

〈脫水式量測〉

將標本（使用過濾紙沾取咖啡萃取液製成）加熱，待水氣蒸發後，量測剩下的水溶性和不溶性固體重量。加熱的動作必須持續進行至水份完全蒸發、標本的重量變化完全停止為止。加熱方式沒有制式標準，使用者可以根據自己的需求設定溫度和時間。

理論上來說，脫水式量測器是測量 TDS 最準確的方法，但價格昂貴，固體重量也會因不同的加熱方式產生變化，操控不易為其缺點。

（資料來源：Google）

間接式 TDS 量測方法

〈電導度量測〉

使用電導度儀來測量溶液中水溶性固體的重量，是測量水中礦物質含量經常使用的方式，但無法量測出不帶電導性的不溶性固體。電導度是通電的電度值，使用國際單位 S（siemens），咖啡萃取液的電導度使用的是比這個更小的單位 ms（mili siemens）和 us（micro siemens）。

像咖啡這類帶有聚電解質的溶夜，除了離子濃度、電荷量、溫度＊外，電極之間的距離和橫切面的電導度也會影響量測結果。若想要精準量測電導度，溶液中的水質必須帶有相同的電性，然而咖啡並不具備這樣的條件。

電導度量測是最經濟實惠的 TDS 量測法，若能充分了解咖啡中的電性就能降低誤差範圍。（ 資料 來源：Coffee Brewing，2015 年，裴東勤）

＊溫度：溫度會造成電導度產生誤差，電導度量測與折射測量法都建議將樣本置於常溫25℃，放涼再進行量測。

〈折射測量法〉

折射測量法是用折射儀 * 測量出光線的折射
率 *，計算出固體的體積和密度 * 後，再推
算出固體量，並非直接式 TDS 量測法。

光線從低密度介質進入高密度介質時穿透速
度會變慢，吸管內的飲料看起來像斷成 2 截
就是這種原理。光線進入液體中密度較高的
物質時，折射角度就會變大。

不過單靠水溶性固體和不溶性固體的密度差
異來算出精準的體積和量多少有些困難，最
好使用為量測對象量身訂做的專用量測器。

VST 公司出品的量測器是以咖啡的平均密度
作為基準，相較之下誤差範圍較小，上市後
廣受好評。

VST 公司的 TDS 量測器

---

*折射儀：根據光線通過固體或液體時的折射程度
來推算固體含量的量測器。

*折射率：曲折率＝通過標準介質的光線速度／通
過量測對象的光線速度。

*密度：密度＝體積／量。

VST 公司的 TDS 表格

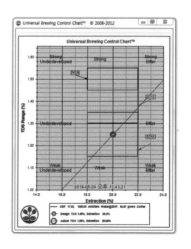

咖啡的萃取率

萃取率的定義

萃取率（brewing yield rate）是萃取時使用的材料和材料中萃取成份的比例。比方說100g的柳橙可以取出10g的果汁，萃取率即為10%。

$$咖啡萃取率（\%）= \frac{總溶解固體（g）}{咖啡豆量（g）} \times 100$$

但是咖啡是透過水作為溶劑來萃取出可溶成份，因此在計算萃取率之前要先算出萃取液中的總溶解固體量。

總溶解固體量計算方式如下：

$$總溶解固體（g）= X$$

$$\frac{X}{萃取量（g）} \times 100 = 濃度（\%）$$

$$100X = 萃取量（g）\times 濃度（\%）$$

$$X = \frac{萃取量（g）\times 濃度（\%）}{100}$$

例如10g的咖啡豆萃取出一杯150g的咖啡，其中有2g的咖啡固體，可以算出萃取率為20%；同理，10g的咖啡豆萃取出一杯100g的咖啡，其中有2g的咖啡固體，萃取率也是20%。

也就是說，咖啡的萃取率和萃取時使用的水量無關，只要計算咖啡豆量和總溶解固體的比例。咖啡萃取液加水稀釋後，濃度會變淡，但不會影響萃取率。萃取率和濃度乍看之下很相似，卻是完全不同的概念。

萃取率是計算萃取出多少可溶成份會出現最佳香氣的重要指標。

用水萃取的前提下，咖啡的最大萃取率為30%。 30%max

固體對風味的影響

咖啡由多種香氣化合物構成，飲用咖啡時感受到的複雜性風味（complexity）正是源自於此。

從咖啡豆中萃取出哪些種類、何種成份，都會影響咖啡香氣的平衡。咖啡固體可以根據物理上的特徵區分為水溶性和不溶性，而這2種固體在咖啡中佔據的比例變化，可以讓1杯咖啡出現截然不同的香味。

高密度、非揮發性物質的水溶性固體是決定咖啡香味的關鍵因素。水溶性固體帶有多層次的風味，可以在飲用咖啡時刺激感官，讓我們感受到香味。此外，水溶性固體的濃度

也會影響咖啡的平衡。水溶性固體濃度越高，酸味和香味越強烈，口感越乾淨。

不溶於水、維持固體狀態的不溶性固體則會殘留在口中黏膜，持續釋放香味。不溶性固體雖然能為咖啡帶來醇度和餘韻，但含量過高則會使苦味強烈，口感粗糙。

萃取率控制

咖啡在前段萃取時，萃取液多半是由水溶性固體組成；隨著萃取時間增加，不溶性固體的比例會慢慢提升。換句話說，萃取率高代表不溶性固體的含量高。

控制萃取率的意義在於調節萃取液中的固體比例，將咖啡的感官感受維持在一定範圍內。然而萃取率並沒有標準值（咖啡不管在哪裡都是充滿個人風格的飲品），只要能依據自己的目的調配出合適的萃取率和濃度，就是理想狀態。

此外，咖啡豆量和萃取量等諸多變因也會影響萃取率，對於這些變因也要有一定程度的理解。

萃取率和濃度的運用

咖啡的萃取率和濃度的運用主要應用於咖啡萃取的經濟層面。哪一種豆子搭配多少水所萃取出的風味最理想？消費者偏好的濃度介於多少之間？根據這些問題找出合適的答案，是萃取率與濃度的主要應用範疇。

大型咖啡業者一向都將此視為重要的問題。近年來興起的小規模咖啡店為了產出口味均質的產品，也紛紛將咖啡萃取和品質管理的重心放在萃取率和濃度上。

咖啡最適當的萃取率被認為18～22%；然而這並不是標準答案，僅供參考。

18 ～ 22%
optimum

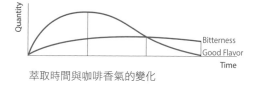

萃取時間與咖啡香氣的變化

萃取率和濃度的變因

粗細度

∨

粗細度可以調節萃取率、濃度，以及水溶性固體和不溶性固體的比例。

使用等量水的情況下，咖啡粉越細，與水的接觸面積越大，萃取率越高，流速越慢，咖啡粉和水的接觸時間長，溶解在水中的水溶性固體物的量較多。

萃取比例

∨

不同於水和固體比例的「濃度」概念，咖啡的萃取比例*（brewing ratio）指的是溶劑和溶質的比例，也就是萃取使用的水量和咖啡豆量的比例。

藉由萃取比例的變化可以調配出不同萃取率與不同濃度的咖啡。單靠萃取比例來調整萃取率和濃度難度有點高，但若能將其視為輔助方法，對於咖啡風味的掌握勢必會更有心得。

咖啡豆量減少，水量增加	低濃度，萃取率高
咖啡豆量增加，水量減少	高濃度，萃取率低
咖啡豆量增加，水量增加	低濃度，萃取率高
咖啡豆量減少，水量減少	高濃度，萃取率低

*萃取使用的咖啡豆量多時，水量越少，濃度越高；「萃取率」指得是萃取使用的咖啡豆量和萃取可溶成份的比例。咖啡豆量多時，水量越少，萃取率越低。

萃取控制圖表

萃取控制圖表（brewing control chart）於
1950 年代由 MIT 的洛克哈特（Lockhart）
教授開發，首度提出理想咖啡萃取的萃
取率與濃度變化，經由美國特種咖啡協
會（Specialty Coffee Association of
America, SCAA）認證後被廣泛應用。然而
這個表格是以大量萃取為基準制定，應用在
小量萃取時難免有侷限。加上影響萃取率的
變因很多，現今生產的生豆與圖表發表當時
的 1950 年代的生豆特性已有很大的不同，
因此表格僅供參考。

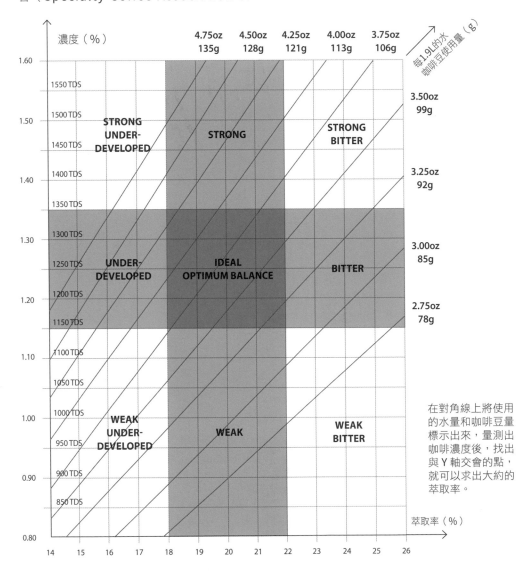

在對角線上將使用
的水量和咖啡豆量
標示出來，量測出
咖啡濃度後，找出
與 Y 軸交會的點，
就可以求出大約的
萃取率。

溫度

常態下的水分子為了填補分子與分子之間的空隙，會持續不斷運動，彼此在衝突的過程中產生能量並維持震動的狀態；溫度越高，水分子的運動越活潑。應用在咖啡萃取上，就會出現萃取溫度越高，萃取出的咖啡成份越多、萃取速度越快的狀況。

咖啡具備各種各樣的成份，分別有不同的溶點，因此在不同溫度設定下，萃取出的成份比例也不同，香氣也會受影響。此外，味覺和嗅覺對於溫度的反應很敏感，1 杯咖啡飲品能否被充分享受，溫度也是舉足輕重的關鍵要素。

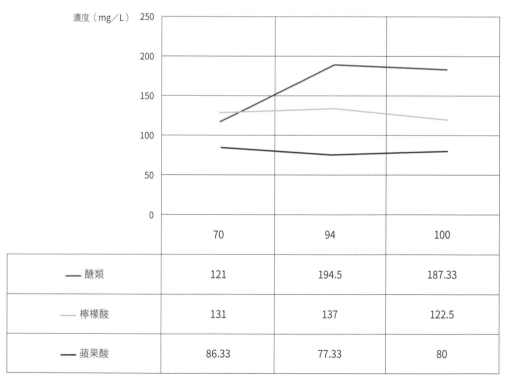

	70	94	100
—— 醣類	121	194.5	187.33
—— 檸檬酸	131	137	122.5
—— 蘋果酸	86.33	77.33	80

（資料來源：The Coffee Brewing Hand Book，1996，Ted R. Lingle）

萃取溫度

咖啡成分中的有機酸在 90℃左右的水溫下能被均衡萃取；醣類則是萃取溫度越高，萃取率越高；而散發出苦味的咖啡因使用越高溫的水，短時間內萃取出的量越多*，脂肪酸也是一樣。

咖啡飲品的溫度

香氣是吸附水蒸氣後傳導至嗅覺的揮發性香氣物質。咖啡的溫度越高、水分子越活化；水分子活化會產生更多水蒸氣，從咖啡中感受到的香氣也更強烈。

味覺的傳導也會因溫度而改變。高溫狀態下味覺反應較鈍，濃度高的咖啡可能會被誤認為是清澈、爽口的咖啡，但此時的嗅覺仍可以認知碰觸咽喉黏膜的香氣物質，依舊能感受到豐富的香味。

溫度低的狀態下，香氣的擴散緩慢，嗅覺感受到的香氣強度雖然較弱，但是不溶性物質散發出的香氣以及水溶性固體的刺激會使味蕾的感受更分明。

咖啡飲品種類多元，適合飲用的溫度也各有不同，一般飲用溫度介於 70 ～ 75℃間的咖啡飲品時，感受到的咖啡香氣最顯著。

*所謂低溫萃取並不是完全沒有萃取到咖啡因這類溶解性物質，只是相同的條件下相對數值較低。而像是冷萃（cold brew）這種歷經長時間的萃取方式，累積下來的數值也不少。

有機酸萃取與溫度的關係

種類	70℃	94℃	100℃
乳酸	121.00	194.50	187.33
醋酸	151.33	225.67	187.00
檸檬酸	388.33	461.00	332.00
蘋果酸	131.00	137.00	122.00
奎尼酸	348.33	495.00	383.33
綠原酸	872.67	1,064.67	1,067.67
棕櫚酸	3.26	5.90	6.53

（資料來源：從科學解讀咖啡香氣，2014 年，崔諾彥）

水的運動

擾動

擾動（turbulence）是藉由水的物理性運動產生的能量，讓水有效滲透進咖啡細胞的過程。

在咖啡粉注入水後，仔細觀察表面浮現的咖啡渣。肉眼雖然看不出任何動作，實際上水分子正以不規則的運動方式不斷撞擊著咖啡粉粒及其他水分子。咖啡粉注水靜置一段時間就能萃取出咖啡成份，正是因為這種流體 * （fluid）運動的原理。擾動的種類可分為亂流和渦流。

〈亂流〉
咖啡粉粒和水分子相遇後持續生成的強力水流稱為亂流。亂流是幫助水滲透進咖啡細胞中萃取出可溶成份的運動能量，此時的水溫會藉由水分子運動影響亂流的強度和萃取。亂流在咖啡萃取的過程中會持續不斷發生。

〈渦流〉
像漩渦般的水流稱為渦流。咖啡萃取時渦流可以讓咖啡粉充分吸收水份，提高萃取率。一般而言，渦流會在相互朝向不同方向運動的流體間持續生成，也可以透過水位落差、提高流量、注入多次水注，或是攪動咖啡粉與水等人為方式製造渦流，像是哈利歐 V60（Hario V60）就是利用螺旋型的圓錐濾杯，間接製造渦流。

萃取時間

$$\searrow$$

　　粗細度和水的接觸時間也會影響萃取率。影響萃取時間的因素有咖啡豆的二氧化碳含量、粗細度、水的含量、流速,以及溫度等。

---

*流體:不像液體或氣體有特定的型態,是具備流動性質的物質。流體的運動可分為同一方向的層流,以及不規則流動的亂流。

水

咖啡中有98%是「水」（H_2O），佔據的比重高於可溶成份，可說是咖啡的核心，因此水質對咖啡萃取和香氣的影響不容小覷。「水」由1個氧原子和2個氫原子組成的物質，在液體與氣體間反覆循環，保持動態平衡。

水中的氫元素有助於水分子吸收礦物質，而水中的礦物質含量則影響物質的溶解度。

水具有循環性，深受地質所影響，這也是為什麼每個地區的水質不同，而地下水的礦物質含量比自來水來得高的原因。

TDS對萃取的影響

﹀

TDS 是水質中純水之外的所有物質總量。

水中的礦物質含量會左右咖啡可溶成份的溶解程度，進而影響口味。

水中的 TDS 值越高，表示分子間空隙中挾帶越多礦物質，咖啡萃取時能夠進入水分子間的咖啡成份就越少，溶解在水中速度也會變慢。

TDS 值為 0 的蒸餾水可以快速地溶解大量的咖啡成份，造成過度萃取，使得咖啡出現刺激性的酸味，破壞口味的平衡。因此，適量的礦物質可說是完美咖啡萃取不可或缺的要素。

而濃縮咖啡機這類設有大量金屬配件的設備，也會因 TDS 值而影響其耐久性。高溫狀態下的高礦物質含量水，會在水分子蒸發後殘留礦物質而形成水垢。除此之外，如果機器內部堆積過多不純的水，也會影響熱傳導，使得效能變差，引發感應器不良、機器過熱等問題，縮短機器的使用年限。

但如果使用完全不含礦物質的蒸餾水來萃取濃縮咖啡，鍋爐中的鐵成份則會讓咖啡產生濃濃的金屬味。

適合萃取的TDS

﹀

一般認為 150mg ／ L 左右是最適合咖啡萃取的 TDS 值，美國特種咖啡協會將標準值定為 70 ～ 250mg ／ L。用於咖啡萃取的水，其 TDS 值不只影響水的口味本身，也左右咖啡裡的可溶成份含量和萃取速度。

關於 TDS 值的調整，可以透過淨水系統來降低礦物質的含量；礦物質含量過低的情況，則可以使用加礦物質裝置（remineralizer）來提高礦物質含量。

礦物質含量對口味的影響

$\vee$

含有適量礦物質的水比純水的口味來得好。因為純水接近無味，而含有特定含量礦物質的水，其離子可以刺激味蕾，傳遞出豐富的味道。

水中只要溶有少量礦物質就能明顯感受到口味的差異。

種類多元的礦物質中鈣、鉀、矽帶有甜味；鉀帶有鹹味；鎂和硫酸鹽帶有苦味。通常鈣含量豐富，帶有少量鎂和硫酸鹽的水（但不能有任何氯成份）口味最好，而氧和二氧化碳則讓水帶有清涼感。

水的硬度

$\vee$

水的硬度（hardness of water）是將溶解在水中的鈣和鎂的濃度換算成 ppm 的值。ppm 在 60mg ／ L 以下是硬度低的軟水（soft water），60 ～ 120mg ／ L 是低度中等的硬水（hard water），180mg ／ L 以上則是硬度高的硬水。水的硬度越高，口感越厚重；硬度越低，喝起來越甘甜。

氫離子濃度指數（pH）

$\vee$

氫離子的濃度是影響水的口味的重要因素之一。氫離子濃度換算成 pH 值有 1 到 14，pH7 是中性，7 以上是鹼性（alkalinity），7 以下是酸性（acidity），純水在 25 時呈現中性。水越偏酸性，酸味越強，強酸性的水甚至可以明顯感受到強烈的酸味；pH8 左右的弱鹼性水口味最好；而最適合咖啡萃取的 pH 值是 7（±0.5）。

適合咖啡萃取的水質

〉

咖啡萃取使用的水必須要是無色、無味、透明，而且 TDS 和 ppm、pH、鈉含量等都要介於一定的範圍內。

而且水中不可以含有氯的成份，這是由於常被使用於殺菌的「氯」遇上咖啡時，會促使有機酸和揮發性香氣物質快速氧化，影響風味。除氯的方法有使用活性炭（activated carbon）過濾、煮沸水使其蒸發，以及常溫下放置 2 ～ 3 小時使其蒸發等方法。

需特別留意的是，利用煮沸方式除氯的同時也會降低水中的含氧量，使得溶解力減弱，因此水煮沸後至少要靜置 30 分鐘至 1 小時，等待含氧量恢復到正常數值後再使用。

咖啡萃取用水的標準

特性	目標值（target）	可接受範圍（acceptable range）
味道	乾淨、新鮮、無香味	
顏色	清澈	
氯含量（total chlorine）	0mg/L	
TDS[3]	150mg/L	75～250mg/L
鈣硬度（calcium hardness）	4grains(68mg/L)	1～5grains(17～85mg/L)
鹼度（total alkalinity）	40mg/L	等於或近似於
pH	7.0	6.5～7.5
鈉	10mg/L	等於或近似於

（資料來源：Water for Brewing Specialty Coffee，2009，SCAA）

淨水

〉

咖啡萃取使用的水必須先經過淨水的程序;「淨水」顧名思義就是讓水質變乾淨。

自來水中帶有微量的氯,地下水對咖啡萃取而言 TDS 過高。因此為了讓萃取能穩定進行,讓口味更好,必須要透過淨水過程來濾掉不純的物質,對於濃縮咖啡機的耐久性維持也有助益。

淨水方法可以廣分為物理性、化學性,以及逆滲透壓(reverse osmosis)的方式。

物理性過濾

藉由木炭這類活性碳來過濾水的方式;活性碳具有微細的多孔質構造,可以有效過濾氯等不純物質,缺點是無法濾掉比孔洞更小的不純物質。

物理性過濾方式可以顯著改善水的口味,去除氯的氣味,但是對於降低 TDS 和硬度的效果微乎其微,過濾咖啡萃取使用水時最好能搭配濾心使用。

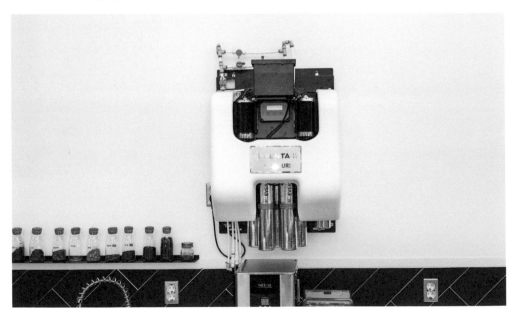

逆滲透壓方式

運用水流經滲透膜的滲透現象，在高濃度溶液處施以滲透壓以上的壓力，讓純水從高濃度溶液往低濃度溶液流動的過濾方式。

逆滲透壓方式可以降低90％以上的TDS、硬度、鹼度，製造出的水最接近純水。但用於咖啡萃取的水必須含有適量的礦物質，可以在軟水中同時引入礦物質含量豐富的水，或是連結加礦物質裝置來提高礦物質含量。

（資料來源：The Professional Barista's Handbook，2008，Scott Rao）

化學性過濾

化學性過濾方式是將水中礦物質分別濾出的好方法，較具代表性的方式有離子交換樹脂、脫鹼、軟化等，可以依據水的特性選擇不同的方法使用。

〈離子交換樹脂〉（ion exchange resins）

利用電子移動時產生的電分解分子的原理，廣泛應用在軟水、除氯、除離等用途上，造成苦味和水垢主因的鎂等礦物質可以透過與磷酸（phosphate）這類離子化樹脂結合，使分子部分脫離的方式來過濾。

〈脫鹼〉（dealkalizer）

用氯根（CI–）和羥基（–OH）替換羧基（–COOH）或碳酸氫根（HCO3–）的方式，不會影響硬度和礦物質含量，只會降低鹼度。

〈軟化〉（sofner）

將鈣離子替換為鈉離子來降低硬度的方式，常用於降低地下水這類礦物質含量高的水質硬度。

各種濾心

9

濃縮咖啡

濃縮咖啡是在極短時間內將咖啡中多元豐富成份萃取出來的方式，萃取出的濃縮咖啡可以立即且敏銳地反應出萃取變因的改變。只要施加一點細微的變化，就能調配出一杯具有獨特個性的咖啡。

濃縮咖啡萃取

濃縮咖啡是在咖啡粉上以 90 〜 95 的熱水施以 8 〜 10 巴的壓力萃取而成。

　　一般咖啡萃取的方式是利用水的重力來溶解咖啡粉粒表面的可溶成份，濃縮咖啡則是在短時間內以高溫高壓的方式，讓水滲透進咖啡細胞中萃取出咖啡成份。

　　這樣的方式可以同時萃取出無法溶於水的不溶性物質，並產生大量的油脂成份，形成其他萃取方式無法看到的克麗瑪（crema）現象，口味較其他咖啡濃醇滑順。

　　濃縮咖啡是在極短時間內將咖啡中多元豐富成份萃取出來的方式，萃取出的濃縮咖啡可以立即且敏銳地反應出萃取變因的改變。只要施加一點細微的變化，就能調配出一杯具有獨特個性的咖啡。我們經常使用「coffee brewing」一詞來統稱咖啡萃取，濃縮咖啡的萃取則有特定的專有名詞──「extraction」。

CHAPTER **2**

克麗瑪

克麗瑪的形成

克麗瑪是覆蓋在濃縮咖啡上方的泡沫層，由無數個二氧化碳氣泡組成，含有大量揮發性香氣物質。

濃縮咖啡這類以加壓方式萃取出的咖啡萃取液含有大量的二氧化碳，克麗瑪是在擔任表面活性劑 * 功能的類黑素 * 和蛋白質包覆二氧化碳的狀態下維持的氣泡狀態。

濃縮咖啡剛萃取完時，克麗瑪會混合在萃取液的水分子中，過不了多久便以飛快的速度與泡沫層分離，向下沉澱。就像含有二氧化碳氣體的碳酸飲料一開瓶氣泡會快速上升一樣，類黑素在此過程中被沖落，使得泡沫層無法維持，從咖啡中萃取出的油脂成份（脂肪質是破壞泡沫的成份）也是讓克麗瑪無法持久的原因之一。

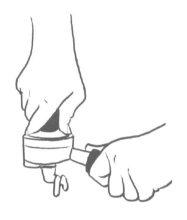

*表面活性劑（surfactant）：像水、油這類液體本身具有讓表面積最小化的特性，液體之間存在著相互牽引的表面張力。表面活性劑位於液體的表面，親水性的分子排列在頭部、疏水性的分子排列在尾部，藉此降低表面張力、擴大表面積。表面活性劑的種類相當多，蒸奶時產生的奶泡是由蛋白質擔任表面活性劑，濃縮咖啡萃取時產生的克麗瑪則是由類黑素擔任表面活性劑。

*類黑素：烘焙生豆的過程中醣類和胺基酸發生梅納反應後產生的抗氧化劑，在濃縮咖啡萃取時包覆二氧化碳氣泡形成克麗瑪。

克麗瑪的形成

克麗瑪在濃縮咖啡中的角色相當多元；克麗瑪的氣泡內含有二氧化碳在內的 1000 多種揮發性香氣物質，可以釋放出層次豐富的香味。此外，覆蓋在濃縮咖啡表面的克麗瑪可以減少熱損失，二氧化碳能夠阻擋氧氣的滲透，延遲氧化造成的香氣變質。

克麗瑪還可以作為咖啡豆新鮮度的判斷標準。新鮮烘焙好的豆子二氧化碳含量比烘焙一段時間的豆子來得高，因此咖啡豆越新鮮，克麗瑪越厚。

克麗瑪也會影響飲用濃縮咖啡時的口感，組成克麗瑪的氣泡越細越綿密，口感越滑順。

TIP 咖啡豆的熟成度（aging）與克麗瑪的關係

想要萃取出優質的克麗瑪，建議使用經過一定時間熟成的咖啡豆。如果使用剛烘焙好、氣體含量高的咖啡豆來萃取濃縮咖啡，生成的克麗瑪會帶有許多大氣泡，密度不夠，口感粗糙，持久力也弱。

克麗瑪的黏性和萃取速度相關，過度熟成的咖啡豆氣體含量大幅減少，萃取速度會變快。

克麗瑪和咖啡豆使用量也有關，咖啡豆使用量越多，咖啡粉中排出氣體多，可以製造出較豐富的克麗瑪；而熟成期間較短的咖啡豆氣體含量較高，萃取時豆子要減量，將體積最小化，才能製造出品質穩定的克麗瑪。

虎皮（tiger skin）

克麗瑪表面的紋路如同美麗的老虎斑紋，因而有此名稱。虎皮或稱為虎斑（tiger flecking）的斑紋是來自於咖啡豆在研磨的過程中產生的細粉，從萃取前半段開始生成，隨著萃取持續進行，越發擴散。

虎皮是影響濃縮咖啡的醇度和餘味的重要因素，過多則會讓咖啡變得澀口。有虎皮產生不等於穩定萃取，不過具備一定型態的虎皮意味著用於濃縮咖啡萃取的咖啡豆研磨粗細度適中。

乳化（emulsion）

乳化（emulsion）是 2 種不相容的物質，例如水和油，將其中 1 種物質混入另 1 種物質的過程；可分為將水包入油中的油包水型以及將油包入水中的水包油型。濃縮咖啡是將克麗瑪包覆在水中的水包油型。

不相容的 2 種物質可以透過劇烈搖晃，或是像濃縮咖啡萃取般施以強大的動能來進行乳化。經由高壓乳化克麗瑪的濃縮咖啡萃取可以讓咖啡香氣物質最大化，呈現咖啡多元豐富的風味與醇厚滑順的口感。

濃縮咖啡萃取率

萃取比例

<svg>downward arrow ornament</svg>

濃縮咖啡萃取時使用的咖啡豆量和萃取量的比例，也就是「萃取比例」，最能反應出咖啡師的主觀喜好。其他咖啡沖煮方式的萃取比例對於口味影響不大，唯獨在濃縮咖啡的萃取上，萃取比例具有舉足輕重的影響。因此，想要萃取出理想的濃縮咖啡，首要條件就是掌握合適的萃取比例；而萃取比例又與其他萃取變因、環環相扣，調整時必須特別留意。

咖啡豆使用量

在義大利，傳統濃縮咖啡萃取使用的咖啡豆量是 1 杯 7 ～ 8g、2 杯 14 ～ 16g，數值會根據地區偏好略有差異；有些地方的使用量甚至高達 18 ～ 22g。濃縮咖啡萃取的咖啡豆量沒有標準值，選擇範圍相當廣，可以根據期望展現出的咖啡風格以及萃取變因自由調整。

咖啡豆使用量決定了可溶成份的萃取量以及萃取率。

一般來說，在變因固定、所有條件都在正常範圍的萃取下，咖啡豆使用量越多，萃取出的可溶成份越多，香味強度越強，濃度越濃；咖啡豆使用量越少，可溶成份的量越少，濃度越淡，香味也會失去個性，顯得平淡無味。

萃取量

一般我們用「杯」或是「shot」來表示體積約 1oz（30ml）、重量約 22～44g 的萃取液，萃取量多寡會影響咖啡中的可溶成份和水的比例，萃取量越少，咖啡成份的密度越高，香味越強，濃度越濃。

咖啡豆的烘焙等級越接近重度烘焙，組織內存在的固體越多。如果萃取時使用的豆量過多，會造成咖啡成份過度萃取，出現刺激性的苦澀味；而烘焙等級接近淺度烘焙的豆子，雖然咖啡香氣多元，但強度較弱，若想感受強烈一點的香味，就必須增加咖啡豆的使用量。

羅布斯塔帶有大量二氧化碳和固體，可以萃取出濃度較濃、克麗瑪豐富的萃取液。使用混合羅布斯塔的義式濃縮咖啡綜合咖啡豆（espresso blend）進行萃取時，若想維持萃取的一致性及滑順適中的苦味，必須減少咖啡豆的使用量；不過因為使用的咖啡豆量相對少，拿捏不當可能會造成咖啡平淡無味，可以藉由減少萃取量來提高咖啡成份的密度。

TIP 控制萃取比例的方法

萃取量和咖啡豆使用量沒有像是 2：1 這種制式的標準數值，可以依據喜好與目的做變化，將其視為一種獨家配方。

若想呈現鮮明的咖啡香氣，最有效的方法是增加咖啡豆量，另外像是減少萃取量、提高萃取液中咖啡固體的比重也是好方法。

萃取比例不是絕對的數值，需要考量的變因很多，只要一個變因改變，其他變因也需要跟著調整。即便使用同一種咖啡豆也必須依據當下的狀態適時調整萃取變因。萃取變因的調整可說是不斷找尋理想妥協點的過程。

TIP 從經濟效益的觀點來看萃取比例

密度高的濃縮咖啡可以展現出層次多元的咖啡香氣，為此就必須增加咖啡豆使用量。若以經濟觀點來看，理想的狀態是用少量的咖啡豆萃取出大量的咖啡，但這樣的萃取會使得咖啡濃度淡、香氣平淡，甚至因為萃取出大量不溶性固體使得口感粗糙澀口。相較之下，先萃取出濃縮咖啡再加水稀釋可能稍微好一些，但對咖啡香氣多少還是有負面影響。

萃取率

⌄

濃縮咖啡與其他萃取方式一樣，特定的萃取率可以展現出相對完美的咖啡香氣。坊間認定最合適的萃取率是 18 ～ 22 ；一般將低於這個數值稱為萃取不足，高於這個數值稱為過度萃取，然而並不是如此絕對。

萃取率在 18 以下的濃縮咖啡中也可以呈現出好的香氣，數值無法視為口味的絕對標準。

濃縮咖啡是帶有豐富個性的飲品，成份相當多元，必須以開闊的心態接納各種可能性。

濃縮咖啡控制圖表

濃度

16.00%												
15.00%												
14.00%			RISTRETTO									
13.00%												
12.00%												
11.00%												
10.00%			ESPRESSO									
9.00%												
8.00%												
7.00%												
6.00%			LUNGO									
5.00%												
4.00%												
3.00%												
2.00%												
	15%	16%	17%	18%	19%	20%	21%	22%	23%	24%	25%	

萃取率

將濃縮咖啡的特性套用在萃取控制表改良，以折射儀測量出的數據為準製作而成。並非絕對標準，提供讀者參考與活用。

阻力

⌄

濃縮咖啡的萃取方式是讓高溫高壓的水流經研磨成細粉的咖啡豆，使咖啡粉和水在一定時間內相互接觸，藉此萃取出適量的咖啡成份。濃縮咖啡以 9 巴的壓力使水快速穿透咖啡粉萃取而成，因此咖啡粉粒必須夠細（平均 200 ～ 300um），才能給予適當的阻力來控制流速的穩定。

粗細度和咖啡豆量是濃縮咖啡萃取時影響流速的因素之一，濃縮咖啡萃取時使用的咖啡豆量越多，水流阻力越大，流速越慢，咖啡粉和水的接觸時間長，萃取出的咖啡成份越多。

用於濃縮咖啡萃取的咖啡豆量哪怕只有 1g 的差異，對於流速的影響都十分顯著，因此最好養成用秤正確量測粉量的習慣。不過，如果咖啡粉的粗細度研磨不當，再怎麼增減咖啡豆量也無法控制流速，這點也不能忽略。

萃取速度

萃取速度是咖啡師在萃取濃縮咖啡時必須密切關注的部分。這是因為相較於其他萃取方式，濃縮咖啡的影響變因很多。相同條件的萃取下，2 ～ 3 秒的時間差距也會使得口味出現差異。

正常的萃取要像流動的焦糖般帶點濃稠。如果萃取時阻力不足，水流過快，便無法充分萃取出咖啡的可溶成份。這種狀態下萃取出的濃縮咖啡固體密度低，整體香氣平淡；此外，水在壓力的影響下運動性過大，挾帶細粉一同流出，使得口感粗糙。

反之，萃取速度過慢的濃縮咖啡，會使得咖啡成份超過適當值，固體密度高，強大的壓力使得克麗瑪的細胞壁崩解，造成脂肪質過度萃取，使得香氣過於強烈，濃度太濃。

壓力

一般而言，9 巴左右的壓力可以萃取出理想乳化狀態的濃縮咖啡，這也是一般濃縮咖啡機幫浦壓力設定在 9 巴的原因。

比 9 巴低的 5 ～ 6 巴壓力可以萃取出的油脂成份相對少、克麗瑪多的濃縮咖啡，卻難以展現香氣的平衡；比 9 巴高的 11 ～ 14 巴壓力會破壞過多咖啡組織，過度萃取油脂成份，水的強烈運動也會使不溶性物質萃取率變高，使得咖啡呈現苦味、口感粗糙。

密度

∨

咖啡粉的密度關係著咖啡成份能否有效、穩定地萃取。萃取濃縮咖啡時，如果咖啡粉分布不均，水會從密度低的地方流出，造成流量不均的通道效應。因此進行高品質的濃縮咖啡萃取時，務必要讓咖啡粉均勻分布、密度一致，讓通道效應最小化。

通道

通道會影響萃取液的均質性、阻礙咖啡成份的均勻萃取。即便使用足量的咖啡豆，也會因主導咖啡香氣的水溶性固體密度太低、不溶性固體比重太高，使得咖啡偏稀並帶有苦味。雙導流嘴沖煮把手（double spout porter filter）兩側流出的咖啡香氣完全不同的情形，也是因通道效應所致。

當咖啡粉密度不一致，或是咖啡粉中排出的氣體阻力變大時，就會產生通道現象。

咖啡粉中的氣體層運動不規則，因此使用加壓方式萃取咖啡時很難掌控通道效應。越是新鮮烘焙的豆子，氣體含量越高，產生通道效應的機率越高；這也是用於濃縮咖啡萃取的豆子需要經過特定時間熟成的原因。

濃縮咖啡機的水平失衡、分水網*（dispersion screen）與濾杯孔徑不均，或是維護狀態不佳造成孔徑阻塞等，都會造成通道效應。咖啡粉餅（coffee puck）狀態不平整也會讓水無法均勻通過。

研磨顆粒的均勻性也是影響通道的因素之一。咖啡粉粒分布不均時，密度高的地方阻力大，阻力不一致便難以預測水的流向，使得萃取變因的掌控難上加難（咖啡粉越細越難控制）。

嚴重的通道效應可以靠肉眼觀察，不過通道效應多半都是以細微的差異顯現，難以察覺。零通道效應的萃取幾乎是不可能到達的境界，致力於將其最小化是濃縮咖啡萃取技術的核心。

---

*分水網：沖煮頭上的零件之一，作用是讓萃取水均勻噴灑在咖啡粉餅上。也稱為淋浴管式濾網（shower screen）。

減少通道效應的配件

市面上有許多為了減少濃縮咖啡萃取的通道效應而開發出的配件，這些配件不但可以降低通道的發生，還可萃取出多元風格的咖啡，廣受好評。

VST 濾杯（filter basket）

網目的孔徑大，面積寬，上下孔徑大小一致，且上半部和下半部平行，萃取濃縮咖啡時對抗壓力的阻力相對小。構造上的設計使得流量較大，流速快，有利於咖啡粉量多的萃取。

IMA 濾杯（filter basket）

網目位於底部，越往下越窄的設計型態。網目面積不寬，濾杯下半部圓弧的設計可讓咖啡粉往內側集中，讓萃取得以緩慢進行，增長水和咖啡粉接觸的時間，讓更多咖啡成份溶解於水中。

IMS 分水網
（dispersion screen）

分水網平均分散的網目可以讓水均勻浸濕咖啡粉，降低通道效應產生的機率。

整平（leveling）

整平是讓裝在濾杯中咖啡粉均勻分布的動作。進行整平時可以用手、棒狀物，或是底部平坦的螺旋形工具將表面抹平，有時也會在填裝咖啡粉的同時做出敲扣（knocking）的動作。

用肉眼來確認咖啡粉的密度非常困難，表面平坦不代表內部的咖啡粉均勻分布，因此整個填裝 *（packing）過程都要細心謹慎。

整平工具之一：
OCD distributer

* 填裝：濾杯裝入咖啡粉到填壓的整個過程。

填壓（tamping）

填壓是利用填壓器（tamper）來提高咖啡粉密度的動作，是咖啡粉裝入濾杯後的最後一道程序。

事實上，填壓不是萃取濃縮咖啡必要的過程，因為濃縮咖啡機施加在咖啡粉的壓力比咖啡師填壓的力量強大許多。

但是填壓可以讓萃取環境趨於穩定。

填壓可以縮小咖啡粉餅和濾杯間的間隔，讓水無法輕易流出，此時生成的阻力會影響流速，藉此控制萃取時間。

填壓也可以減少咖啡粉間的空氣體積，防止萃取濃縮咖啡時產生亂流，並維持咖啡粉餅的水平，使水均勻滲透其中。

填壓後咖啡粉餅和分水網之間產生的浸潤（infusion）空間，也可靈活運用在濃縮咖啡萃取上。

填壓器

填壓器是填壓時使用的工具，功用不容小覷。填壓器底座（base）的種類會影響咖啡粉餅的狀態，進而影響水的滲透方式、吸收程度，甚至是口味。

把手（handle）

底座

TIP 填壓器底座的種類

Flat 最普遍的底座類型，底部完全平坦。填壓時必須維持水平，才能均勻萃取出咖啡成份。搭配底部平坦的濾杯一同使用，可以讓密度最大化。

C-Flat 中間部分平坦，邊緣帶有角度，可以提高濾杯邊緣的咖啡粉密度，與咖啡粉餅的密合效果絕佳。

US Curve 底座呈弧型，中間部分比邊緣突出約 1.661mm，可以提高濾杯邊緣的咖啡粉密度，與咖啡粉餅的密合效果絕佳。

Euro Curve 底座呈弧型，中間部分比邊緣突出約 3.355mm，製作義大利傳統濃縮咖啡這類使用少量咖啡粉的萃取時，可用來提升與咖啡粉餅的密合度。

Ripple 底座刻有圓形紋路，填壓後印刻在咖啡粉餅上的刻紋可以增加表面積，幫助萃取出更多咖啡成份，提高萃取率。浸潤時可以幫助水均勻浸濕咖啡粉，有降低通道效應的效果。

C-Ripple 結合 Ripple 和 C-Flat，提高水的吸收力，提升濾杯與咖啡粉餅的密合度。

C-FLAT　　FLAT　　RIPPLE　　C-RIPPLE　　EURO CURVE　　U.S. CURVE

（資料來源：Reg Barber）

浸潤

$\searrow$

浸潤是以水浸濕咖啡粉粒,讓可溶成份得以充分溶解的過程。濃縮咖啡萃取時先將填裝完成的咖啡粉以水浸濕的步驟,也有助於形成穩定的水路。

一般咖啡萃取的過程中可以觀察到咖啡粉粒吸水膨脹的狀態,不過利用高壓高溫水流過咖啡粉的濃縮咖啡萃取方式,則難以用肉眼確認膨脹的樣貌。

一般咖啡萃取的浸潤過程,可以給予充足的時間讓水來溶解咖啡的可溶成份,然而利用高壓方式強制讓水滲透的濃縮咖啡萃取時間過於短暫,無法單靠水的溶解力來萃取咖啡的可溶成份。

此時藉由浸潤的過程,可以讓咖啡粉均勻浸濕,打造一個讓咖啡可溶成份均勻溶解的環境。

使用壓力和流量可調式的濃縮咖啡機時,前段萃取可以先用低壓或小流量來進行所謂的「緩慢浸潤」(slow infusion),讓咖啡的可溶成份擁有充分的溶解時間,到了後段萃取再使用高壓或高流量,萃取大量的咖啡可溶成份。

浸潤過程可以讓萃取中不規則運動的氣體層趨於穩定;相較於未經浸潤的濃縮咖啡萃取,香味層次豐富,口感更滑順。

但如果浸潤時間太久、萃取時間超出所需,咖啡可溶成份溶解後水還持續穿梭在其中,則會使咖啡變得平淡無味。

不同機器的浸潤方式

〈調節萃取壓力〉

濃縮咖啡機是利用幫浦馬達來提供濃縮咖啡萃取時所需的壓力。壓力大小取決於幫浦馬達的迴轉數（RPM）。市面上的機器都有各自的浸潤設定，通常會以固定的壓力來萃取咖啡，也有可以在萃取中透過改變幫浦迴轉數來調整壓力，以調節水流和萃取時間的變壓式機器。

〈調節流量〉

濃縮咖啡機根據水噴灑至咖啡粉的方式可區分為 2 種。

大多都使用狀似水槍噴頭的限流閥（gicleur），也有部分機型使用針形閥（needle valve）。針形閥是透過調整洞口的間隙來控制流量，萃取前半段先一點一點注入水，給予充足的浸潤時間，萃取後半段再拓寬閥門，加大流量。

La Marzocco Strada

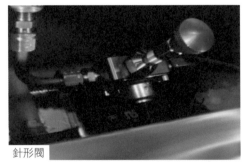

Slayer

La Cimbali M100

針形閥

限流閥

CHAPTER **4**

濃縮咖啡機

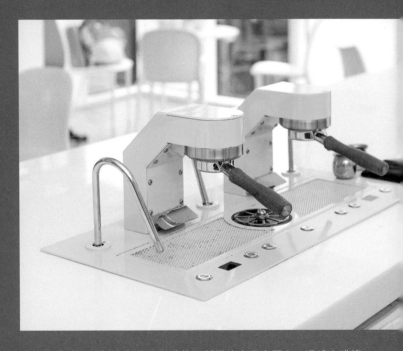

濃縮咖啡機可以製造出濃縮咖啡萃取所需的高溫高壓水。濃縮咖啡機的核心技術在於高壓生成、萃取水加熱,以及溫度的維持。鍋爐中產生的萃取水透過幫浦馬達的壓力噴灑至咖啡餅上,使咖啡成份的萃取能更快更有效率。

這也是造就濃縮咖啡機在商業價值上地位無可取代的主要原因。

濃縮咖啡機的構造

❶ **預熱器（warmer）** 覆蓋在機器上側的部分，可以傳達鍋爐的熱，將杯子置放在上面可以達到自然溫杯的效果。預熱器設有獨立的導熱線，可以讓杯子的預熱更快速。

❷ **沖煮頭（group head）** 裝置過濾器的部分，萃取水流出的地方。

❸ **沖煮把手（portafilter）** 盛裝咖啡粉的地方，固定在沖煮頭上萃取咖啡。

❹ **蒸氣閥（steam valve）** 鍋爐內部蒸汽排至外面的閥門，掛在機器上方。

❺ **蒸氣管（steam nozzle）** 噴出蒸氣的地方，打奶泡時使用。

❻ **漏水盤 （drip tray）** 收集萃取時滴落的水和咖啡渣的排水盤。

❼ **萃取按鈕或萃取桿** 控制萃取的部分，啟動幫浦馬達後打開沖煮頭的 3 方電磁閥（3 way solenoid valve），即可流出萃取水。電子式的設有按鍵和手動萃取桿，可調節壓力和流量的機型設有壓力控制閥（paddle）。

❽ **壓力表** 壓力表可用來確認鍋爐和幫浦馬達壓力。一般鍋爐壓力介於 1～1.5 巴，蒸氣噴出時下降 0.7～0.8 屬於正常範圍。幫浦馬達平時維持 2～4 巴的壓力（自來水壓力），萃取時則會上升到 8～10 巴。

鍋爐的構造

⌄

鍋爐是濃縮咖啡機最重要的部分。

鍋爐內部 70% 是水，水沿著加熱管（coil）加熱，形成蒸氣壓力，剩下 30% 由蒸氣填滿。

商業用途的濃縮咖啡機不直接使用鍋爐加熱的水，而是使用經由熱交換器（heating exchanger）間接加熱的溫水作為萃取水。

溫水、蒸氣，或萃取水於使用後，流入鍋爐中的常溫水會再次加熱，此過程會影響萃取水的水溫。

市面上已開發出多種鍋爐形式來維持萃取水溫的穩定性。

鍋爐和熱交換器

鍋爐的形式

⌄

單一型（貫通型）鍋爐

熱交換器貫通鍋爐的形式。經鍋爐熱交換器循環加熱後的溫水，與連結沖煮頭的直水 * 混合成為萃取水，又可分為一體型和蒸氣加熱型。

蒸氣加熱型的加熱方式是將鍋爐內部形成的蒸氣壓傳至沖煮頭，藉此加熱連結沖煮頭的直水 *。

*譯註：直水指「直接連接沖煮頭的水」。

單一型（滲出型／內置型）鍋爐

熱交換器的一部分浸泡在鍋爐內的型態，經過淨水過濾器流入的常溫水循環在鍋爐的熱交換器中加熱，開啟沖煮頭即可作為萃取水使用。

個別型（獨立型）鍋爐

主要配置於高端機型，蒸氣鍋爐和溫水鍋爐獨立分離的形態。萃取水來自個別的小型沖煮鍋爐，可以獨立設定每組沖煮頭的萃取水溫度。每個沖煮鍋爐體積小，雖然熱損失大，但恢復力也很快。

分離型（dual）鍋爐

一個機器設有 2 個鍋爐的型態，蒸氣、溫水鍋爐和萃取水鍋爐各自獨立，萃取水的溫度不會受到溫水使用量的影響，相對較穩定。

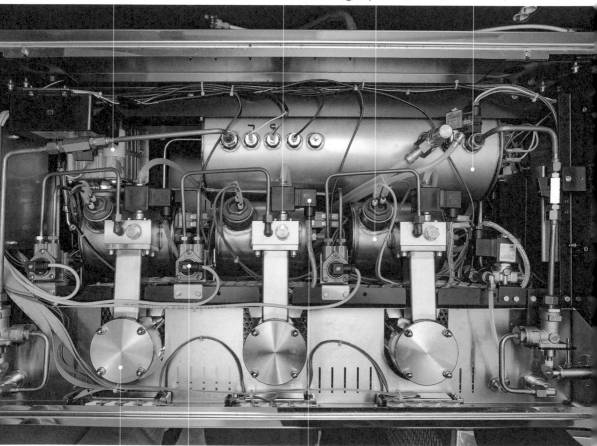

幫浦馬達 　　　　　　 針形閥 　 沖煮鍋爐 　 主鍋爐
（group boiler）　（main boiler）

沖煮頭 　 流量計 　　　　 3 方電磁閥 　　　（機器型號 Rocket R9）
（flowmeter）

濃縮咖啡機的零件

主板（main board）

水位感應器（water level sensor）

鍋爐內的水會隨著蒸氣和溫水的使用慢慢減少造成溫度變化，因此必須適時注入等同使用量的常溫水。鍋爐內水的體積也會對鍋爐的溫度和壓力造成影響。

當鍋爐內部的水量超過所需時，鍋爐的溫度會下降、蒸氣能夠進入的空間不足，發生無法產出充足蒸氣的狀況。

除了溫度外，鍋爐的水位對於機器的耐久性也有很大的影響。監控鍋爐水位並使其維持在適當範圍的方法有水位板和水位感應器 2 種。

電源開關

〈水位板〉（level board）

水位板的位置決定常溫水的流入量，水位板上升、流入量增加；水位板下降、流入量減少。

〈水位感應器〉（level sensor）

水位感應器的橫桿下方可以感知水位，超過標準值時會中止常溫水的流入。水位感應器的位置越高，流入的常溫水越多。

由於水位感應器是金屬材質，可能會因水垢造成誤判；若對水垢置之不理，鍋爐水位會持續上升，降低鍋爐的效能。

2 方電磁閥（2 way solenoid valve）

控制水流入鍋爐的閥門，負責將流入閥門的常溫水傳送到鍋爐內，水只朝單一方向流動，利用活塞（plunger）來控制。

真空防止閥門（vacuum valve）

排出鍋爐加熱時產生的空氣的閥門，會持續運作直到鍋爐內部蒸氣壓力達到適當值為止。

膨脹閥（expansion valve）

控制水流入熱交換器的閥門，將由熱交換器加熱的溫水只往單一方向流動，以防逆流。

加熱管

加熱鍋爐水的裝置，是濃縮咖啡機耗費大量電力的主因。加熱管運作時平均需要 3 ～ 4.5 kw（電量會隨著加熱管數量產生差異）。

熱交換器（heating exchanger）

利用鍋爐的熱間接加熱萃取水的裝置，平均需要維持 300 ～ 600ml 的水在熱交換器中循環，以製作萃取水。運作型態會依據鍋爐形式而不同，相當多元。

壓力控制器（pressure controller）

維持鍋爐溫度和壓力的穩定性，可分成機器式和電子式 2 種。

過熱保護閥

黏附在鍋爐上的安全裝置，過熱時會脫落，及時中斷電源供應。

〈機器式壓力開關〉

利用壓力調節螺絲來調整，開關上標有 ± 標示，螺絲往「＋」的方向旋轉壓力變大，往「－」的方向選轉壓力變小。

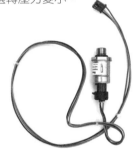

〈電子式壓力感應器〉

電子式壓力感應器是利用機器內建的系統來調節壓力，一般使用電子式壓力感應器的機器設有數位顯示器。

PID 控制器
（PID Controler）

安全閥（safety valve）

當鍋爐內部發生感應異常、壓力超過 1.7 巴，或是發生過熱（over heating）現象時，可以及時釋放內部的蒸氣壓力，防止鍋爐爆炸的安全裝置。安全閥啟動時會自動中斷加熱管的電源，防止過熱。

沖煮把手

沖煮把手由盛裝咖啡粉的濾杯（filter basket）、固定濾杯的彈簧（spring）、流出萃取液的流嘴（spout），以及握把（holder）組成。也會視情況更改為無底沖煮把手（bottomless），或是可以盛裝更多咖啡粉量、拿掉彈簧的 ridgeless 濾杯等。

濾杯為金屬材質，孔徑比濾紙大，可以萃取出咖啡的油脂成份和不溶性固體物，適合用來萃取滑順、濃郁的濃縮咖啡。

幫浦馬達

經由淨水器流入濃縮咖啡機的常溫水最先遇到的部分就是幫浦馬達。幫浦馬達的迴轉翼轉至 1300rpm 以上會產生萃取壓力，利用迴轉力將進入幫浦馬達的水向外推擠。

〈幫浦馬達的零件〉

葉輪（impeller）

葉輪拴緊時萃取壓力變大，鬆開時萃取壓力變小。

冷凝器（condenser）

幫浦馬達設置後的樣貌

沖煮頭

沖煮頭是萃取水流出的地方，也是安裝過濾把手的部分。沖煮頭的大小介於直徑 54 ～ 58mm 間，材質大多使用熱傳導性好的銅來減少熱能損失。沖煮頭由控制水流量的 3 方電磁閥、流出水的限流閥、讓水平均分散的散流網組成，也保有浸潤的空間。

〈沖煮頭的零件〉

散流網（dispertion screen）

沖煮頭墊圈（group gasket）

3 方電磁閥

3 方電磁閥是組成沖煮頭的零件之一。3 方的意思是閥門有 3 個方向，分別為水流入的方向、往限流閥傳遞的方向，以及萃取後剩餘的水和咖啡渣排至外面的方向。萃取中水流入的方向和往限流閥傳遞方向的閥門開啟時，排水的閥門會關閉；萃取後排水閥門開啟時，其餘方向則會關閉。

流量計

流量計是根據幫浦馬達迴轉翼的迴轉次數來測量流量的裝置。進入流量計的水暫存於此，待萃取開始時再向外排出，達到流量設定值時自動停止萃取。流量計有流入的方向和流出的方向，附著在上面的電子式螺旋（propeller）會根據水流迴轉，利用感應器計算出流量。試著按一下設定好萃取量的萃取按鍵，就能清楚了解流量計的功能。

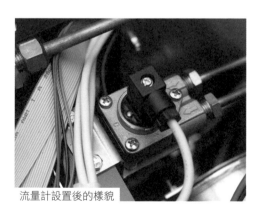

流量計設置後的樣貌

沖煮

咖啡有許多種萃取方式，所有方式皆可統稱為沖煮（brewing）。咖啡萃取的基本原理大致相似，但不同萃取工具萃取出的咖啡成份量也不盡相同。充分了解、靈活運用就能調配出符合自己喜好的咖啡。

CHAPTER **1**

濾器沖煮

　　使用濾器萃取咖啡的方式，方法是在咖啡粉上注入水，將咖啡成份萃取出來後，再用濾器過濾，是使用最廣泛的萃取方式。舉凡手沖、咖啡機（coffee maker）、商業用咖啡機、家庭用咖啡機 等都屬於此類。

濾器的作用

⌄

　　沖煮咖啡時使用濾器的主要目的在於分離咖啡豆和萃取液。濾器的材質會依照不同萃取工具而有差異，使用不同濾器材質濾出的咖啡成份也不同；換句話說，濾器可以影響咖啡的風格和口感 *。

---

*口感：啜飲咖啡時口內的感覺統稱，順口、濃郁都屬於口感。

濾器的種類

濾紙（paper filter）

濾紙是咖啡萃取時最常使用的濾器型態。濾紙的纖維結構雖然緊密，但孔徑大小不均，因此判斷濾器的過濾能力時不能僅以纖維結構作為考量。

咖啡萃取液是經由纖維繁複的濾紙濾掉不溶性固體物後滴濾而成，相較於平滑的濾紙，粗糙的濾紙可以濾掉更多細粉。紙的厚度越厚，過濾效果越好。

濾紙具有吸收咖啡油脂成份的特性，因此濾紙萃取液的水溶性固體物比例高，整體來說口感較清澈。

不過，紙張特有的味道可能會影響萃取液，建議充分用開水沖燙過再使用。

濾紙　　　萃取後的濾紙。　濾過脂溶性成份和咖啡粉粒的濾紙。

金屬濾網（metal filter）

金屬濾網是在金屬上鑽出許多細小孔洞的濾網。相較於濾紙，金屬濾網的孔徑較大，無法完美過濾細粉，因此口感多少帶點粗糙。但萃取得當的狀況下，金屬濾網能充分萃取出油脂成份，增添滑順口感，香氣也更豐富。

絨布濾網（flannel filter）

「絨」是由棉絲製成的織品，原先是使用在服飾上，用在咖啡萃取上效果也十分卓越。絨布濾網的孔徑雖然比濾紙大，但粗糙的毛邊可以有效過濾細粉。而且毛邊不會吸附咖啡油脂，可以有效萃取出油脂，增添滑順、溫和的口感。

不同於其他材質的濾器，絨布濾網帶有伸縮性，萃取時咖啡粉的膨脹不會受限，表面積可以盡情擴張，讓咖啡成份得以充分萃取。

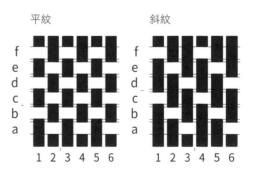

絨布濾網有分平紋和斜紋 2 種製作方式。

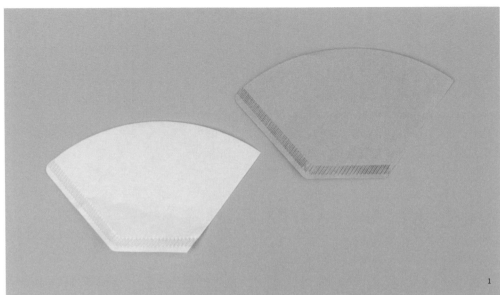

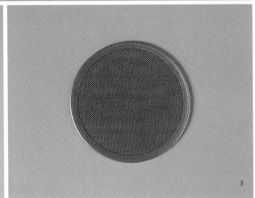

1. 濾紙的種類。濾紙大多由天然紙製作而成，原色為褐色，漂白過後呈白色。

2. 不鏽鋼錐形金屬濾網（kone filter）。

3. 愛樂壓的金屬濾網。

4. 絨布濾網。

濾杯

∨

濾杯（dripper）是咖啡萃取時放置咖啡粉和濾紙的地方。一般咖啡萃取時會在濾杯上放置濾紙，再放入咖啡粉，將水注入後利用重力來萃取咖啡。濾杯的種類和構造會影響咖啡粉的分布密度和水的流動，形成口味上的差異。

濾杯的側面有名為「肋骨」（rib）、形狀凹凸的空氣通道。濾杯的肋骨長度越長、面積越寬，萃取越順暢。也有些濾杯沒有肋骨的設計，不過為了能讓萃取液順暢流出，主導對流作用的空氣通道絕對是必要的。

水流出的速度會根據濾杯的萃取口大小與個數而不同，萃取口周遭若有空氣通道，流速會相對快一些。

濾杯的構造會影響咖啡粉和水的接觸時間和面積，進而影響咖啡整體的個性。

濾杯的種類和構造

∨

Kalita

濾杯的幅度由上至下越來越窄，中間的咖啡粉分布密度最高，側面刻有幾條直線型的肋骨，底部有 3 個小小的萃取口。整體構造可以讓水流緩慢，萃取液流出的速度不受水柱影響，相對較穩定。

哈利歐 V60（Hario V60）

圓錐形濾杯，中間處的咖啡粉分布密度最高，側面刻有漩渦狀的長條曲線肋骨，底部有一個大的萃取口，因為萃取口周邊有空氣通道，因此水流出的速度相當快，注水時必須聚精會神才能精準掌控萃取時間。

Kalita Wave

碗狀的濾杯，咖啡粉分布密度均勻為其特徵，側面刻有減緩萃取速度的橫向肋骨，平坦的底部有 3 個小小的萃取口。

Kalita Wave 的空氣通道不同於其他濾杯，是根據波浪狀的專用濾紙製作而成，長又寬的肋骨型態雖然會讓水流速度變快，但因為萃取口設計得小，使其可以維持穩定的萃取速度。

水的流量多少會影響萃取，但因咖啡粉的分布密度均勻，萃取的進行也相對穩定。

1. Kalita 濾杯，Kalita 主要使用梯形構造的濾紙。

2-3. 哈利歐 V60 濾杯和專用濾紙。

4-5. Kalita Wave 濾杯和專用濾紙。

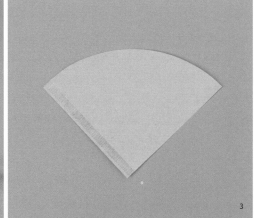

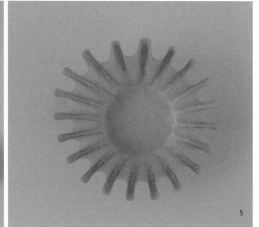

CHAPTER **2**

沖煮實作

手沖

∨

手沖（hand drip）是在濾杯上放置濾紙，倒入咖啡粉，手動注入水的萃取方式。萃取進行時可以透過觀察咖啡粉的狀態來調整變因。

萃取過程

* 萃取開始前先將濾紙和濾壺（drip server）用熱水沖燙。

1. 在濾紙上放入咖啡粉。

2. 淋上水讓咖啡粉均勻濕潤，然後稍作等待。

3. 將水分 2 ～ 3 次注入，直到萃取出期望的量為止。

流量控制

手沖咖啡的萃取方式很多元，最重要的關鍵在於依照自己期望的萃取比例注入相對應的水量。

在濾杯上放好濾紙，倒入咖啡粉，注入第一次水，徹底浸潤咖啡粉，使其呈現吸足水份的飽和狀態。此時水分子會凝聚成團，無論將水注入哪個位置，都會依照負重進行萃取。

流速則會根據水的流量有所變化，因此必須細心控制注入咖啡粉的水量，將水注入咖啡粉密度高的地方時流速最穩定。

水柱的高低差越小，越能減少亂流現象，也越能溫柔地將固體物萃取出來。若是在高低差懸殊的狀態下注水，會使水的動能過大，造成亂流增加，細粉運動活躍。

細粉活動越大，咖啡成份越容易被萃取過度，使得苦味增加，對香氣有負面影響。若細微的咖啡碎屑穿過濾紙的孔徑流出，也會造成口感粗糙。

稀釋萃取（bypass）

所謂「稀釋萃取」，是先萃取出量少的濃咖啡，再加水稀釋。這種方式萃取出來的咖啡主要以水溶性固體物為主，加水稀釋後會多一層清爽的香氣，也十分便於根據個人喜好調整濃度。

1. 使用天秤的手沖咖啡萃取。
2. 萃取濃咖啡。
3. 加水稀釋。

法式濾壓壺

$\vee$

　　法式濾壓壺（french press）是利用水的溶解力來萃取咖啡的工具。方式為將咖啡粉完全浸泡於水中，使其充分混合，再將帶有金屬濾網的把手往下壓，使萃取液與咖啡粉分離。

　　金屬濾網具有保存脂溶性成份的特性，因此利用法式濾壓壺萃取出的咖啡香氣強烈、口感滑順。不過法式濾壓壺的濾網孔徑較大，最好將咖啡粉粒的顆粒度調整至粗一點，才不會產生太多細粉。

萃取過程

* 萃取比例可以根據個人的喜好以及工具的容量，在 30（水）：1（咖啡粉）到 15（水）：1（咖啡粉）之間做調整。

1 將咖啡豆研磨成略粗的咖啡粉粒。

2 在燒杯中倒入 90 ～ 93℃的水。

3 放入咖啡粉。

4 均勻攪拌，攪拌次數越多濃度越濃。

5 蓋上蓋子，使咖啡粉完全浸泡在水中，靜置 2 ～ 3 分鐘。

6 將濾網向下壓到最底。

7 將咖啡倒至杯中。

TIP 法式濾壓壺萃取出的咖啡挾帶較多細粉，口感上多少有些粗糙，如果偏好清澈的口感，可以用濾紙再次過濾。

愛樂壓

∨

　　愛樂壓（Aeropress）和法式濾壓壺類似，也是使用浸泡的方式來萃取咖啡。差別在於愛樂壓溶解出咖啡的可溶成份後會再施以壓力。愛樂壓萃取出的咖啡帶有多元且強烈的香氣，可用濾紙或金屬濾網作為濾器，也可變換不同方法來萃取咖啡。

萃取過程

〈正向萃取〉

1 在杯上放置濾網（若是使用濾紙要先用熱水沖燙過）。

2 將濾蓋固定在濾筒（chamber）上。

3 將 15～20g 的咖啡豆研磨成比濃縮咖啡機粗一點的顆粒度。

4 在杯上放置濾筒，利用漏斗放入咖啡粉。在濾筒邊輕敲幾下，讓咖啡粉均勻分散。

5 淋上 100～150g，溫度 85～93℃的水。

6 用攪拌棒輕輕攪拌，攪拌次數越多濃度越濃。

7 靜置一會後將壓桿（plunger）固定在上方。

8 20～30 秒間將壓桿慢慢垂直下壓。

9 依據個人喜好加水稀釋。

〈反向萃取〉

1 將壓桿固定在濾筒上。

2 倒入 100 ～ 150g，溫度 85 ～
93℃的水。

3 利用漏斗在濾筒上放入 15 ～
20g 的咖啡粉。

4 用攪拌器輕輕攪拌，攪拌次數
越多濃度越濃。

5 靜置一會後，在濾筒上裝上放
置濾網的濾蓋。

6 將愛樂壓上下翻轉。

7 20 ～ 30 秒間將壓桿慢慢垂直
下壓。

聰明濾杯

　　聰明濾杯（clever）是先將咖啡粉浸潤在水中，再用濾紙過濾的萃取方式。這種浸泡方式萃取出的咖啡相對較均質，脂溶性成份和細粉經由濾紙濾除後，口感更加清澈。聰明濾杯底部設有限制水流的閥門，放置在直徑大於濾杯的地方上時，閥門會關閉；放置在直徑小於濾杯的壺或杯上，矽膠墊圈（silicone packing）受到壓迫時，閥門會自動開啟。使用聰明濾杯萃取咖啡，不用特別的技巧也能輕易掌握萃取變因，人人皆可快速上手。

萃取過程

1 濾杯上放置濾紙。

2 用熱水稍事漂洗。

3 咖啡豆研磨成手沖咖啡的粉粒大小。

4 放入咖啡粉。

5 根據個人喜好的萃取比例注入水。

6 用攪拌器輕輕攪拌。

7 靜置 2〜4 分鐘。

8 將濾杯放置在壺或杯上。

冷萃

∨

　　利用冷水萃取的冷萃咖啡（cold brew）
帶有紅酒般的獨特風味。用低於 5℃的水萃
取出的冷萃咖啡，相較於其他高溫萃取的咖
啡，溶解可溶成份的速度較慢，萃取時間必
須設定在 8 ～ 24 小時，萃取方式大多是讓
水一滴一滴滴落的滴漏式，不過也有將咖啡
粉浸泡在水中進行的冷萃方法。

萃取過程

* 不同萃取工具使用的咖啡豆量和粗細度有所差異，根據使用工具調整至能以適當的慢速萃取即可。

1 將濾網套上墊圈，固定在本體下方。

2 放入咖啡粉。

3 利用填壓器輕壓咖啡粉。

4 上方再放一個濾網，注入水使咖啡粉均勻浸濕。

5 蓋上蓋子。

6 放入萃取用的水和冰塊。

7 調整閥門，讓水以 3 ～ 5 秒一滴的速度滴落。

8 至咖啡完全萃取完畢前耐心等待。

第四部

拿鐵拉花

拿鐵拉花範例

圓型
心型

紋理心型

鬱金香
雙心

蕨葉

奶泡雕花

醬料雕花
造型雕花

傾注成型
進階傾注成型

11

拿鐵拉花的原理

拿鐵拉花的
定義和種類

何謂拿鐵拉花？

所謂拿鐵拉花（latte art）指的是用蒸奶（steam milk，使用濃縮咖啡機的蒸氣加熱並打出綿密奶泡的牛奶）在拿鐵或卡布奇諾（cappuccino）的表面繪製圖案。

拿鐵拉花涵蓋技術與服務 2 個層面；技術層面著重在咖啡師的專業展現，服務層面則是著重在以客為尊。常見的拉花有圓型、心型、鬱金香、蕨葉等圖案，樣式多元。強調技術性的拿鐵拉花需要高超的技巧，製作出的圖案較為抽象。一般店內咖啡師多半會將拿鐵拉花的重點放在服務層面，藉由客人一眼就能看懂的圖案增加與客人之間的互動，提升顧客滿意度。

技術性
拿鐵拉花

服務性
拿鐵拉花

拿鐵拉花的種類

⌄

基本

圓型

最基本的圖案。

心型

以圓型為基底進階而成的心型圖案。

紋理心型

在心型裡頭展現多層紋理。

鬱金香

利用層層相疊的心型繪製出鬱金香圖案。

雙心

心型中再加入一個以上的心型。

蕨葉

最基本的圖案，也稱為樹葉或葉子，拉花時的重點在於紋理要清晰。

雕花

雕花（etching）為美術用語，是利用尖物在銅版上刻繪圖樣的版畫技法；拿鐵拉花中的「雕花」也是用細尖的工具在咖啡表面繪製圖案的技法。雕花技法的重點在於繪製圖案使用的拉花針（etching pin），藉由拉花針的深淺控制、直線曲線等變化來展現豐富多元的圖案。若想要繪製出優秀的雕花作品，必須將重心放在拉花針的末端控制。

醬料雕花

利用巧克力醬這類顏色分明的醬料繪製圖案。

奶泡雕花

利用蒸奶的奶泡製作雕花，用於無添加醬料的飲品上。

造型雕花

利用拿鐵拉花的基本圖案變化出各式各樣的造型。

傾注成型法（free pouring）

傾注成型法跟基本拿鐵拉花不同，不具固定的位置和圖型。傾注成型法是利用蒸奶的流動來自由揮灑圖案，跳脫拿鐵拉花的制式框架，畫出的圖案較有個性，可以讓客人感受到前所未有的新鮮感與迷幻氛圍。但過於繁複的圖案反而會讓客人無法了解咖啡師想要傳達的意圖，因此別忘了拿鐵拉花也是顧客服務的一部分，最好能呈現足以引發客人共鳴的圖案。

進階傾注成型法（professional free pouring）

常見於拿鐵拉花大賽的進階傾注成型，是由咖啡師將各種圖案於自己設定好的位置上展現出來的拉花方式。

本書用「進階傾注成型法」一詞與一般的傾注成型法做區隔。一般傾注成型法著重於在咖啡表面上展現蒸奶的流動，而進階傾注成型法則是在設定好的位置繪製出心型、鬱金香、蕨葉等各種圖案。

基礎的拿鐵拉花和傾注成型法是藉由蒸奶在咖啡表面的擴散來繪製圖案，進階傾注成型法則是將蒸奶固定在咖啡表層，讓圖案浮在杯面。

拿鐵拉花必備的
材料和工具

醬料罐

摩卡或焦糖瑪奇朵這類內含巧克
力醬或焦糖醬的咖啡飲品可以利
用醬料在表面雕花，但建議不要
使用太稀或太濃的醬料。每個廠
牌的醬料口味略有不同，品嚐過
後根據喜好做挑選即可。另外，
要特別留意巧克力醬罐或焦糖醬
罐洞口的大小，太粗或太細都會
影響雕花成品。

湯匙

舀取蒸奶上的奶泡製作拉花
裝飾時使用。

拉花針

只要末端呈現細尖狀、可以
沾附奶泡、衛生上沒有疑慮
的工具，都可作為拉花針使
用，不一定非要使用拿鐵拉
花專用的拉花針。

杯子

最適合用來拉花的杯子是被稱為「拿鐵杯」的 240ml 半球型杯。拉花的關鍵在於咖啡表面和拉花鋼杯間的高度控制；如果杯子高度過高，縮短不了咖啡表面與拉花鋼杯嘴間的距離，就無法畫出好的圖案，像是連鎖咖啡店常見的馬克杯就比較不容易拉花。

牛奶

目前韓國國內販售的牛奶皆適用於拿鐵拉花，根據個人口味做挑選即可。

拉花鋼杯

坊間售有樣貌與材質相當多元的拉花鋼杯（steam pitcher）。拉花鋼杯的設計通常著重於讓奶泡與牛奶均勻融合，或是握把拿取時的舒適度。如果使用把手和嘴口不正的拉花鋼杯可能會出現圖案怎麼樣都畫不好的狀況，挑選時要特別留意。

拿鐵拉花的
必要條件

濃縮咖啡

⌄

拉花時若使用克麗瑪（含有大量揮發性香氣物質的氣泡層）狀態不佳、萃取不良的濃縮咖啡，就難以展現出理想的圖案。濃縮咖啡的萃取量、克麗瑪的狀態，以及拿鐵拉花之間的關係如下。

小提醒

本書按照以下標準來區分濃縮咖啡，但可能會因原豆種類、特性、萃取條件不同而有所差異。

類別		萃取量
one shot ristretto	9g	0.5oz
one shot	9g	1oz
two shot ristretto	21g	1oz
two shot	21g	2oz

one shot ristretto

雖然濃度濃，但因萃取量少所以融合（mix，製作拿鐵拉花前讓濃縮咖啡和蒸奶均勻結合，填滿杯中一定量的過程）時使用的蒸奶量比 one shot 多，因此蒸奶和濃縮咖啡的顏色對比不強烈。

one shot

雖然濃度比 ristretto 淡，但萃取量多，融合時使用的蒸奶量較少，相較於用 one shot ristretto 製作的拿鐵拉花，顏色對比較分明。

two shot ristretto

濃度濃，可以有效呈現蒸奶與濃縮咖啡的顏色對比。優點是克麗瑪厚，可以安穩地撐住蒸奶的奶泡，使用少量的奶泡也可以表現出細節。萃取量比 two shot 少，融合過程完成後還有許多空間可以畫圖，也因此 two shot ristretto 是許多咖啡師在製作拿鐵拉花時的首選。不過 two shot ristretto 的克麗

瑪量較多，融合時要特別小心別讓克麗瑪凝聚成團而影響圖案。

two shot

與 two shot ristretto 的共同點是濃度濃，可以有效呈現蒸奶和濃縮咖啡的顏色對比。two shot 的豐厚克麗瑪（比 two shot ristretto 薄一點）足以安穩地撐住蒸奶的奶泡，運用少量奶泡也能製作出穩固的拿鐵拉花。不過 4 種類型的濃縮咖啡中，two shot 的萃取量最多，融合過程結束後要特別留意杯中可畫圖的剩餘空間，豐厚的克麗瑪也可

能在融合過程時凝聚成團，必須特別留意別影響到圖案。

沒有克麗瑪的 one shot

使用萃取完畢放置一段時間、幾乎沒有克麗瑪的濃縮咖啡進行融合，咖啡表面的顏色會很淡。一般融合過程必須特別注意，別讓帶有黏性的克麗瑪結成團，就這點而言，使用沒有克麗瑪的濃縮咖啡反而相對容易進行融合，製作出泡沫層。

沒有克麗瑪的 two shot

跟沒有克麗瑪的 one shot 相同，因為濃縮咖啡中不具有克麗瑪，所以咖啡表面呈現的顏色較淡，容易進行融合製作出泡沫層。然而 two shot 萃取量較多，必須特別留意融合後可以進行畫圖的杯中空間，否則很可能拉花尚未完成就溢出杯外。

使用剛烘焙好的原豆萃取的濃縮咖啡

這類濃縮咖啡含有大量氣體，會使得拿鐵拉花表面產生許多氣泡，乍看之下可能會誤認為是奶泡打不好，但這種濃縮咖啡導致的氣泡只會在克麗瑪的部分出現，細看會發現蒸奶部分幾乎看不到氣泡。

適合拿鐵拉花的濃縮咖啡？

如果這個問題只能挑選一個答案，答案應該是「two shot」。two shot 的濃度夠濃，可以讓拿鐵拉花的顏色對比鮮明，而且 two shot 具備豐厚的克麗瑪，有足夠的黏性支撐蒸奶，幫助圖案更穩固。但別忘了，拿鐵拉花是作品也是飲品，別為了美觀而失掉濃縮咖啡與蒸奶的平衡，成為一杯既非拿鐵也非卡布奇諾，只是一杯帶有咖啡味的牛奶。

身為咖啡師，製作拉花時必須保有自家咖啡店的個性與配方，同時也要滿足客人觀賞與品嚐的需求，這也是為什麼學習拿鐵拉花之前必須先了解濃縮咖啡的原因。

蒸奶

蒸奶是拿鐵拉花的核心，如果牛奶蒸得不好，濃縮咖啡再完美都無法做出好的拉花作品，更遑論一杯好飲品。

優質蒸奶的關鍵在於牛奶和奶泡完美融合的狀態。

依據奶泡和牛奶的融合狀態，可將蒸奶區分為濕奶泡（wet foam）和乾奶泡（dry foam）。製作傾注成型的拉花必須使用牛奶和奶泡融合至恰到好處的濕奶泡，這種狀態下的蒸奶會像滴入水中的顏料般，在咖啡表面強而有力地擴散開；反之，牛奶和奶泡幾乎呈現分離的乾奶泡，蒸奶一接觸到咖啡表面就會凝聚成團，融合時只有牛奶和濃縮咖啡結合，不適合用於傾注成型的拉花製作。蒸奶後立即製作拿鐵拉花圖案較明顯，而蒸奶後過段時間再進行拿鐵拉花圖案較不明顯，也是這個原因所致。

蒸奶的種類

濕奶泡

剛蒸完的奶,牛奶與奶泡的融合恰到好處,奶泡呈現濕潤的狀態。

半乾奶泡
（semi-dry foam）

牛奶和奶泡分離的狀態。

乾奶泡

放置一段時間,牛奶和奶泡完全分離,奶泡呈現蓬鬆的狀態。

蒸奶好壞的圖例

好的蒸奶

細緻均勻的奶泡與牛奶融合至恰到好處,如同相同質地般平滑綿密。這種狀態的蒸奶與濃縮咖啡完美結合後,可以製作出口感滑順的咖啡拿鐵。

不好的蒸奶

奶泡粗大且分布不均,與牛奶的融合狀態不穩定,肉眼就能看出奶泡的粗糙感。這種狀態的蒸奶製作出的咖啡拿鐵口感不佳。

牛奶的種類

根據脂肪含量來分類

根據脂肪含量可將牛奶分為一般牛奶、低脂
牛奶，及無脂肪牛奶。挑選拿鐵拉花使用的
牛奶時，必須考量蒸奶時可否製作出好奶
泡，以及奶泡的持久度等，若能進一步理解
牛奶成份，對牛奶的挑選會也能有所助益。

奶泡來自於牛奶中的蛋白質。相同條件下，
蛋白質含量越多，可製造出的奶泡越多。
但是單靠蛋白質無法維持奶泡的狀態，必
須仰賴脂肪成份來提升持久度，游離脂肪
酸（FFA, Free Fatty Acid）就是其中之一。
FFA 是擠牛奶時出現的成份，一開始會阻礙
奶泡生成，一旦奶泡形成後可增加其表面張
力，幫助狀態維持。

因為游離脂肪酸具備這樣的特性，因此脂肪
含量高的一般牛奶較適合用於拿鐵拉花。低
脂牛奶和無脂肪牛奶同樣也可用於拿鐵拉
花，只不過相較於一般牛奶，低脂牛奶和無
脂肪牛奶打出的奶泡沒有足夠的支撐力量，
維持的時間相對短暫。

- **一般牛奶**

  沒有去除脂肪的牛奶，又稱為全脂牛奶
  （whole milk），脂肪含量約為 3.2 ～
  4%。

- **低脂牛奶**

  降低脂肪含量的牛奶，脂肪含量約為 1 ～
  2%。

- **無脂肪牛奶**

  去除脂肪的牛奶，又稱為脫脂牛奶（skim
  milk），脂肪含量為 0.1%以下。

根據殺菌方法來分類

分類	低溫長時間殺菌法（LTLT, Low Temperature Long Time pasteurization）	高溫短時間殺菌法（HTST, High Temperature Short Time pasteurization）	超高溫短時間殺菌法（UHT, Ultra-High Temperature pasteurization）
溫度和時間	62～65℃，30分鐘。	71.7℃，15秒。	130～135℃，2秒以上。
方法	保存原乳的營養與風味，只殺死對人體有害的微生物，是在盡可能保留完整營養成份的狀態下調節溫度的方法。	殺菌過程比低溫長時間殺菌法更快，節省更多費用與時間。運用「相同溫度下，殺死對人體有害的微生物所需時間比牛奶成份變質的時間來的短」的原理。	瞄準大量生產的市場，讓殺菌效果極大化，是韓國國內最常使用的方法。
特徵	避免對人體有益的乳酸菌和維他命在熱處理過程中損失，產出的牛奶品質佳。然而需要耗費大量時間及費用，擠乳的清潔管理過程相當繁複。	在原乳成份變化最小的情況下大量產出高品質牛奶的方法。雖然會損失部分對人體有益的蛋白質，但可以提升殺菌效果、延長有效期限。	殺菌力雖然卓越，但牛奶經歷超高溫加熱後會產生焦味，原乳的成份也會被破壞。乳清蛋白質、維他命、鈣質等被人體吸收的程度相對弱。
產品	Pasteur牛奶（파스퇴르우유），建國博士乳（건국닥터유），神牛牧場（신우목장），江成源牛乳（강성원）	丹麥牛奶（덴마크우유），Diaandgold（다이아앤골드），濟州之心（제주의 마음），Cheorwon清境牧場（철원청정목장이야기），Ollegil（올레길），Robin（로빈），Isidore（성이시돌），Pasteur有機牛奶（파스퇴르 유기농우유），Sanghafarm有機牛奶（상하목장 유기농우유），綠色村莊有機牛奶（초록마을 유기농우유）	每日牛奶（매일우유），首爾牛奶（서울우유），南洋牛奶（남양우유），延世牛奶（연세우유），建國牛奶（건국우유），味樂牛奶（미락우유），南洋有機農牛奶（남양 유기농우유），釜山牛奶（부산우유），一日牛奶（하루우유），Binggrae牛奶（빙그레우유）

* 以上產品為韓國品牌，台灣讀者可依 P.284 的説明選取牛奶。

牛奶的溫度

蒸奶的狀態會因為牛奶的溫度而變化，了解蒸奶在不同溫度下的狀態與特徵，有助於製作拿鐵拉花。為了製作出好的蒸奶，蒸煮前必須將牛奶以冷藏保存。

牛奶的溫度變化與蒸奶狀態

90°C — 奶泡隨著牛奶沸騰強烈膨脹，部分奶泡爆破，狀態像是粗糙的肥皂泡沫。

85°C — 牛奶開始沸騰。

甜味、香氣等好的味道全都不見，出現濃濃的硫味。

溫度過高，無法品嚐出牛奶的風味。牛奶的腥味再度出現，因為蒸氣加熱時間太長，流入過多水份，牛奶也變得較為稀淡。

70°C — 奶泡慢慢變硬，接近 80°C 時奶泡明顯變大。

60°C — 奶泡完全成形，越接近 70°C，滑順的口感越少。

甜味和香氣的增加速度減緩，越接近 70°C 時越少。

技術好的話，可以將蒸奶品質維持在一定程度，但甜味與香氣會越來越少。隨著蛋白質中分離出來的含硫成份揮發，出現硫味。

50°C — 奶泡開始慢慢成形，狀態濕潤柔軟。用於拿鐵拉花可做出細緻的表現，口感也很好。

40°C — 牛奶中的蛋白質開始凝固，如果在這個階段停止蒸奶，奶泡的型態無法持久，很快就會塌倒。

甜味和香氣明顯增加。

與蒸氣加熱前的牛奶沒有太大差異，但甜味和香氣更濃一些，可以微微感受到牛奶的腥味。

最合適的蒸奶溫度為 50 ～ 60℃

不同的拿鐵拉花型態，也有不同的合適的蒸奶溫度。一般而言，溫度低的蒸奶相較於溫度高的蒸奶口感較滑順，更適合製作圖案。蒸奶溫度到達 40℃時，牛奶中的蛋白質開始凝固，時間越久凝結得越扎實。溫度太高的蒸奶不適合用來拉花，口感也不佳。若想要在保有牛奶的甜味和香氣的狀態下製作出完美的拿鐵拉花，最好將溫度控制在 50 ～ 60℃。

就服務層面來看，適合拿鐵拉花的蒸奶溫度為 70 ～ 75℃（最高 85℃）

從拿鐵拉花的技術層面來看，溫度低的蒸奶不但能繪製出好的圖案，風味也較佳，但微溫的咖啡滿足不了偏愛熱飲的韓國人喜好；多數韓國人喜愛飲用 60 ～ 65℃的熱飲，若是溫度不足，一杯再好的咖啡都可能引發客訴。這或許只是韓國的特例，但對於從事服務業的咖啡師來說，傾聽客戶要求、以客為尊也是不容忽視的課題。

韓國的咖啡師通常會將蒸奶加熱至 70 ～ 75℃，這是因為製作飲品時蒸奶會降溫，等到製作完畢送至客人手上時，溫度會變得更低。若想同時滿足拿鐵拉花的完成度以及飲品的風味，還要依據當天的天氣、杯子的材質、預熱與否等因素來調整蒸奶的溫度。

遇到要求飲品要「熱一點」（extra hot）的咖啡的客人時，切記溫度的上限必須設定在沸騰之前的 85℃，因為牛奶超過 85℃時蛋白質會變熟，使得奶泡變硬，口感明顯變差。

奶泡量

「究竟要打出多少奶泡才夠？」這是許多咖啡師在製作拿鐵拉花時的共同苦惱。同樣的拿鐵和卡布奇諾飲品因為使用的杯子與配方不同，奶泡的需求量也不同；也就是說，奶泡量的多寡並沒有標準答案，必須視情況做調整。

本書以 1cm 厚的奶泡為基準，如果想要知道適合自己杯子的牛奶使用量，可以將牛奶倒至滿杯下方的 1cm 處，再計算杯中的牛奶量。只要將杯中剩餘的牛奶注入拉花鋼杯中，用肉眼觀察並記下牛奶的用量，就可以減少不必要的浪費。

拿鐵拉花實作

CHAPTER **4**

拿鐵拉花的
基本步驟

拿鐵拉花的基本原理

∨

拿鐵拉花產生的原理是在濃縮咖啡和蒸奶融合形成的褐色泡沫層上，持續讓白色奶泡延展，使圖案浮現在表面。如果濃縮咖啡和蒸奶沒能均勻融合，褐色泡沫層沒有順利成形，自然無法畫出好圖案。

泡沫層

打奶泡

∨

奶泡是許多咖啡師的罩門，但其實打奶泡出乎意料地簡單，秘訣就是「迅速確實」。在蒸氣啟動的同時將空氣注入牛奶內，盡可能在短時間內打出奶泡，再讓奶泡和牛奶融合即可。奶泡的主要成份—蛋白質會隨著溫度而改變質地，低溫時製作出的奶泡綿密滑順，隨著越度越高，牛奶的蛋白質熟化，奶泡會越來越硬。

快速製作奶泡還有一個訣竅，就是將蒸奶溫度設定在 50 ～ 60℃、時間設定在 15 秒。奶泡製作速度越快，奶泡和牛奶融合的時間越長，自然能做出品質更好的蒸奶；反之如果製作奶泡的時間點過慢，奶泡和牛奶融合的時間變短，製作出的蒸奶品質也不會太好。

蒸奶過度的副作用：

水份流入

經由濃縮咖啡機蒸氣棒（steam wand）噴出的蒸氣中含有水份，蒸奶時無法避免水氣混入牛奶，通常一秒會流入大約1～1.5g 的水，數值會隨著濃縮咖啡機型與蒸奶方式略有差異。使用蒸氣加熱牛奶的時間越長、蒸奶溫度越高，流入蒸奶中的水份也越多，風味也會受到影響。身為咖啡師，必須針對自家的咖啡機事先掌握，調配出最佳牛奶風味的時機點，以及溫度設定在幾度才不至於影響牛奶風味等要點。

蒸奶前與蒸奶後。300ml 的牛奶加熱 18 秒溫度上升至 60℃時，重量上升 23g。

蒸氣頭與蒸奶的關係

蒸奶的牛奶和奶泡的融合狀態會因蒸奶棒末端蒸氣頭（steam tip）的孔數、大小、角度等有所差異，這些因素也會影響蒸奶的品質。

洞口孔數的差異

蒸氣頭的洞口孔數少至 1 個、多至 5 個。洞口孔數越多，蒸氣噴射的壓力越強；蒸氣越強，蒸奶的運動越活躍，溫度上升也越快。若非技術純熟的咖啡師，使用多孔蒸氣頭蒸奶時可能會覺得操控不易。

洞口大小的差異

即使蒸氣頭的孔數相同，大小也可能略有差異。洞口越大的蒸氣頭，噴射出的蒸氣量越多，強度也越強。

洞口角度的差異

洞口角度小的蒸氣頭，朝下的蒸氣壓力較強，蒸奶以上下方式運動，蒸氣的噴射範圍小，此時必須傾斜拉花鋼杯，將蒸氣棒放置於蒸奶較深那一側；反之，如果蒸氣頭的洞口角度大，蒸氣噴射範圍較廣，最好讓拉花鋼杯保持水平，讓蒸奶以迴旋方式運動。

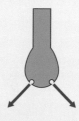

洞口形狀的差異

有些蒸氣頭的洞口設計並非一般的圓型，目的是改變蒸氣的噴射型態，幫助蒸奶融合。

蒸氣壓的重要性

蒸氣壓力越強，蒸奶的溫度上升越快，製作奶泡的時間（蒸奶的溫度到達蛋白質開始凝固的 40℃前）也越短。換句話說，蒸氣壓力越大，越不容易製作出好蒸奶。

蒸奶步驟

❶ 尋找旋轉點（rolling point）

在裝至拉花鋼杯中的牛奶內的特定點施以蒸氣時，蒸奶會進行旋轉融合，這個點稱為「旋轉點」。旋轉點會因蒸氣棒的角度和蒸氣頭型態而不同，蒸奶前必須確實掌握並加以調整。

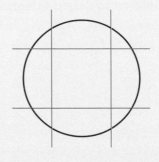

拉花鋼杯從上方俯視時呈現一個圓型，將此圓型如上圖以 4 條線劃分，會出現 4 個交叉點，這 4 個點就是旋轉點。將蒸氣棒放入這 4 個位置施以蒸氣，即可順利讓蒸奶進行旋轉與融合。不過這只是圖示範例，除了這 4 個點之外還有許多旋轉點，建議大家依據自己使用的機器與蒸氣方式找出尋適合的旋轉點。

尋找旋轉點時，拉花鋼杯要保持水平還是略帶傾斜？這問題沒有標準答案，不過有個訣竅：開始蒸奶時傾斜拉花鋼杯，將蒸氣棒置入蒸奶最深的那一側，如此一來，蒸氣壓力再大，也能確保蒸奶能安穩地運動，對於奶泡量的控制也更容易。如果你使用的機器與右圖相反，往另一側方向傾斜即可。

如果將蒸氣棒置入蒸奶較淺的那一側施以蒸氣，蒸奶很可能會因為承受不住強大的壓力而突然濺起或是出現不規律運動，產出類似肥皂泡沫的粗糙奶泡。

❷ 打奶泡（注入空氣）

在蒸奶中製造一定量的奶泡是拿鐵拉花的重要步驟之一，那麼如何將蒸奶的奶泡量控制在一定範圍內？若能直接以肉眼來觀察當然最好，但是蒸奶會隨著蒸氣打入而不斷旋轉，很難透過眼睛來確認奶泡量，咖啡師通常都是透過「聲音」來掌握蒸氣打入時的奶泡量。

打奶泡時產生的聲音

蒸奶時可以透過拉花鋼杯的高度控制調整注入牛奶的空氣量。經由蒸氣頭噴散出的強大蒸氣將周遭的空氣捲入牛奶後產生奶泡，因此，蒸氣頭越靠近牛奶表面，產生的奶泡越多、聲音也越大。

所謂的絲絨牛奶（velvet milk）就是奶泡細緻綿密、牛奶與奶泡完美融合的狀態。如果蒸氣頭過於接近牛奶表面，容易一次出現大量奶泡，難以掌握奶泡量與奶泡大小。若能讓蒸氣頭若隱若現地浸在蒸奶中，空氣注入時發出「嘶嘶」的細微聲音，就能打出綿密細緻的奶泡。但若是奶泡打得太細，沒能在規定的時間內製作出充足的奶泡，也不適用於拿鐵拉花，必須特別留意。

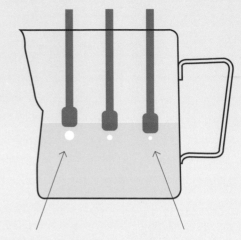

出現大聲的「粗粗粗」聲，一次打出大量的粗糙奶泡。

出現小小的「嘶嘶嘶」聲，一次打出的奶泡量不多，狀態細緻綿密。

打奶泡時的蒸氣頭位置與聲音差異。咖啡所需的奶泡量會根據店家的品項與配方而不同，根據用途做調整即可。

拉花鋼杯傳遞出的聲音

蒸奶中的奶泡量多時，會擋住蒸氣頭，減少聲音；反之，奶泡量少時，無法有效阻擋蒸氣聲，聲音略為吵雜。由此可知，透過蒸奶的聲音可以預測蒸奶的狀態，練習時可以經常使用等量的牛奶蒸煮來確認奶泡大小與聲音是否一致。

打奶泡時，注入少量空氣的同時，也要仔細傾聽拉花鋼杯中傳遞出的聲音，才能掌握精準的奶泡量。

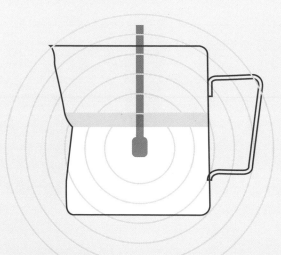

蒸奶的奶泡量少時，無法阻止聲音往外傳遞，呈現吵雜聲。

蒸奶的奶泡量多時，可以阻擋聲音往外傳遞，聲音較小。

❸ 溫度控制

利用蒸氣打出適量的奶泡後，下一步就是蒸奶的溫度控制。使用溫度計量測溫度是最精準的方法，但每次蒸奶都要拿出溫度計似乎也有些繁瑣，因此許多咖啡師喜歡直接以手碰觸拉花鋼杯、用感覺來記憶溫度。不過這種方式可能會根據當下的身體狀態而產生誤差，必須加上聲音做為輔助。

牛奶蒸煮至打出一定量的奶泡後，會出現一個規律的聲音，這個聲音會隨著溫度上升漸漸變大，到了特定的臨界值聲音又會有些不同。只要熟記伴隨特定溫度產生的聲音，就可以將蒸奶控制在相同溫度。只要反覆練習聆聽蒸奶的聲音，任何人都可以熟悉這個方法。

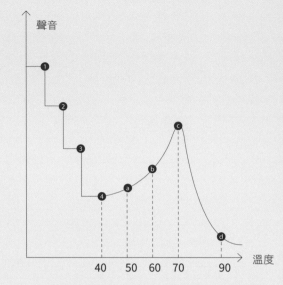

①～④：蒸奶前期，根據奶泡量的多寡出現不同的聲音。

ⓐ～ⓓ：蒸奶後期，隨著溫度的上升出現不同的聲音。

融合

∨

融合（mix）是拉花之前讓蒸奶與濃縮咖啡結合、將杯子填滿至1/2左右的步驟，就好比在畫圖的圖畫紙先塗上一層褐色泡沫。此階段又稱為「克麗瑪安定化」；若是省略這個步驟直接進入拉花，蒸奶注入濃縮咖啡時會因穩固表面的力量不足，使得蒸奶無法停頓在某處，往四方擴散。

融合的方法

❶ 蒸奶注入的位置和高度

融合過程的重點之一是凸顯克麗瑪的色澤，除了讓蒸奶和濃縮咖啡均勻融合外，完美呈現克麗瑪的深褐色，才能和拿鐵拉花的白色蒸奶形成鮮明的對比，讓圖案更顯眼。

要凸顯克麗瑪的色澤，從蒸奶和濃縮咖啡融合時就要特別注意，別讓蒸奶的奶泡覆蓋克麗瑪，務必讓蒸奶穿透克麗瑪，從下方形成撐托的力量，才能讓奶泡浮在表面。如果蒸奶注入太多或是力量太強，穿透克麗瑪的蒸奶很可能會撞擊杯底，回濺衝撞到克麗瑪。

有的時候即使注入適量的蒸奶，還是無法顯現完美的克麗瑪色澤。

這可能是因為杯子和拉花鋼杯之間的距離太遠或是太近。如果杯子和拉花鋼杯距離太近，也就是拉花鋼杯提起的高度太低時，穿透克麗瑪的蒸奶力道不足，使得奶泡堆積在克麗瑪上方；相反的，如果拉花鋼杯提起的高度太高，蒸奶以過強的力道注入杯中，很可能會反彈回濺衝撞克麗瑪。

大多數咖啡師進行融合步驟時會將杯子傾斜約 45 度，讓濃縮咖啡往同一側集中。濃縮咖啡的深度增加，較不容易發生蒸奶注入後撞擊杯底反濺的狀況。此時如果失手將蒸奶注入淺的而非深的那一側，撞擊杯底回濺的蒸奶會破壞克麗瑪，使咖啡表面的色澤變淡。

將適量的蒸奶以適當的高度注入較深的濃縮咖啡側可說是融合的關鍵。蒸奶和濃縮咖啡的品質也會影響成品的結果，必須經由不斷練習讓技巧更純熟。

好的位置

將蒸奶注入濃縮咖啡較深的那一側。

不好的位置

將蒸奶注入濃縮咖啡較淺的那一側。

不好的高度

蒸奶若以太低的高度注入，奶泡會浮在克麗瑪上方。

好的高度

蒸奶必須以適當的高度注入杯中。

不好的高度

蒸奶若以太高的高度注入，會破壞克麗瑪。

❷ 速度要快

融合過程除了需要特別費心凸顯克麗瑪的色澤外，速度的重要性也不容忽視。如果過於重視克麗瑪的色澤，導致融合時間拖得太長，很可能正式進入拉花過程時蒸奶的奶泡已經硬化、牛奶和奶泡已呈現分離狀態。這種奶泡無法圓滑流動，用於拿鐵拉花只能製作出小圖案。因此建議融合過程要在短時間，並利用薄且柔軟的奶泡層來進行。

奶泡變硬的現象

奶泡變硬表示牛奶和奶泡分離，蒸奶的溫度高或是奶泡太粗而加速牛奶和奶泡分離。如果想要游刃有餘地製作拿鐵拉花，蒸奶的溫度設定不能太高，奶泡也要細緻綿密。

❸ 合適的杯型和容量

該如何掌控融合的量？這關係到拿鐵拉花使用的杯型和容量。大致來說，寬幅度的淺杯所需的融合量較少、窄幅度的深杯所需的融合量較多。一般拿鐵杯的高度不高，融合時填至杯子的 1/2 量即可。如果使用馬克杯或外帶杯等大容量的杯子，最好填至杯子的 2/3 或是 3/4。

起始位置

∨

融合完成後就可以依照自己想畫的圖決定蒸奶注入的位置。不同種類的拉花圖案，開始注入的位置也不同，像是心型、紋理心型是從杯子的中心往拉花鋼杯側約 1/3 處開始，鬱金香和蕨葉則是從 1/2 處開始。

高低落差

∨

落差指的是咖啡表面和拉花鋼杯之間的距離。距離越長，落差越大，蒸奶穿過泡沫層的力道越強。如果想要畫出鮮明的拉花圖案，必須縮短二者之間的距離，讓奶泡完美浮在咖啡表面。拉花時將杯子傾斜也是為了讓濃縮咖啡集中在同一側以減少落差，讓圖案可以更有效呈現。

有時會發生扶正杯子的速度比注入蒸奶的速度快，導致畫不出圖的狀況，這是由於突然產生落差而引發的現象。可以藉由反覆的練習，來熟悉依據蒸奶注入速度扶正杯子的操作。

拿鐵拉花的基本步驟

杯子和拉花鋼杯之間的距離與落差

製作拿鐵拉花時,拉花鋼杯和杯子之間的距離如果像圖中藍色箭頭標示的一樣近,可以畫出好圖案。

製作拿鐵拉花時,拉花鋼杯和杯子之間的距離如果像圖中紅色箭頭標示的一樣遠,奶泡無法順利浮起,無法畫出明顯的圖案。

落差和流量、流速的關係

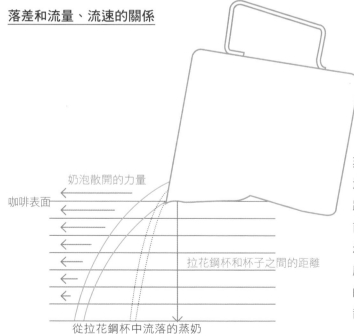

奶泡散開的力量

咖啡表面

拉花鋼杯和杯子之間的距離

從拉花鋼杯中流落的蒸奶
力道與角度(流量、流速)

蒸奶如圖中藍色標示般強力注入時,杯子和拉花鋼杯的距離拉近,奶泡會有力地向前推擠;如果像圖中紅色標示般有氣無力地注入,再怎麼縮短杯子和拉花鋼杯之間的距離,奶泡依舊無法往前散開,畫不出好的圖案。

流量和流速

$\vee$

　　拿鐵拉花中蒸奶的流量和流速
緊密相關。這裡的「流量」指的是
製作拿鐵拉花時從拉花鋼杯中流出
的蒸奶量;「流速」指的是從拉花
鋼杯中流出的蒸奶速度;兩者的關
係成正比,流量多、流速快,流量
少、流速慢。流量越多、流速越快,
拉花鋼杯中流出的蒸奶水柱大,可
以畫出相對大一點的圖案。

流量太多時

流速快,畫出來的圖案
大。

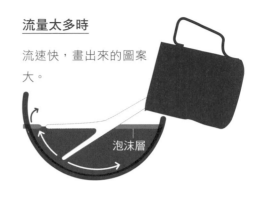

泡沫層

拉花鋼杯的控制

$\vee$

　　穩住拉花鋼杯不動是製作不出
好的拉花圖案。拉花時,可將拉花
鋼杯往前或往後移動。想畫出華麗
的圖案,拉花鋼杯也要跟著華麗演
出。畫心型時拉花鋼杯要往前移動,
畫蕨葉時拉花鋼杯要往後移動。

流量適中時

可以根據流速做調整,
畫出期望大小的圖案。

泡沫層

流量太慢時

流速慢,畫出來的圖案
小。

泡沫層

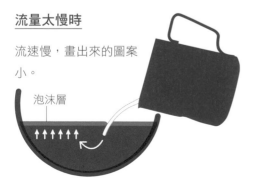

拉花鋼杯從距離杯緣的 1/3 位置處往 1/2 位置處
移動,即可做出心型圖案。

蕨葉紋理的
表現方法

❶ 維持穩定的流量和流速

腦中想著拿鐵拉花的基本原理：利用蒸
奶推擠奶泡的力量，將拉花鋼杯往兩側
規律地搖晃，就像是體操選手搖動彩帶
般，如此一來就能產生紋理。

❷ 蒸奶落在同一個位置

紋路與紋路之間的距離一致才是好紋
理，想畫出好紋理，必須先將蒸奶注入
固定的位置。

❸ 拉花鋼杯和杯子的距離不能太近
也不能太遠

蒸奶注入時，拉花鋼杯往兩側規律搖晃，
靠近拉花鋼杯的嘴口近端的晃動幅度比
遠端小，如右圖所示。製作紋理時，如
果拉花鋼杯與杯子距離太近，畫不出清
晰分明的線。

❹ 拉花鋼杯不能劇烈晃動

如果一心想著要製作紋理，導致晃動拉
花鋼杯的力道太強，反而會使得蒸奶推
擠奶泡的力量不足，導致紋理無法清晰
呈現。蒸奶注入的力量（蒸奶往前推擠
的力量）和拉花鋼杯往兩側移動的力量
（蒸奶往兩側搖晃的力量）要均衡，才
能畫出完美的紋理。

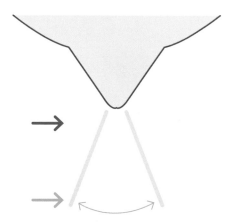

搖動幅度若能接近上圖藍色箭頭所示，就能
畫出紋理清晰的線條。

收尾

$\vee$

心型、鬱金香、蕨葉等多數的
拿鐵拉花的「收尾」，都是在咖啡
表面畫完圖後從中切半。

心型圖案快要完成時，稍微提起
拉花鋼杯，利用變細的蒸奶柱在
中央畫一條線。此時若是蒸奶柱
太粗或太細，可能會功虧一簣，
千萬別掉以輕心。

製作尾巴

「尾巴」是拿鐵拉花的最後階段（有些
拉花圖案的設計沒有尾巴），為了呈現
完美拉花，必須聚精會神地控制蒸奶的
流量直到最後一刻。如果覺得圖案的尾
巴太小，可以在尾巴處多注入一些蒸奶，
讓尾巴附近的泡沫層微微捲入蒸奶中，
呈現出輕盈感。但如果蒸奶注入時間太
久，反而會讓整個圖案陷入，導致尾巴
太細，必須特別留意。

拿鐵拉花進入收尾階段時要拉出俐落的
尾巴，此時可以視尾巴的形狀，調整蒸
奶的流量。

拿鐵拉花
實作範例

BASIC
CIRCLE

——

圓
型

1　咖啡杯朝拉花鋼杯方向微微傾斜，使濃縮咖啡集中在咖啡杯的一側。

2　將蒸奶注入濃縮咖啡最深的部分。

3　將蒸奶與濃縮咖啡均勻且快速地融合，填滿至咖啡杯的 1/2。

4　在距離杯緣 1/3 處，將蒸奶緩緩注入。

5　此時如果蒸奶流量太少，圓的形狀會太小；流量太多，克麗瑪可能會陷入圓型的中間，導致色澤變得混濁。這個環節必須特別注意流量的調整。

6　依個人喜好做出想要的圓型。此時因已注入足量的蒸奶，所以會出現像心型上端的小凹陷。

7　若想填補這個凹陷處，必須將拉花鋼杯維持在一定的高度，慢慢減少蒸奶的流量。

8　減少蒸奶流量時，只要將注入蒸奶的起始點向後移動，不須移動拉花鋼杯也能自然地將凹陷處填滿。

9　最後小心地停止注入蒸奶，基礎圓型就完成了。

BASIC
HEART

——

心
型

· 心型拉花的起始點為咖啡杯的 1/3 處。

· 繪製心型基礎的圓型時，必須以適當的高度注入蒸奶，同時維持一定的流量及流速。

· 當圓型趨近完成時，拉花鋼杯不要抬得太高，稍微往前移動。

· 心型對半切時，最好將拉花鋼杯垂直拿起，並適度地減少蒸奶的流量，才不會破壞先前費心製作的圖案。

· 進入最後繪製尾巴的階段時，對於流量的拿捏要更小心。

1　咖啡杯朝拉花鋼杯方向微微傾斜，使濃縮咖啡集中在咖啡杯的一側。

2　將蒸奶倒進濃縮咖啡最深的部分。

3　將蒸奶與濃縮咖啡均勻且快速地融合，填滿至咖啡杯的 1/2。

4　融合完成後，在距離杯緣 1/3 處開始進行拉花。

5　隨著蒸奶的注入，奶泡會漸漸地向前方延展開來。

6　蒸奶依著一定的量持續注入，奶泡的範圍也會跟著變大。

7　直到完成 1 個完整的圓型之前，繼續在原位置注入蒸奶。

8　圓型完成時，將拉花鋼杯移向圓型中央。

9　將拉花鋼杯垂直拿起，減少蒸奶的流量。

10 從圓型中央拉出一條直線，作收尾的動作。

11 拉出俐落的尾巴。

12 完成。

紋理心型

- 紋理心型的起始點約為咖啡杯的 1/3 處。
- 製作紋理心型時,拉花鋼杯應盡可能靠近咖啡杯,且在注入蒸奶時,維持一定的流量及流速。
- 在製作紋理時,將拉花鋼杯向兩側輕輕晃動;完成數層折紋的圓型後,將拉花鋼杯稍稍向前移動。
- 心型對半切時,最好將拉花鋼杯垂直拿起,並適度地減少蒸奶的流量,才不會破壞先前費心製作的圖案。
- 進入最後繪製尾巴的階段時,對於流量的拿捏要更小心。

1　咖啡杯朝拉花鋼杯方向微微傾斜，使濃縮咖啡集中在杯子的一側。

2　將蒸奶倒進濃縮咖啡最深的部分。

3　將蒸奶與濃縮咖啡均勻且快速地融合，填滿至咖啡杯的 1/2。

4　融合完成後，在離杯緣 1/2 處，開始進行拉花。

5　隨著蒸奶的注入，奶泡會漸漸地向前方延展開來。

6　將拉花鋼杯微微向兩側搖晃注入蒸奶，製造出紋路。

7　持續上述動作直到完成一個完整的圓型。

8　完成多層折紋構成的圓型時，將拉花鋼杯移向圓型中央。

9　將拉花鋼杯垂直拿起，減少蒸奶的流量。

10　從圓型中央拉出一條直線，作收尾的動作。

11　拉出俐落的尾巴。

12　完成。

BASIC
TULIP

鬱金香

· 鬱金香的起始點為咖啡杯的 1/2 處。
· 製作紋理心型時，拉花鋼杯應盡可能靠近咖啡杯，並在注入蒸奶時，維持一定的流量及流速。
· 拉製紋理時，將拉花鋼杯向兩側輕微地晃動；直到數層折紋的圓型完成後，將拉花鋼杯稍稍向前移動。
· 鬱金香可分為 2 個部分，若每個部分的起始點稍微向後移動的話，更能隨心所欲地延展圖形。
· 鬱金香對半切時，最好將拉花鋼杯垂直拿起，並適度地減少蒸奶的流量，才不會破壞先前費心製作的圖案。
· 進入最後繪製尾巴的階段時，對於流量的拿捏要更小心。

1 咖啡杯朝拉花鋼杯方向微微傾斜，使濃縮咖啡集中在杯子的一側。

2 將蒸奶倒進濃縮咖啡最深的部分。

3 將蒸奶與濃縮咖啡均勻且快速地融合，填滿至咖啡杯的 1/2。

4 融合完成後，在離杯緣 1/2 處，開始進行拉花。

5 將拉花鋼杯微微向兩側搖晃注入蒸奶，製造出紋路。

6 持續上述動作至完成 1 個完整的圓型。

7 完成多層折紋構成的圓型時，將拉花鋼杯移向圓型中央，暫時停止注入蒸奶後，會出現 1 個小凹陷處。

8 在離杯緣 1/3 處，開始進行第 2 個拉花。

9 在第 1 個圓型裡，搖晃拉花鋼杯注入蒸奶，製造出紋路。

10 此時,持續注入蒸奶,將第 1 個圓往前推進,讓第 2 個圓型被第 1 個圓型包覆。

11 完成第 2 個圓型後,將拉花鋼杯移動至第 2 個圓型的中央。

12 將拉花鋼杯垂直拿起,減少蒸奶的流量。

13 從整個圖型的中央拉出 1 條直線做為收尾。

14 拉出俐落的尾巴。

15 完成。

雙心

- 雙心的起始點為咖啡杯的 1/3 處。
- 製作紋理心型時，拉花鋼杯應盡可能靠近咖啡杯，並在注入蒸奶時，維持一定的流量及流速。
- 在拉製紋理時，將拉花鋼杯向兩側輕微地晃動；完成由數層折紋構成的圓型後，將拉花鋼杯稍稍向前移動。
- 雙心由 2 個心型組成，但若在 1 個心型裡再勾勒出另 1 個圓型，可形成多個心型的圖形。
- 雙心對半切時，最好將拉花鋼杯垂直拿起，並適度地減少蒸奶的流量，才不會破壞先前費心製作的圖案。
- 進入最後繪製尾巴的階段時，對於流量的拿捏要更小心

1 咖啡杯朝拉花鋼杯方向微微傾斜，使濃縮咖啡集中在杯子的一側。

2 將蒸奶倒進濃縮咖啡最深的部分。

3 將蒸奶與濃縮咖啡均勻且快速地融合，填滿至杯子的 1/2。

4 融合完成後，在離杯緣 1/3 處，開始進行拉花。

5 將拉花鋼杯微微向兩側搖晃注入蒸奶，製造出紋路。

6 持續上述動作至完成 1 個完整的圓型。

7 完成多層折紋構成的圓型時，將拉花鋼杯移向圓型中央，暫時停止注入蒸奶後，會出現 1 個小凹陷處。

8 約在離杯緣 1/5 處，開始進行第 2 個拉花。

9 此時，從起始點開始，快速地將拉花鋼杯移至第 1 個圓型裡面，切勿將這個新生成的圖型擴大，如此一來，在後面的部分，第 1 個心型才能完美包覆住第 2 個心型。

10 在第 1 個圓型裡，搖晃拉花鋼杯注入蒸奶，製造出紋路。

11 此時，千萬不能減少蒸奶的流量。

12 在第 1 個圓型將第 2 個圓型完整包覆時，將拉花鋼杯移動至第 2 個圓型的中央。

13 將拉花鋼杯垂直拿起，減少蒸奶的流量。從整個圖型的中央拉出一條直線做為收尾。

14 拉出俐落的尾巴。

15 完成。

蕨葉

· 蕨葉的起始點約為咖啡杯的 **1/2** 處。

· 製作蕨葉時,拉花鋼杯應盡可能靠近咖啡杯,並在注入蒸奶時,維持一定的流量及流速。

· 拉製紋理時,將拉花鋼杯向兩側輕微地晃動;完成由數層折紋構成的圓型後,將拉花鋼杯直接向後移動。此時,千萬不能減少蒸奶的流量。

· 蕨葉對半切時,最好將拉花鋼杯垂直拿起,並適度地減少蒸奶的流量,才不會破壞先前費心製作的圖案。

· 進入最後繪製尾巴的階段時,對於流量的拿捏要更小心。

拿鐵拉花實作範例

1　咖啡杯朝拉花鋼杯方向微微傾斜，使濃縮咖啡集中在杯子的一側。

2　將蒸奶倒進濃縮咖啡最深的部分。

3　將蒸奶與濃縮咖啡均勻且快速地融合，填滿至杯子的 1/2。

4　融合完成後，在離杯緣 1/2 處，開始進行拉花。

5　將拉花鋼杯微微向兩側搖晃注入蒸奶，製造出紋路。

6　持續上述動作至完成 1 個完整的圓型。

7　完成由多層折紋構成的圓型時，將拉花鋼杯直接向後移動。此時，千萬不能減少蒸奶的流量。

8　即便拉花鋼杯在向後移動時，蒸奶的幅度及流量也必須保持固定。

9　拉花鋼杯向後移動。

10 持續注入蒸奶，直至杯緣為止。

11 保持原來的狀態，在相同的位置多搖晃幾次拉花鋼杯。

12 在蕨葉的尾端製造出一個小圓型，將拉花鋼杯垂直拿起，減少蒸奶的流量。

13 從整個圖型的中央拉出一條直線做為收尾。

14 如果蒸奶的流量太多，會破壞整體的形狀，因此要更加小心。

15 拉出俐落的尾巴。

16 完成。

1 咖啡杯朝拉花鋼杯方向微微傾斜，使濃縮咖啡集中在杯子的一側。

2 將蒸奶倒進濃縮咖啡最深的部分。

3 將蒸奶與濃縮咖啡均勻且快速地融合，並將咖啡杯完全填滿。

4 蒸奶與濃縮咖啡融合地越融洽，表面的色澤就越均勻，奶泡與咖啡的顏色對比越鮮明。

5 以咖啡杯的握把為基準，在握把前方位置用湯匙舀入奶泡，大小要比其他奶泡更大。

6 第 1 個奶泡的位置。

7 在第 1 個奶泡的左下方，舀入第 2 個奶泡。

8 依續在前 1 個奶泡的左下方舀入第 3 個到第 5 個奶泡。

9 全部奶泡的位置。

10 使用拉花針在奶泡上依序勾勒出線條。

11 運用拉花針尖端的部分。

12 移動拉花針時，拉花針浸入咖啡的深度要維持一致。

13 將第 1 個奶泡用拉花針由外向內勾勒出線條。

14 注意拉花針浸入的深度，並同時勾勒出 4 個方向的線條。

15 這次由內向外勾勒出線條。

16 拉花針切勿浸入過深。

17 運用拉花針的尖端，輕輕地沾一下克麗瑪。

18 在第 1 個奶泡的中央，用克麗瑪搓出 1 個小點。

19 隨著拉花針浸入的深度加深，點可能會變大，但如果拉花針浸入得過深，點也可能會消失，因此必須一邊注視著點的形狀，一邊調整拉花針的深度。

20 完成。

ETCHING
SAUCE ETCHING

———

醬料雕花

拿鐵拉花實作範例

1 咖啡杯朝拉花鋼杯方向微微傾斜，使濃縮咖啡集中在杯子的一側。

2 將蒸奶倒進濃縮咖啡最深的部分。

3 將蒸奶與濃縮咖啡均勻且快速地融合，並將咖啡杯完全填滿。

4 蒸奶與濃縮咖啡融合地越融洽，表面的色澤越均勻，醬料雕花的效果越明顯。

5 以巧克力醬畫圓。

6 以巧克力醬畫出曲線。

7 將拉花針深深地浸入咖啡裡。

8 將拉花針稍稍往上抬拉，由圓型外部往內勾勒出線條。

9 到達圓型中心時，將拉花針抽出。根據附著在尾端的奶泡量，可以推算出拉花針浸入咖啡的深度。

10 依據同樣的方法，勾勒出 4 個方向的線條。

11 將拉花針稍稍往上抬拉，由圓型內部往外勾勒出線條。

12 拉花針浸入的程度越淺，勾勒出的線條也越細。

13 依據同樣的方法，勾勒出 4 個方向的線條。

14 將拉花針的尾端稍微浸入在咖啡裡。

15 如同照片中所示，向兩側轉圈，並勾勒出線條。

16 一面注意拉花針浸入的深度，一面小心地確認呈現的結果。

17 完成。

ETCHING
CHARACTER ETCHING

——

造型雕花

1 在基礎圓型左邊用湯匙舀入奶泡。

2 在基礎圓型的下方再舀入2個奶泡,盡可能讓2個奶泡的距離越近越好。

3 注意不要讓湯匙接觸到咖啡表面。

  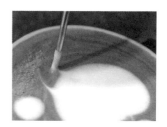

4 將拉花針稍微浸入基礎圓型裡,用拉花針尾端沾取的奶泡畫出貓咪的耳朵。

5 開始的線條較粗,然後漸漸拉細。

6 兩側的耳朵稍微拉開一點距離會比較好,耳朵的三角形不要畫得太過尖銳。

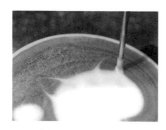 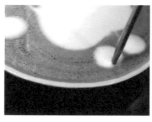 

7 兩側的耳朵盡量畫對稱。

8 繪製貓咪的腳掌時,用拉花針由圓型外部往內勾勒出線條。

9 在兩隻腳掌中勾勒出2條像是11一樣的平行線。

10 用拉花針稍微沾取基礎圓型左側的奶泡，由內向外，由粗到細拉出 1 個對話框的形狀。

11 對話框的尾端盡量畫尖一些。

12 用拉花針沾取周圍的克麗瑪，在基礎圓型的中心點附近點出貓咪的鼻子。

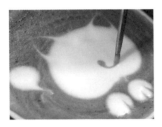

13 利用拉花針尾端的克麗瑪，將線條從鼻子一直延伸到嘴巴。

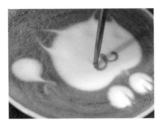

14 描繪貓咪的嘴巴時，末端稍微捲起呈現出微笑的模樣會更可愛。

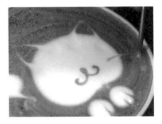

15 以拉花針尾端沾取克麗瑪後，在基礎圓型的兩側由內到外各畫上 2 條貓咪的鬍鬚。

16 鬍鬚的線條盡量靈巧生動一些。

17 以拉花針尾端沾取克麗瑪，在基礎圓型的中上段點出貓咪的眼睛。

18 2 個眼睛與鼻子的距離要對稱。

19 以拉花針尾端沾取克麗瑪，在基礎圓型的上方，由外往內畫出貓咪額頭的條紋。

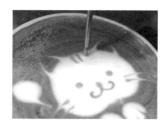

20 條紋共有 3 條。

21 眉毛盡量得離眼睛遠一些，看起來感覺會更可愛。

22 盡可能地將眉毛畫得短而細。

23 以拉花針尾端沾取克麗瑪，在對話泡泡裡畫 1 個心型。

24 完成心型。

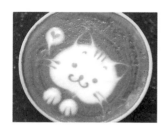

25 完成。

—

傾注成型

1 咖啡杯朝拉花鋼杯方向微微傾斜，使濃縮咖啡集中在杯子的一側。

2 將蒸奶倒進濃縮咖啡最深的部分。

3 將蒸奶與濃縮咖啡均勻且快速地融合，填滿至咖啡杯的 1/2。

4 融合完成後，在離杯緣 1/2 處，開始進行拉花。

5 首先，像是製作蕨葉時一樣，拉繪出紋路來。

6 圖案拉繪到一半時，將拉花鋼杯大幅度地往左側移動。此時，蒸奶的流量須保持固定。

7 接著再將拉花鋼杯大幅度往右側移動。

8 像是用蒸奶在咖啡表面畫線般，一邊左右搖晃拉花鋼杯，一邊往後拉。

9 輕輕地舉起拉花鋼杯，暫時停止注入蒸奶。

10 在暫時停下的地方點上 1 個小圓型。

11 完成圓型。

12 提起拉花鋼杯，暫時停止注入蒸奶。

13 在第 1 個圓型的上方再點出 1 個小圓。

14 將第 2 個圓型往前推進，使第 2 個圓型被第一個圓型包覆。

15 將拉花鋼杯垂直拿起，減少蒸奶的流量。

16 保持原來的狀態，並將拉花鋼杯往前移動，在圖案中央畫出一條線。

17 注意蒸奶的流量。

18 輕輕地轉動咖啡杯。

19 以咖啡杯的握把為基準，在握把的左邊再點出 1 個小圓。

20 拉繪出第 3 個圓型時，附近的線條會被捲進去，這時候舉起拉花鋼杯往前收杯，拉出 1 條細長的線作為收尾。

21 完成。

進
階
傾
注
成
型

1　咖啡杯朝拉花鋼杯方向微微傾斜，使濃縮咖啡集中在杯子的一側。

2　將蒸奶倒進濃縮咖啡最深的部分。

3　將蒸奶與濃縮咖啡均勻且快速地融合，填滿至咖啡杯的 1/2。

4　在合適的位置讓蒸奶如同緩緩流出般地垂直注入咖啡杯中，當咖啡表面出現白色小點時，一邊將拉花鋼杯向兩側搖晃 5 次，一邊往後拉。

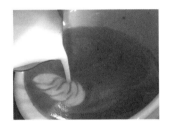

5　這裡不需要像蕨葉一樣，從圖案中央拉出 1 條線來收尾，而是順著紋路內側的輪廓注入蒸奶，會呈現出像是翅膀模樣的圖案。

6　在與第 1 個翅膀對稱的位置，拉繪出第 2 個翅膀。

7　如果怕搞混翅膀的方向，可以以咖啡杯的握把作為參照的基準，像是圖案距離握把有多遠，與握把的方向是否垂直，這對於在拉繪圖案時很有幫助。

8　輕輕轉動咖啡杯，在第 1 個翅膀的下方注入蒸奶。

9　將拉花鋼杯向兩側搖晃 5 ～ 6 次，並快速地由後方收杯。

10 在圖案中心拉繪出 1 條線後，完成蕨葉。

11 將咖啡杯轉到反方向。

12 在與第 1 個蕨葉對稱的位置，拉繪出第 2 個蕨葉。

13 將咖啡杯轉回原狀，在兩側的翅膀以及葉子中間注入蒸奶。

14 出現白色小點時，將拉花鋼杯向兩側搖晃 7～8 次，並快速地往後拉。此時，左右搖晃的幅度與蒸奶的流量要維持穩定。

15 從整個圖型的中央拉出 1 條直線。

16 完成。

第五部

咖啡菜單

13

咖啡製作準備

生豆、烘焙、萃取用水、牛奶、砂糖、副原料、咖啡萃取的設備與器具等，皆為製作一杯好咖啡缺一不可的要素。為了傳遞出咖啡的美味，必須徹底了解這些材料與器具使用。

材料

咖啡豆

生豆是咖啡的原料，其栽培環境、品種，以及採收後的加工和烘焙方式，會影響咖啡的風味與香氣。

❶ 品種

世界上的咖啡品種最主要分為 2 大品種：阿拉比卡和羅布斯塔─又稱加納弗拉咖啡。阿拉比卡咖啡豆發源於海拔較高的地區，一般被評價為風味偏酸，且帶有多重複雜香氣的品種，其生長易受氣候影響，且抵抗害蟲的能力較弱，栽培條件受限為一大缺點。分支的代表品種有：鐵比卡、波旁、卡杜艾、卡杜拉，以及蒙多諾沃（又稱新世界）等。羅布斯塔咖啡則通常生長於地勢較低的區域，且對病蟲害有較強抵抗力，相較於阿拉比卡，更容易被大量栽培，其風味帶有巧克力香氣且醇度＊相當高，不過略帶苦澀味。

由於阿拉比卡咖啡豆栽培不易，需要細心照料，所以價格也比羅布斯塔咖啡豆高，但在萃取單品咖啡或綜合特調咖啡時，阿拉比卡咖啡豆能更呈現出的口感更豐富，因此精品咖啡店一般都使用阿拉比卡咖啡豆。羅布斯卡則因大量生產，加上採收容易，能夠穩定地維持綜合咖啡的風味組成，所以主要使用於綜合咖啡，多用來突顯咖啡的甜度與醇度。在精品咖啡的影響下，咖啡風味單調的羅布斯塔通常被認為是低價咖啡；不過近年來在市場上有推出品質媲美阿拉比卡的羅布斯塔，並且能保有羅布斯塔咖啡豆本身醇厚口感之萃取法也隨之登場，逐漸於咖啡市場上受到矚目。

❷ 加工方式

咖啡果實（又稱咖啡櫻桃）在農場收成後，經過一連串的加工成為生豆。同一品種的咖啡果實，依照不同的加工方式也會呈現完全不同的風味。為了克服品種與栽培環境的限制，各咖啡產地也開始嘗試各式各樣的加工方式。

日曬處理法

日曬處理法主要用於水份不足的乾燥國家，作法是將採收好的咖啡果實直接放在庭院（類似廣場的寬闊空間），使其乾燥，或是放在大樹下或網狀乾燥台上曬乾後，再使用機器將乾燥的豆子去殼。為了確保咖啡豆品質均一，日曬處理法花費時間較長，且作業也較繁複困難，不過經由日曬處理的咖啡豆擁有較高醇度與甜味。

水洗處理法

水洗處理法的方式是先將採收好之咖啡果實的外果皮與果肉篩除（果肉篩除作業），此時咖啡果實上會留下果膠、內果皮＊與銀皮；再將咖啡果實放進裝滿水的發酵槽中浸泡，使附著在咖啡內果皮上的黏稠物質果膠自然發酵，或是運用機器將果膠去除後再使其乾燥。比起自然的日曬處理法，經由水洗處理的咖啡豆更能維持均一品質，且帶有明顯的酸味與乾淨清爽的風味。

＊ 醇度：喝咖啡時嘴裡所感受到的咖啡質感與厚度。

＊ 咖啡內果皮：包覆在咖啡果實上的薄層茶褐色果皮。

半洗處理法、蜜處理法、半水洗處理處理法

咖啡果實篩除外果皮與果肉後，省略了水洗處理的浸泡過程，直接將帶著內果皮上果膠的咖啡豆進入乾燥步驟。此種處理法依照區域，分別有半洗處理法、蜜處理法或是半水洗處理法等不同的名稱。最初源自於哥斯大黎加的蜜處理法，依照咖啡果肉殘留的比例及乾燥方式，又發展出白蜜、黃蜜、紅蜜、黑蜜等不同階段之處理法。經由半洗處理法的咖啡豆通常帶有較明顯的甜味。

黑靈魂日曬處理法、黑珍珠日曬處理法

此處理法是將咖啡果實放入塑膠袋中，放在陰涼處，使其保有一定程度的水份後，再讓其慢慢乾燥，接著取出來在太陽下曝曬。依照乾燥的場所與時間之差異，區分為黑靈魂日曬與黑珍珠日曬 2 種，近來還逐漸發展出能使咖啡豆散發出如同葡萄乾香氣的葡萄乾處理法（raisin process）。

❸ 烘焙方式

生豆經由烘焙才會成為原豆，烘焙時必須考量到生豆本身帶有的物理與香味特性。由於原豆最終的狀態取決於烘焙程度，因此掌握烘焙程度是非常重要的事情。首先，烘焙程度依照原豆在烘焙後所呈現的色澤來區分，可分為淺度烘焙、中度烘焙、中度重烘焙、城市烘焙、深城市烘焙、重烘焙；也可以藉由烘焙過程中，生豆遇熱而無法承受壓力時所發出之「砰」的爆裂聲產生的時間點來判斷烘焙程度。一般烘焙過程中會產生 2 次爆裂聲，依照原豆的色澤來看，越接近第 1 次爆裂聲時下豆的原豆，越偏淺度烘焙或中度烘焙；而第 2 次爆裂聲後下豆的原豆則越偏重烘焙。

在進行烘焙時，生豆的水份含量、密度，以及受熱程度等，都存在各種變數，很難僅藉由原豆的色澤或下豆時間點來明確斷定原豆的特徵。所以只能透過烘焙，在一個平均值上評斷原豆物理性與香味性的特徵。

一般來說，咖啡店可以選擇自行烘焙生豆，或是直接向烘焙工廠購買烘焙好的原豆使用；不論是哪種途徑，最重要的是必須考量欲萃取出的咖啡香味口感，來選擇適當烘焙程度的原豆。若希望咖啡帶有酸味，且散發出類似草本般的花果香風味，可以選用接近淺度烘焙或中度烘焙的原豆，以及第 1 次爆裂聲發生前後下豆的原豆；若希望能夠強調咖啡的醇度與甜味，則可以選用重烘焙或是第 2 次爆裂聲發生前後下豆的原豆。

烘焙程度

| 淺度烘焙
(#65*) | 中度烘焙
(#55) | 中度重烘焙
(#45) | 城市烘焙 | 深城市烘焙 | 重烘焙
(#35) |

第 1 次爆裂　　　　　　　　　第 2 次爆裂

---

* 焦糖化數值（agtron number）：焦糖化數值是利用紅外線來測定咖啡中糖份引起之化學反應程度，以此數值來判定烘焙程度。數值越高，表示焦糖化低，烘焙程度越淺；反之數值越低，代表焦糖化高，烘焙程度越深。

萃取用水

除了咖啡原豆本身富有的特性和香味成份會左右咖啡風味之外，水也是影響咖啡風味的其中一項變因；畢竟一杯咖啡的水份佔有98%以上，所以也不能小看萃取用水的重要性。

水的種類主要以硬度區分。所謂水的硬度，取決於水中含有碳酸鈣與碳酸鎂等物質含量的多寡。硬度在10以下的水稱為軟水，軟水中幾乎是沒有礦物質的，例如我們身邊最容易取得的自來水就屬於軟水的一種。雖然一般認為飲用礦物質含量較高的硬水對身體健康比較好，但在萃取咖啡時選擇使用礦物質含量較低的軟水是比較理想的，主要是因為礦物質會妨礙咖啡成份在水中的溶解度。而自來水雖然歸為軟水，但還是含有較高的氧化物質與鹽份，而鹽份會加速咖啡味氧化。若直接使用未過濾之自來水進行萃取，咖啡原豆帶有的固有香氣就不易被保存下來。因此咖啡萃取用水一定要經過濾水器過濾，或是將水煮沸後再進行萃取。

咖啡店通常會設置一個外型似小型氧氣筒的濾水器，連接到義式咖啡機上，做為煮沸水與萃取時使用的水源。水對咖啡風味的影響非常大，因此店內的濾水器一定要定期管理。

牛奶

∨

　　牛奶是製作咖啡拿鐵與卡布奇諾等各式特調咖啡所需的重要原料之一。如同咖啡原豆與水在呈現咖啡風味中占有重要角色，若沒有適當地調和萃取出的咖啡與牛奶，反而會造成咖啡走味，因此牛奶的搭配運用也是咖啡飲品製作的重要關鍵。

選擇牛奶時需考慮的事項

與濃縮咖啡比例調和

很多咖啡店會將專門萃取濃縮咖啡用的原豆，與製作特調咖啡用的原豆做區分使用，由此可見他們十分重視牛奶與咖啡的比例調和。如何既能呈現咖啡特色，又保有牛奶風味，是調和的一大重點。我們可以將萃取出的濃縮咖啡，搭配市面上販售的各品牌牛奶進行調和，慢慢找出理想中的風味比例。

我們也可以利用調整牛奶比例來引導出咖啡與牛奶的平衡。若想要塑造出較強烈的咖啡風味，牛奶量就稍微少一些，相反地若希望突顯咖啡中的奶香，則可增加牛奶量。

蒸奶的穩定性

蒸奶就是將蒸氣注入牛奶中產生泡沫。為了強調牛奶的甜味與香氣，建議蒸奶時選用脂肪成份較高的全脂牛奶。在一定的溫度下，全脂牛乳因含有較多的脂肪，更容易打出綿密完整的奶泡（milk foam）。

為了使咖啡與牛奶有更完美的調和，目前市面有販售專門供蒸奶使用的咖啡師專用牛奶，標榜能夠使奶泡更綿密且滑順。在國外也有許多咖啡師會選用一半為牛乳，一半為鮮奶油之高脂肪鮮奶油產品，奶香更豐富濃郁。除此之外，也有專為乳糖不耐症患者所開發的無乳糖牛奶、豆乳或杏仁口味等特殊風味牛奶，另外還有強調單一牧場乳源，或是乳牛在自然放牧環境下成長的高品質鮮奶等產品，消費者們可依自身需求選購。

砂糖

許多不太喜歡咖啡的**酸味**或**苦味**的人，會習慣在咖啡中加糖後才飲用。為了這樣的客人，大部分咖啡店皆會提供糖包或設有自助吧，讓客人自行取用；或者是將砂糖或方糖裝在小容器中，附上茶匙，與咖啡一同提供。砂糖往往為各式特調咖啡的基礎原料，靈活運用砂糖，可增添更豐富的咖啡風味。

1 糖包

糖包在咖啡店是最常見的。外包裝為紙質，裡面裝有粉狀的糖，因為包裝的便利性，方便取用，且用量也好控制，咖啡店常會備有白砂糖和帶點褐色的黃糖 2 種。

2 方糖

方糖是白砂糖粉狀物的凝結，呈現 6 面體形狀，調整糖份時可由放入的顆數來計算。比起粉狀糖包，方糖放入咖啡中所需要溶解的時間較長，且需要多次攪拌才能溶解。不過也有些人習慣不攪拌，慢慢等待方糖溶解，在溶解過程中享受咖啡不同甜度的風味。

3 非精製砂糖

近年來關於食用砂糖對健康有害的評論越來越多，因此有機砂糖也逐漸受大眾歡迎。所謂非精製砂糖也被稱為蔗糖原糖，不像一般精緻砂糖經過加工，甜度較低且含有豐富礦物質，被認為較有益健康。

4 果糖糖漿

有些咖啡店考慮到製作冰飲時砂糖溶解所需的時間較長，因此事前先將砂糖與水煮沸，製作成液態的糖漿來取用。

TIP 果糖糖漿製作方法

雖然從市面上購買果糖糖漿來使用也十分便利，不過其實自製的方法不難，而且材料費用也不高，可以試試看。將一比一的水與砂糖（一般使用精製白糖）放入鍋爐中，用小火慢慢熬煮即可完成。待糖漿冷卻後再放入冰箱中保存，可以延長保存期限。

其他副原料

咖啡或牛奶搭配上各式副原料並做適當調配後,可調製出多采多姿風味的飲品。市面上也有多種產品可選購,不過現在一般咖啡店多會選擇親自挑選原材料並仔細加工,再調配成獨特的副原料,以強調該店獨有的特色。

靈活運用副原料不但能增添更多樣化的咖啡風味,也能製造視覺上的效果,抓住消費者目光。像是在咖啡中加入副原料,來製造分層效果與顏色對比,或是運用水果、鮮奶油來點綴,皆能呈現出咖啡華麗的面貌。

1

2

3

1 糖漿

最具代表性的有香草與焦糖糖漿。在原味咖啡拿鐵中加入各式風味糖漿,可以調製成香草拿鐵或是焦糖瑪奇朵等特調咖啡。

TIP **Monad Coffee Roasters**
香草糖漿製作方法

1 香草豆莢(2個)對半切開後,將豆子與外皮一起放入鍋子裡。
2 接著加入有機砂糖(600g)和水(600ml),用小火慢煮。
3 果糖糖漿差不多開始沸騰後,關火冷卻,再放入冰箱冷藏保存。

2 醬料

醬料比糖漿的黏稠度高,也是調配咖啡的基本原料之一。其中最被常使用的是巧克力醬,可以直接加進飲料中;或是像製作咖啡摩卡時,巧克力醬可用來鋪在杯底以及最上方鮮奶油上做點綴。也可以將調溫巧克力融化,調配出散發濃郁香氣的熱可可。

3 煉乳

咖啡店中最常使用的是加糖煉乳。做法是將牛奶濃縮後加入砂糖熬煮,煮到有些黏稠質感後再使用。在越南喝咖啡時會習慣添加加糖煉乳,在韓國則是有越來越多咖啡店也會在咖啡拿鐵加入加糖煉乳,這種風味咖啡一般被稱為越南西貢咖啡(saigon latte)。

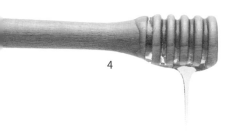

4

5

4 蜂蜜

蜂蜜是可以代替砂糖的天然原料。擁有天然
香味的蜂蜜，含有各種維他命及豐富礦物
質，也有益健康。

5 調味粉

調味粉是粉末型態的副原料，將食物原料經
過加工，並加入香料所製作而成。種類繁多
且價格低廉，使用上也十分簡便。不過缺點
是很難呈現出原本食物的天然風味。為了能
呈現更多層次的口感，最近越來越多咖啡店
會將副原料調味粉加入原本的食物中調合。

6 奶油

採用動物性奶油所製成的奶油稱為生奶油；
採用植物性奶油所製成的奶油則稱為鮮奶
油。為了增添甜味，許多咖啡店會在奶油中
再加入糖漿調味。

TIP　奶油製作方法

市面上有販賣各式各樣製作奶油的器具，一
般咖啡店最常使用的是鮮奶油打發器和攪拌
器。使用方式是將適量的鮮奶油倒入打發器
內，接著放入專用氦氣填充氣彈，適度搖晃
後即可擠出鮮奶油。攪拌器分為手動式與電
動式，電動式攪拌器是用馬達驅動打發奶
油，較便利但價格高；手動式攪拌器相對來
說使用上較費力費時，但價格便宜。使用冷
藏後的冰牛奶所製成的鮮奶油較綿密蓬鬆，
也可保存較久。

6

7

10 接著開火熬煮,柳橙會開始漸漸呈現透明狀,此時放入澱粉糖漿攪拌,並持續熬煮。

11 大約熬個 3 小時後,用篩將橙皮與糖漿分離,就大功告成了。

橙皮(蜜漬)可以用來做蜜漬橙皮磅蛋糕的原料。如果希望糖漿風味能更清爽一些,可以再加入檸檬糖漿(與以上步驟一樣的做法,甜橙糖漿與檸檬糖漿的比例為 4:1),均勻攪拌後,風味絕佳的香橙糖漿就完成了。

7 果泥、蜜漬水果

將蔬果的果皮剝除並去子後熬煮,慢慢攪拌壓碎,就成為濃稠果泥或蜜漬水果。

TIP Noah's Roasting
蜜漬橙皮與糖漿製作方法

材料 柳橙 1.5kg,過濾水 750ml,砂糖 1.3kg,澱粉糖漿 1kg

1 首先用熱水沖洗柳橙約 20 秒,去除外皮上的蠟。

2 將洗好的柳橙放至醋中浸泡約 10 至 20 分鐘,去除在酸性物質中融化的異物。

3 接著再將柳橙放入小蘇打水泡 30 分鐘後,輕輕地用較細緻的菜瓜布擦除柳橙表面鹼性物質中融化的雜質。

4 再用清水將柳橙沖洗一遍,浸泡約 1 天。

5 取出浸泡後的柳橙,切成均一的大小。

6 將切片好的柳橙放入鍋中,倒入水並煮沸。

7 沸騰後熄火,約冷卻個 10 至 20 分鐘後,用篩子篩出柳橙。

8 將篩出的柳橙再次放入鍋中煮沸,同步驟 7 約反覆進行 4 ～ 5 次。

9 再將反覆篩選後的柳橙放入另 1 個鍋子,並倒入過濾水與砂糖。

8

8 裝飾

裝飾是用來增添飲品的色香,讓人能食指大動,通常可以運用果乾或是新鮮水果來點綴。

CHAPTER **2**

咖啡萃取
設備&器具

基本器具

∨

1 填壓器

填壓器的用途是將裝在萃取把中的咖啡粉整平。咖啡師使用填壓器整粉（tamping）時，必須留意是否平均受力，如果力道傾向一邊，或是沒有使咖啡粉呈現水平狀，會造成咖啡粉粒間的間隔不一致，如此一來會影響到咖啡萃取的進行，因此必須要特別留意。

2 渣槽桶

渣槽桶是用來盛裝沖煮把手中凝固的咖啡粉餅。中間有橡膠橫管的設計，萃取完咖啡後，直接將沖煮把手敲擊橡膠橫管，咖啡渣就會順勢掉落。

3 濃縮玻璃杯、濃縮咖啡杯

義式濃縮咖啡杯材質主要有玻璃與不鏽鋼2種。玻璃杯上有刻度，可以明確掌握濃縮萃取的量；不鏽鋼濃縮咖啡杯帶有手把，可以輕鬆地將濃縮咖啡倒入飲料杯中。

4 計時器

使用計時器是為了在萃取咖啡與飲品製作時能精確地掌握時間。

5 溫度計

溫度計是用來測量溫度的器具。一般咖啡店最常使用的是可以放入咖啡壺或拉花鋼杯中的棒狀溫度計。細微的溫度變化對咖啡飲品的口感也會有非常大的影響，例如製作蒸奶時，溫度若超過 70 度以上，牛奶中的蛋白質會開始變性，且奶泡的成形也會變得較不穩定，甜味減少，需特別留意。

6

7

8

9

10

11

12

13

6 電子秤

使用電子秤是為了精確測量原料的用量，尤其在萃取咖啡時若能確切掌握原豆與水的用量，對於維持最佳咖啡風味的一致性是很有幫助的。近來越來越多咖啡店直接將磅秤內嵌在咖啡調理吧檯中，以方便使用。另外智能電子秤也很受歡迎，不只具備秤重功能，還可以連動到智慧型手機或是筆記型電腦等設備，能更便利地掌控萃取時間。

7 拉花鋼杯

盛裝牛奶的不鏽鋼材質容器，用於牛奶注入蒸氣加熱，製作蒸奶與奶泡。

8 雕花筆

咖啡拉花技巧中的雕花法所使用之道具，底部呈尖銳狀。運用雕花筆可以在奶泡或濃縮咖啡上的克麗瑪等表面上刻畫出各式圖案，不同長度粗細的雕花筆能勾勒出多樣的線條。

9 細口壺

手沖咖啡萃取時專用的水壺，特徵是壺嘴呈細長狀，使用時方便控制水量。

10 咖啡濾器

手沖咖啡萃取時需要運用濾器工具來過濾研磨好的咖啡粉，最常使用的是濾紙，另外也有類似絨布材質的濾布或金屬濾網。市面上針對不同大小的手沖器具有不同尺寸的濾紙，我們可依照所使用的手沖器具來選購專用之過濾工具。

11 咖啡滴漏壺

燒杯狀的咖啡壺，壺口掛有濾網，盛裝萃取的咖啡。玻璃壺面上有刻度，可以確認萃取咖啡的容量。

12 量匙

舀咖啡原豆使用之湯匙，舀取其他少量原料時也可以用量匙來量測用量。

13 攪拌匙

攪拌匙是咖啡或牛奶中加入其他原料時攪拌所使用之細長狀湯匙。可以運用攪拌匙挖取奶泡，做出圓型或水滴狀的拉花，或是將奶泡層疊，呈現出 3D 咖啡拉花。

14

16

17

15

18

19

20

21

22

14 量杯

製作飲品時計量所需液體容量的杯子，量杯上標有刻度，可以確認用量。

15 擦拭布

咖啡師在吧檯作業時會備有乾布，萃取咖啡前用來擦拭萃取手把或杯具等器具上的水氣。

16 調味罐（糖漿、醬料、調味粉）

調味罐是用來盛裝糖漿、醬料或調味粉等副原料的容器，一般會將各式調味品陳列在製作飲料的吧檯上，咖啡店也會設有自助吧放置各式調味品，供客人依照自己喜好添加取用。

17 鮮奶油打發器

將鮮奶油或生奶油放入打發器，注入氮氣搖晃後，按住打發器上的手把，就可以擠出綿密的鮮奶油。在飲品上放上柔滑質感的鮮奶油，可以增添風味，也具有裝飾效果。

18 冰箱

咖啡店中最常使用的冰箱有長型與桌型2種：長型冰箱的優點是拿取備料較方便，而為了空間上有效運用，一般會設置桌型冰箱在作業吧檯中。

19 製冰機

製造與保存冰塊的冷凍設備，針對所需冰塊型態，有許多不同種類。

20 冰鏟

冰鏟是舀取製冰機內冰塊的器具。

21 攪拌機

攪拌機主要用於打碎、攪拌原料，與製作冰沙類飲品。

22 熱水機

製造熱水的機器。若一直取用義式濃縮咖啡機的熱水，可能會造成機器內部來不及連續供應熱水，而無法順利萃取咖啡；再加上機器長時間使用，咖啡機溫度不易維持，壽命也會縮短，因此建議咖啡店還是都要另外備有專用熱水機。

磨豆機

磨豆機是萃取咖啡最基本且非常重要的器具之一。正式的咖啡萃取就是從研磨開始;依照不同的咖啡萃取方式,咖啡豆研磨程度與顆粒大小也需隨之做適當的調整。

研磨程度調整

一般來說,依照咖啡豆的狀態,我們可以利用咖啡研磨機上所標示的刻度盤來訂定咖啡豆的研磨程度。但因機器會隨時間舊化,且做內部清理時刻度盤的原點多少會跑掉,因此其實很難定義平均的刻度數值。若欲判斷咖啡豆研磨程度,我們也可以將研磨後的咖啡粒粉放置在平面上,直接測量其大小,但因粒子非常微小,一般咖啡店不太可能這樣測量。主要設定磨豆機的方式,是一邊調整研磨程度並品嚐萃取後的咖啡,或是利用 VST 咖啡濃度量測儀來測量咖啡萃取率的方式來設定咖啡豆的研磨程度。像義式濃縮咖啡的製作,是要在短時間內萃取出大量咖啡成份,因此咖啡顆粒要磨到 0.2 ～ 0.4mm 非常細緻的狀態;而手沖咖啡比起義式濃縮咖啡,咖啡豆接觸水份的時間較長,所以咖啡粒子的大小研磨至 0.7 ～ 0.8mm 程度較適當。不過值得注意的是,不同的咖啡豆,在密度、水份含量以及烘焙程度等狀態也有所不同,因此在研磨程度上也可能會有些差異。

一般咖啡專賣店的咖啡豆種類非常多,若是依原豆種類與萃取方式,每次萃取時都要調整研磨程度實在不便,因此店內使用之磨豆機,主要會分成義式濃縮咖啡專用與手沖咖啡專用 2 種;欲更進一步區分,大概會備有義式濃縮咖啡專用與綜合咖啡用等 2 至 3 種不同的磨豆機。

磨豆機種類

·全自動磨豆機

全自動磨豆機具有控制裝置,可輕易設定咖啡豆研磨的程度與時間,只要一鍵按下,就可將咖啡豆依照設定好的研磨程度磨碎,並輕鬆地填裝進萃取手把裡,只不過較難準確地掌握研磨出來的份量。

·半自動磨豆機

半自動磨豆機是需要手拉分量桿 *,才能將研磨的咖啡粉末裝進沖煮把手中;雖然比較費力,不過咖啡師能夠精確地調整研磨出來的粉末量。

* 分量桿: 手把狀的桿子,拉動分量桿可將研磨後的咖啡粉末從暫存的分量儲存格(chamber)中排出。

磨盤

咖啡專賣店在選擇研磨機時，店家會考慮所希望呈現的咖啡香氣、店內氣氛與咖啡師的能力技巧，但一定要記住的一點是，研磨出的咖啡粉粒大小一定要均勻一致，才能穩定地萃取出風味一致的咖啡。而影響粒子均一程度最重要的部分就是磨盤了。磨盤顧名思義就是用來磨碎咖啡豆的刀磨，其中以平刀磨盤與錐形磨盤最具代表性。

平刀磨盤

錐形磨盤

刀型
平面型

刀型
圓柱型

均勻度
可以磨出細小的咖啡粉粒，且顆粒大小均勻。

均勻度
比起平刀磨盤，錐形磨盤磨碎的速度更快，但因為是用碾的方式將咖啡豆磨成顆粒，所以顆粒大小容易不均。

熱能產生程度
因迴轉率較高，因此產生熱能的機率增加。需注意的是，若研磨出來的咖啡豆接受到太多熱能，會導致咖啡香氣容易溢散。

熱能產生程度
比起平刀磨盤產生的熱能較少，因此咖啡豆較不易受到熱能影響而發生化學變化。

義式咖啡機

所謂義式濃縮咖啡，是將研磨好的咖啡粉粒透過義式咖啡機的高壓與沸水烹煮後所快速萃取之咖啡。濃縮咖啡萃取的品質與義式咖啡機的性能有非常大的關係，所以很多咖啡店都會直接採用多功能的義式咖啡機；不過由於每家店的營業型態與咖啡師的作業狀況不同，因此依照店內的環境與條件來選用適合的義式咖啡機才是較適當的。有些咖啡專賣店會直接選購最高檔的義式咖啡機，但其實並非因此萃取的咖啡品質就會比較高，重要的是咖啡師本身實力，以及是否徹底了解機器性能，且能活用各種功能。

義式咖啡機種類

義式咖啡機可分為全自動式、半自動式與手動式。全自動咖啡機雖無法調整細微的萃取過程，但使用上是最簡便容易的，因此許多飯店或速食業者選擇使用全自動咖啡機。一般咖啡專賣店最常使用的是半自動咖啡機，透過拉桿、按鈕或觸控式螢幕來控制萃取條件，咖啡機的壓力、萃取時水的流量與溫度、預浸 *（infusion）與萃取時間等參數都可以設定。手動咖啡機是運用拉桿來控制流量，機器上有 1 至 3 個沖煮頭；使用手動咖啡機的咖啡師通常需具有一定程度的實力。咖啡專賣店應依據店面大小與客流量等條件，來選購適當的咖啡機使用。

沖煮把手

沖煮把手是萃取義式濃縮咖啡的器具，使用方法是在沖煮把手內填裝磨豆機研磨好之咖啡粉粒，再鎖上咖啡機，以萃取咖啡。因為沖煮把手直接接觸到原豆和水，為萃取過程中非常重要的一環，通常咖啡師們對於其周邊的組合件 *會很講究，萃取時也大都會依照自己喜好與參考原豆特性，交替運用各種粉杯 *（filter basket）與分水網 *（shower screen）。

一般標準沖煮把手下有基本的出水口 *（spout），濃縮咖啡由出水口分流入濃縮咖啡杯中。最近許多咖啡師偏好使用無噴嘴的無底把手（bottomless），可以清楚地觀察萃取的均勻度，有助於咖啡師判斷萃取品質。

沖煮把手

濾杯

---

* 預浸：正式萃取咖啡前，將咖啡粉餅稍微浸濕，使其吸水膨脹，讓咖啡能穩定萃取的事前濕潤過程。

* 組合件：與義式咖啡機相關之各種周邊器具。

* 粉杯：屬於沖煮把手的一部分，填裝咖啡粉粒之金屬濾網。

* 分水網：分水網在咖啡機的沸水出口處，沸水通過分水網，噴灑在粉杯上。

* 出水口：咖啡萃取液體流出的通道。

手沖咖啡器具

（資料來源：《手沖咖啡》，都賢洙著，2014年，IBLINE）

∨

　　手沖咖啡，又稱為滴漏式咖啡（hand drip），不同於透過機器壓力快速萃取咖啡成份的義式濃縮咖啡，原理是將研磨好的咖啡粉粒填裝進濾器中，再放置在手沖器具上（也可稱為濾杯），接著澆淋上水，利用水流的重力萃取出咖啡。手沖咖啡的器具種類非常多樣，因此有許多各式各樣的萃取手法，就算是使用同一種咖啡原豆，若使用的手沖器具不同，所呈現出的咖啡口感與香氣也會有差異。手沖咖啡最常使用的是單品咖啡原豆，可以將原豆固有的香味最完整地呈現出來，當然也有手沖咖啡專用的綜合咖啡豆。以下將著重於介紹各式能夠展現出風味絕佳之手沖咖啡的器具。

1 Chemex 手沖壺

Chemex 手沖壺的設計是手沖器具與滴漏壺一體成型，擁有典雅流暢的優美壺身，腰身為可拆卸式的拋光木頭製成環套，可方便握持玻璃瓶身，側邊設有排氣通道和出水口（稱為 air channel），這樣的肋骨 *（rib）設計目的是讓沖泡過程所產生的熱氣能避開濾紙進行導流，萃取後還可以順著溝槽輕易倒出咖啡。用 Chemex 手沖壺沖煮的咖啡風味帶有溫和細緻的口感。

2 Kalita 手沖圓錐濾杯

Kalita 為日本最知名的咖啡專業器具領導品牌之一，所推出的圓錐濾杯特徵是底部擁有3 個濾孔與一字型的肋骨，小孔徑的設計能減緩水流速度，使咖啡萃取更加穩定均衡，所沖煮出的咖啡風味較濃郁醇厚。基本款共推出塑膠、銅與陶瓷等 3 種材質，可依照個人喜好選購。

3 Kalita wave 手沖波浪濾杯

Kalita 另一系列的產品為波浪濾杯，與基本款圓錐濾杯相同，其底部的一字型肋骨能穩定地調節水流，不同的地方是其 3 個濾孔排列成三角型，再加上底部有突出的 Y 字型區域（wave zone），使咖啡在通過濾紙時能獲得緩衝，不會立即流入滴漏壺中，咖啡在此區域稍加溶解，萃取出的味道更加均勻。特別之處是專用直向波浪濾紙，其波浪可過濾掉咖啡殼粉 *，讓萃取風味更均勻，且減少雜味的產生。波浪濾杯的材質種類有不鏽鋼、陶瓷與玻璃 3 種。

4 Hario 手沖濾杯

由日本 Hario 出品的 V60 濾杯相當受到手沖咖啡愛好者的歡迎，其肋骨呈螺旋狀，大孔徑濾口能使萃取速度加快。共有塑膠、陶瓷與不鏽鋼等多樣材質可以選購。使用 Hario 手沖濾杯萃取的咖啡口感純淨且豐富。

5 Clever 聰明濾杯

使用聰明濾杯萃取咖啡的方式為浸泡法，將熱水澆淋在研磨好的咖啡粉粒上，之後慢慢浸泡並萃取。濾杯肋骨為直向，且杯底有一矽膠材質的活塞，只要將底部平放，濾口會自動打開，使咖啡流下。聰明濾杯的使用十分簡單，非常適合初學者，萃取出的咖啡殼粉量少，口感純淨。

6 Nel 法蘭絨濾布

由法蘭絨材質構成的圓錐狀濾布，外層為粗紡毛織布，內層佈滿絨毛，具有肋骨的作用。法蘭絨濾布不易清理，管理較麻煩為一大缺點，但其優點是能讓咖啡保留其萃取過程中所產生的油脂，萃取出的咖啡口感滑順且醇度佳。

---

* 肋骨：手沖壺內部突出的流道，其作用是能夠製造出一條水流通道，以便調節萃取速度與排出萃取時的熱氣。

* 咖啡殼粉：研磨咖啡時所產生之細微小粉末。咖啡殼粉的存在能幫助咖啡萃取擁有較穩定的萃取流，但若過多的話會使咖啡口感偏苦澀。

7 Aeropress 愛樂壓

愛樂壓為運用空氣壓力來萃取咖啡的簡便器具，首先將研磨好的咖啡粉添加到愛樂壓濾筒中，並注水浸泡，適度攪拌靜置後，接著按下壓筒＊（plunger）加壓，即完成萃取。由愛樂壓萃取的咖啡醇度高，口感濃郁。

8 Mokapot 摩卡壺

摩卡壺是一種義大利傳統的濃縮咖啡器具，常見於一般家庭使用。萃取步驟是先將研磨好的咖啡粉粒放入粉碗中，接著於壺底的鍋爐＊（boiler）中加入水，再將上方如茶壺模樣的壺身與鍋爐擰緊，放置在瓦斯爐上加熱，此時水蒸氣會產生壓力往上沖，而萃取出咖啡。

9 Siphon 虹吸式咖啡壺

虹吸式咖啡壺的原理是利用水沸騰後所產生之水蒸氣的流動壓力來萃取咖啡。將水倒入下端濾壺（flask）中，放上加熱器加熱後，水氣壓會通過真空管使咖啡萃取出來。虹吸式咖啡的最大特色是其萃取出的咖啡風味醇度與濃度都非常高，就算冷卻後，香氣也能持續許久。

10 French Press 法式濾壓壺

法式濾壓壺是將研磨好的咖啡粉粒採浸泡法萃取的手沖式器具。雖然無法完整地過濾掉咖啡殼粉，但咖啡中的油脂成份會一起被萃取出來，可以強調咖啡的濃郁醇厚風味。濾壓壺的功能很多，不只能萃取咖啡，也可以用來泡茶或製作奶泡。

11 Cold brew 冷萃咖啡壺

冷萃咖啡，又稱為冰滴咖啡（Dutch coffee），原理是運用冷水或常溫水來萃取，將研磨好的咖啡粉粒泡入冷水中，經過約 1 天的冷藏發酵，低溫浸泡所萃取出的咖啡。而另一種冰滴咖啡，用一滴滴均速滴下的冷水來萃取，其萃取出的咖啡接近咖啡原液，濃度非常高，因此通常會加水或牛奶稀釋後飲用。冷萃咖啡比起一般濃縮咖啡和手沖咖啡，油脂成份較低，口感偏清爽。

＊壓筒：愛樂壓本體的上端部分。

＊鍋爐：摩卡壺下端裝水的空間。

7　　　8　　　9　　　10　　　11

杯具

∨

　為了將萃取完成的咖啡提供給客人，杯具是不可或缺的。杯具不單僅是盛裝飲品而已，杯子的厚度也會影響到飲品溫度的維持。當飲品入口時，與杯緣接觸瞬間所感受到的質感，對咖啡香味的傳遞也有著深刻影響。再加上咖啡店內的杯具也需要搭配店內整體裝潢設計，因此選購杯具需要考慮的要素有很多。以下介紹幾種咖啡店基本常用的杯子種類。

1 Demitasse 小咖啡杯

義式濃縮專用咖啡杯，容量約 60ml～90ml。因為容量小，咖啡容易很快冷卻，因此杯壁設計較厚，目的是延續咖啡溫熱的時間。

2 卡布奇諾杯

卡布奇諾專用杯，容量大小介於義式濃縮咖啡杯與一般馬克杯中間。

3 咖啡拿鐵杯

咖杯拿鐵杯的容量比卡布奇諾杯稍微大一點，主要用來裝拿鐵及其他手沖咖啡飲品。拿鐵杯的大小種類很多，近來也有許多店家使用玻璃杯來裝拿鐵或白咖啡（flat white）。為了呈現咖啡拿鐵上的拉花圖案，市面上也推出各式容量的拿鐵杯，可依需求做選擇。

4 馬克杯

最基本的杯子種類，可以用來盛裝各式飲品。現在市面上的馬克杯設計非常多樣化，可以依照店內需求來做選購。

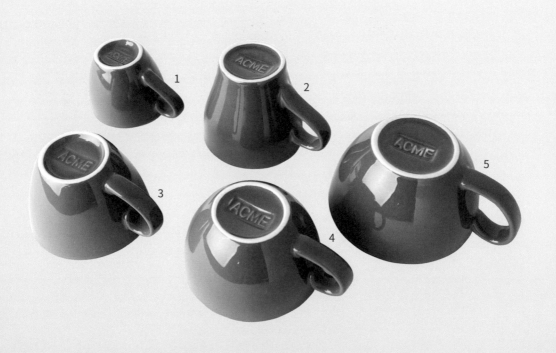

5 咖啡歐蕾杯

咖啡歐蕾杯與拿鐵杯有些微不同，其杯緣直徑比拿鐵杯的還要再大一些，寬度大概與湯碗的程度差不多。

6 冰飲杯

冰飲杯的材質多半為玻璃，因為放置冰塊會占空間，因此通常容量比較大。使用透明材質的冰飲杯可以讓顧客直接欣賞飲品內容物的色彩變化，特別是在做攪拌混合的時候。一般店家提供冰飲時也會一併附上吸管。最近許多店家開始用不鏽鋼杯替代玻璃杯，一方面比起玻璃杯較不容易破損，一方面金屬材質帶了些清涼感，能使顧客飲用時擁有更冰涼的感受。

7 外帶杯

外帶杯主要分為紙杯與塑膠杯 2 種，一般熱飲是用紙杯提供，容量約在 230 ～ 250ml（8 ～ 13oz）；冰飲則用透明的塑膠杯提供，容量約在 295 ～ 475ml（10 ～ 16oz）。因為外帶杯沒有把手，所以通常杯子上會再加一個杯套使用。最近也有越來越多店家開始使用 1L 大容量的外帶杯。

3   6   7

咖啡萃取設備&器具

萃取

運用同一種咖啡原豆，依據咖啡師的萃取手法與使用器具的不同，也會造就出各式各樣不同的咖啡風味。若希望找到理想中的咖啡風味，必須考慮萃取時會發生的各種變數，首先最基本的是，了解咖啡萃取基礎知識。

咖啡香味

咖啡風味趨勢

與飲食一樣，每個人對咖啡風味也有其嗜好與傾向。以精品咖啡的標準來看，高品質的咖啡風味趨勢是帶有清爽酸味的花香，或是甘甜果香，不過其實一般消費者多半對精品咖啡沒有充分的理解認知，往往對酸味有偏見，認為偏酸的咖啡品質較差。因此為了迎合大眾消費者的口味，近來越來越多咖啡專賣店追求的咖啡風味是要能維持原豆原有的香氣，且也能強調出咖啡整體的均衡度*和甜味。店家為了滿足一般消費者的口味，又取得精品咖啡愛好者的口感，通常會準備各式各樣的咖啡原豆，如此一來咖啡師能萃取出每天喝也不會有負擔的咖啡，也能夠調製出豐富有個性的精品咖啡。

設定理想中的咖啡風味

要決定店內欲呈現出的咖啡口感，從挑選咖啡原豆、烘焙方式、萃取手法到顧客的喜好等要素，都需要做綜合評估。至於如何設定理想中的咖啡風味呢？首先必須進行的是杯測*；透過杯測我們可以了解咖啡豆的澄淨度*、醇度與口感*，以及餘味*，這些項目都是判定咖啡香氣與質感的基礎。接著依照希望強調的咖啡風味調整烘焙方式與萃取手法，萃取過程中的水溫、原豆使用量和時間等變數都要適當地做調節，經由調節的過程，就可以設定出理想咖啡風味的萃取手法了。

如同美食評斷沒有一定的基準，其實咖啡評價也是一樣的，咖啡師們可以多品嚐各種咖啡，累積經驗，

---

* 均衡度：各種咖啡風味口感的均勻程度。

* 杯測：將研磨好的咖啡原豆用水沖泡後品評其香氣，是判斷咖啡生產品質優劣與口感的手法。

* 澄淨度：咖啡口感的乾淨程度，確認咖啡中是否有雜味等影響咖啡本身的缺陷味道。

* 醇度與口感：咖啡在口腔中所感受到的觸感，包括在舌尖所感受到的液體阻力，或是飲用後殘留在在口中的物理性質感（after-feel）。

* 餘味：咖啡入喉後仍停留在口腔的各種味道或香氣餘韻。

逐漸建立起自己的評價基準。過程中所鍛鍊出的味覺與嗅覺能力，對於選購適合的咖啡原豆，與決定烘焙方式或萃取手法，都將有很大的幫助。

商圈分析

⌄

想要開一家咖啡專賣店，咖啡師必須重視客人口味的需求。自認為做出一杯完美的咖啡，但客戶若不買單，那麼生意等於是做不成的。要顧及所有客人的胃口不容易，但我們多少能根據商圈地點或客人年齡層來判斷出客人可能喜好的咖啡飲品風味。

辦公商圈

辦公商圈的消費型態多半以外帶為主。上班族買咖啡主要是為了提神，所以會偏好咖啡因較濃的咖啡，或是容量較大的咖啡，以方便一整天飲用。另外因為有喝咖啡的習慣，比起特殊口感的咖啡，上班族通常傾向購買一般風味的咖啡。像是咖啡拿鐵或其他綜合調味飲品等，都是上班族想要補充活力與紓解壓力時喜歡點的種類。

大學與熱鬧商圈

坐落在大學與熱鬧商圈的咖啡店通常具有獨特風格，不僅是口味上的變化種類較多，對於飲品的外型色彩也會多加著墨，以吸引年輕消費族群。畢竟年輕族群對新興事物的接受度較高，像是對於帶有酸味的咖啡也比較不會有反感。

住宅商圈

經營位於住宅商圈的咖啡店最重要的是，如何在基本的咖啡菜單中注入一些變化。因為消費客群以常客為主，很多社區內的咖啡店通常菜單都是固定的，不過有時客人也會希望找尋新鮮感，因此建議可以根據季節推出時令口味，或是不定期變換口味。

符合商圈特色之菜單
開發攻略

為求熟客群擴大之特色菜單開發

以主打手沖咖啡的 FIVE Brewing 為例，其位於首爾熱鬧的弘大商圈，流動人口非常多，不過大部分的客人並非是熟知手沖咖啡而慕名而來，因此 FIVE Brewing 推出名為招牌手沖咖啡的品項，來吸引初次來訪的客人，希望能輕易帶領客人進入手沖咖啡的世界。FIVE Brewing 的招牌手沖是運用 2 種手沖道具，並採自然水洗處理法之 2 種不同原豆綜合萃取，其獨特風味是一般咖啡店不常見的，因此也吸引許多手沖咖啡迷前來朝聖。

上班族商圈之攻略

Caffe Kampleks 位於辦公大樓林立的首爾江南三成洞，始終努力讓客人對咖啡不帶有任何偏見。每當熟客點了新品，或是較年長的客人點餐時，店員通常不會主動做介紹；雖然說在顧客主動詢問下，店員還是會親切地解說，不過 Caffe Kampleks 這樣做的目的，是希望每位顧客對咖啡都能撇開先入為主觀念，因此許多顧客對 Caffe Kampleks 是具有信賴感的，而且大部分人也都樂於嘗試新菜單。通常店員會在新品推出

前先讓熟客們試飲，若反應不錯則會正式放入菜單，往往在新品正式上市後，許多熟客都會再度來店點用。Caffe Kampleks 不吝嘗試開發各式新品的同時，也致力於維持基本咖啡風味的水準，讓顧客每日喝下品質口感一致的咖啡，也是其成功的核心祕訣之一。

難以用商圈特色界定之咖啡店

位 於 首 爾 麻 浦 區 的 Fritz Coffee Company 擁有各式各樣的客群，除一般上班族與附近社區居民外，許多咖啡職人與愛好者也是常客。這些客群的需求天差地遠，從對帶酸味咖啡非常排斥的顧客，到對單品咖啡情有獨鍾的顧客都有。要滿足所有客群的需求是滿困難的，因此與其迎合特定客群，Fritz Coffee Company 反而是有個性地將自己定義成一個貫徹職業倫理的咖啡空間，著重於推廣各式精品咖啡，並強調與顧客的互動。

咖啡萃取

運用同一種咖啡原豆，依據咖啡師的萃取手法與使用器具
的不同，也會造就出各式各樣不同的咖啡風味。若希望找
到理想中的咖啡風味，必須考慮萃取時會發生的各種變
數，首先最基本的是，了解咖啡萃取基礎知識。

義式濃縮咖啡萃取

⌄

基本萃取過程

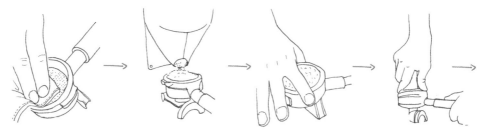

乾燥

用擦拭布先將沖煮把手內的水氣擦除。

填粉 dosing

將用磨豆機研磨好的咖啡粉粒填裝進沖煮把手，一般正常的量是 7 ～ 10g。

整粉 leveling

運用手或是整粉器具，將沖煮把手內的咖啡粉粒均勻分布。

填壓

用填壓器將沖煮把手內的咖啡粉粒均衡施力，並平坦地壓下。

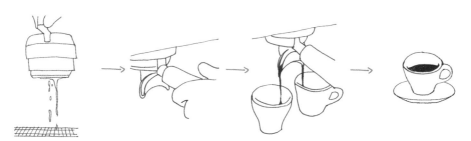

熱水沖流

將咖啡機上沖煮頭的熱水打開，熱水溫度設定在 90 ～ 96℃。

接著將沖煮把手鎖進沖煮頭內。

萃取

在萃取口下放置濃縮咖啡杯，按下萃取鈕（或是使用拉桿），依照設定好的參數開始萃取。可先稍微讓咖啡粉粒浸泡在熱水中進行預浸後，再正式開始萃取。

1 份咖啡濃縮萃取的容量通常約為 30ml。

濃縮咖啡種類

單份義式濃縮咖啡
single/solo

最基本款的濃縮咖啡。原豆用量、萃取量與萃取時間與原豆的特性狀態,甚至是咖啡師的操作手法,都會影響濃縮咖啡的品質口味。依照世界盃咖啡大師大賽 WBC(World Barista Championship)所建議的單份義式濃縮萃取標準為:用 90.5 ～ 96℃的熱水,以 9 巴的壓力,在 20 ～ 30 秒的時間萃取約 30ml 的咖啡。

雙倍義式濃縮咖啡
double/doppio

由單份義式濃縮咖啡的 2 倍份量調製而成,口感更濃烈且餘韻深長。

特濃義式濃縮咖啡
(芮斯崔朵)ristretto

原豆使用量與單份義式濃縮咖啡相同,但用更少的水與更短的時間萃取。雖然萃取的容量較少,但咖啡濃度比單份義式濃縮咖啡還要高,是近年來許多咖啡師愛好萃取的濃縮咖啡種類。採雙倍份量萃取,就是雙倍特濃義式濃縮咖啡。

淡式義式濃縮咖啡
(朗戈咖啡)lungo

沖煮的時間與容量皆為單份義式濃縮咖啡的 2 倍,雖然濃度較稀,但因為咖啡容量較多,因此咖啡因含量更高。

美式咖啡
americano

將單份義式濃縮咖啡加水稀釋調整濃度就成為美式咖啡,是受韓國人喜愛的大眾咖啡。

手沖咖啡萃取法

⌄

　手沖咖啡依照使用器具的不同，而有各式各樣的萃取手法，這裡以基本的準備過程為重心來做介紹。

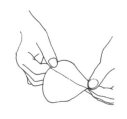

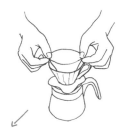

將濾紙摺好放入手沖容器中。

浸濕濾紙 rinsing

用熱水稍微澆淋濾紙，透過這個步驟可以去除濾紙上的一些雜味。

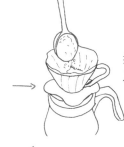

接著將研磨好的咖啡粉放入濾紙中。

注水

用細口壺將些許熱水注入咖啡中，約進行 30 秒的燜蒸，此時咖啡粉粒會開始膨脹並排出二氧化碳，在表面會形成一層如發酵麵糰膨脹的咖啡粉層。

最後慢慢地畫圓注入熱水萃取咖啡。

蒸奶

製作蒸奶的方法

將咖啡機上的蒸氣閥轉開，噴灑蒸氣。

將蒸氣棒＊（steam wand）放入裝滿牛奶的拉花鋼杯中。要注意蒸氣棒放置位置的深淺會影響奶泡形成的質感，建議蒸氣棒大約放在拉花鋼杯一半的位置即可。

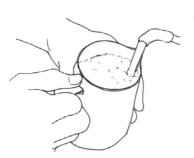

咖啡機內部產生的蒸氣壓力會透過蒸氣頭＊（steam tip）噴灑出來，此時輕輕地旋轉拉花鋼杯，使空氣注入牛奶中進行加熱。一般建議牛奶的溫度最好不要超過 70℃。

奶泡充分形成後，在牛奶溫度達到一定程度時停止，將蒸氣棒移開拉花鋼杯後擦拭乾淨。

咖啡拿鐵與卡布奇諾的差異

在義式濃縮咖啡中加入牛奶就成為咖啡拿鐵或是卡布奇諾。咖啡拿鐵與卡布奇諾的差異是奶泡的比例，一般來說卡布奇諾的牛奶比例較低，而且奶泡量較濃厚。

＊ 蒸氣棒：咖啡機上蒸氣排出的管道。

＊ 蒸氣頭：蒸氣棒底部的洞口。

15

咖啡菜單

菜單可以說是咖啡店的一張臉，好比名片一樣，上面記載著這家咖啡店所有品項，包括咖啡飲品與食物的介紹，或原豆種類清單等資訊。咖啡店可針對客層、需求、特色來設計菜單。

CHAPTER 1

菜單開發

連鎖咖啡店

湯姆士咖啡 TOM N TOMS COFFEE

湯姆士咖啡（以下簡稱湯姆士）基本上每 1 季都會推出 4 樣新品，各季間又會推出 2 至 4 次的概念性菜單。湯姆士非常能夠順應變化快速的市場趨勢，從選定新品題材到上市，最快僅需要約 3 週的時間。

首先由湯姆士咖啡學院做新品提案，總公司接著從菜單管理部門中挑選出幾個人組成管理委員小組，針對新品做檢討。除了開放公司內部職員試吃，也會邀請一般民眾舉辦試吃會，最終決定出要正式上市的新品。

湯姆士咖啡學院在做新品開發時最優先考慮的是大眾消費者的喜好，畢竟每位顧客的愛好不盡相同，很難全數滿足，湯姆士又特別注重年輕族群市場，考慮到大多數年輕人容易對特殊產品趨之若鶩，因此新品開發的核心目標是開發出既可能滿足一般大眾口味，又能跟上潮流的菜單。

TIP 湯姆士咖啡學院給
非連鎖咖啡專賣店的開發建議

非連鎖咖啡店較難將重心全放在菜單開發上，因此建議要有效率地進行新品開發。例如在自己拿手的品項上做進一步的變化或調整，過程中也可以針對既有品項做改善。另外也可多觀察熟客們的需求，開發一些符合熟客口味的菜單。

EDIYA COFFEE

EDIYA COFFEE

EDIYA COFFEE 近年來在韓國國內持續展店，擴張快速。每次推出的新品，市場上都有相當不錯的反應。EDIYA COFFEE 的新品開發是由 R&D 部門來主導，相關人力配置是依照每個人的專業來細部分工。首先由開發組員提案並規劃 1 整年企劃案，訂定一個品項開發的時間為 2 個月；接著分配工作，正式開始進行開發。新品開發完成後，由內部組員先進行品評會，再向董事會提案報告，接著針對其他內部職員進行矇眼試吃。直營店也會進行顧客試吃活動，透過層層嚴謹把關的過程，最後正式上市新品。

TIP EDIYA COFFEE R&D 部門給非連鎖咖啡專賣店的開發建議

建議依照各商圈特色與年齡層需求來開發菜單。非連鎖咖啡店不像大型連鎖店一樣，需要對眾多分店做一致性的管理。與其和連鎖店競爭相似品項，倒不如開發些連鎖店難以製作銷售的品項。舉例來說，大型連鎖店因為品質管理上的限制，無法運用難以維持新鮮度或是保存期限較短的食材，因此建議個人咖啡店大可大膽地投資在新鮮食材上，做出與連鎖咖啡店的市場區隔。另外也建議店主們能夠多走多看其他店家的經營模式，雖說具備基本功也非常重要，但所謂讀萬卷書不如行萬里路，多接觸不同的人事物，對於菜單開發的靈感獲得也會很有幫助。

非連鎖咖啡店

∨

CAFE IDO

菜單開發過程

CAFE IDO 每年夏季與冬季都會各推出 1 次
新品，並做菜單季節性的交替。每當此時，
全店的咖啡師會集聚一堂，展開所謂的「菜
單創意大賽」。大家會先訂定今年會流行的
食材主題，接著在此主題的基礎上發揮，開
發各式咖啡飲品與非咖啡飲品的菜單。雖說
稱為「菜單創意大賽」，但其實並不是真的
競爭，而是一場腦力激盪大會，咖啡師各個
絞盡腦汁提出各式新奇點子，往往都能激盪
出許多創意火花，而有意想不到的結果。

開發重點

CAFE IDO 進行菜單開發時，將重心放在食
材的選擇上。首先進行市場調查來決定這 1
季的主題食材，通常為了採買最高品質的食
材，往往是選用時令材料。至於如何將選定
的食材發揮在咖啡或是非咖啡的菜單上，則
是看開發者的本領了。

食材選定後，最重要的開發重點是色香味程
度，消費者的取向絕對是擺在第一位。若味
道太專業或是過於曲高和寡，則無法引起大
多數消費者共鳴，也很難銷售。以咖啡來說，
一般大眾消費者對於帶酸味咖啡的接受度較
低，因此會盡量避開。透過餐點和飲料與客
人產生共鳴的同時，CAFE IDO 的最終目標
是希望消費者能體驗到在其他咖啡店無法品
嚐到的特殊風味。

行銷方案

新品開發並不是開發完就結束了，還必須要
告知消費者。所以每當新品上市時，CAFE
IDO 都會租用小工作室進行新品攝影，然後
再將這些資訊放在各社群網站上做宣傳。另
外也會將照片製作成海報張貼或印成小卡等宣
傳品發送，以及運用在一些周邊商品上。

店內另外也推出「一對一式服務」的行銷手
法。一名咖啡師一次僅服務一名顧客，從點
餐、菜單解說、正確的咖啡飲用法等，所有
步驟皆由咖啡師一對一詳細說明，在這過程
中可以充分理解顧客的需求，藉機也能推薦
新品。透過這樣的行銷手法，剛上市的新菜
單往往都能創造出不錯的業績。

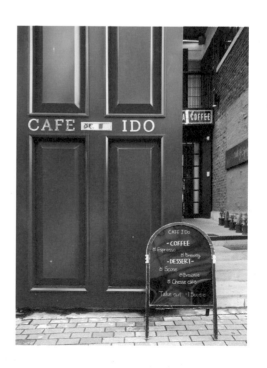

CHAPTER **2**

菜單設計

菜單可以說是咖啡店的一張臉,好比名片一樣,上面記載著這家咖啡
店所有品項,包括咖啡飲品與食物的介紹,或原豆種類清單等資訊。
每家咖啡店的菜單都有其設計特色,這裡列舉出幾家特色鮮明,且排
版簡單明瞭的菜單來做介紹。

1 Wonder Coffee

Wonder Coffee 的菜單設計採簡潔的銀色與黑色調，與店內具現代感的概念裝潢呼應。店主的設計靈感是來自英國專業汽車綜藝節目「頂級跑車秀」（Top Gear）的最速圈之橋段，將咖啡品項用水性馬克筆寫在磁鐵上，這些磁鐵可以隨時依照需求移動，比起一般印刷菜單更具有調整的彈性。

2 KONGBAT COFFEE ROASTER

KONGBAT COFFEE ROASTER 的菜單是採用辦公室裡常見的簽呈板，從外觀設計到菜單內容都充滿巧思，讓人會心一笑，不禁也讓人再次思考咖啡店主與顧客的關係。

3 Rusted Iron

Rusted Iron 的菜單又稱為 Rusted Iron 小報，菜單設計不僅只是採用報紙的概念，連排版內容也是比照實際報紙。當季推出的新品會大大地刊登在最上端「頭版」位置，下半部則是刊登店內展示資訊與店舖 SNS 網址，藉此希望能更親近顧客並進行互動。另外店內的大型看板與店外的立牌也都會介紹近期的客座單品咖啡豆（guest bean）。

16

義式濃縮咖啡

濃縮咖啡的製作容易受萃取過程中各種細微變數的影響，

不論是濃縮咖啡機種類、磨豆機研磨，還是咖啡原豆的調和組成，

進一步還需考量是否進行預浸，萃取時間和萃取量等，每一個操作層面

都牽動著一杯濃縮咖啡的風味，也因此每家咖啡店的濃縮咖啡都擁有不同的面貌。

以下將介紹一些特色咖啡店所製作的濃縮咖啡飲品，

以及咖啡師大賽中由評審委員實際親自萃取製作的咖啡食譜。

提醒事項

* 以下介紹的所有咖啡與茶的小檔案、食譜皆以採訪當時的內容為基準而記錄，各咖啡店有可能事後做更
  動。
* 所有小檔案與食譜中的測量單位皆依照各店咖啡師所使用的標準來標記。

FRITZ COFFEE COMPANY

PROFILE 小檔案

- 咖啡機 Slayer 三頭
- 磨豆機 Mahlkonig K30 Twin
- 周邊組合件 Pullman Flat 填壓器 58.4mm，VST 粉杯 20g
- 原豆，綜合原豆配方

  Seoul Cinema—哥斯大黎加佩拉咖啡香格里拉莊園黃金蜜處理（Costa Rica perla del cafe Villa Sarchi Golden Honey），哥斯大黎加拉斯拉哈斯卡杜拉黑珍珠日曬處理（Costa Rica Las Lajas Caturra Perla Negra Natural），薩爾瓦多皮納萊斯波本水洗處理（El Salvador Pinares Bourbon Washed）

  Everything Good—哥斯大黎加拉斯拉哈斯卡杜拉黑蜜處理（Costa Rica Las Lajas Caturra Black Honey）30%，哥斯大黎加佩拉咖啡香格里拉莊園黃金蜜處理（Costa Rica perla del cafe Villa Sarchi Golden Honey）30%，薩爾瓦多西屬佛羅里達波本水洗處理（El Salvador La Florida Bourbon Washed）20%，India Calle de Bara Pura Washed 20%
- 調豆方式，烘焙程度 先混合後烘焙，第 2 次爆裂聲前或後下豆。
- 濃縮咖啡種類 雙份義式濃縮咖啡
- 原豆量 約 20～21g
- 萃取水溫 93.5°C
- 預浸時間，總萃取時間 約 10～15 秒，約 30 秒
- 最終萃取量 38～45g
- TDS, 萃取率 約 9.5～9.8，19～19.5%
- 風味

  Seoul Cinema—成熟花果香，酸味，糖漿般的甜味。

  Everything Good—巧克力，濃厚甜味。

RECIPE 製作方式

1. 先將粉杯用乾的擦拭布擦乾淨，再將研磨好的咖啡粉粒適量地填裝進沖煮把手中。
2. 進行整粉與填壓。
3. 打開咖啡機流放熱水。
4. 將沖煮把手鎖上咖啡機中。
5. 將濃縮咖啡杯放在沖煮頭下。
6. 用拉桿適度地調整水流量，進行約 10～15 秒的預浸。
7. 預浸結束後調整拉桿，接著進行 15～20 秒的萃取。

STORY 小故事

FRITZ COFFEE COMPANY 是採用與產地直接交易的生豆來進行烘焙與萃取咖啡。因每年引進的新豆 * 時間都不一樣，因此綜合咖啡豆的組合也會有些不同的變化。咖啡機是選購 Slayer 三頭的款式，其優點是容易調節水流量，充分確保預浸時間，可以提升咖啡萃取率。咖啡粉粒在沖煮把手中預浸的時間約維持 14 ～ 15 秒。沖煮把手中的粉杯採用的是 VST，其底部的洞口大小很多且均一，能夠進行大面積萃取，使反作用力降到最低，就算用比較細的咖啡粉粒也能夠快速萃取。最終萃取出的咖啡濃縮萃取率維持在 19 ～ 20%，恰好是最能充分呈現咖啡原豆本身特性風味的程度。FRITZ COFFEE COMPANY 致力於帶給顧客濃度順口、均勻度佳，且後味餘韻深長的咖啡風味。

剛開始經營時，FRITZ COFFEE COMPANY 帶點個性地使用類似燒酒杯的特殊造型玻璃杯來盛裝濃縮咖啡，現在則是換成使用各種不同品牌的濃縮咖啡杯。店主建議飲用濃縮咖啡時可用小茶匙適度攪拌後再飲用。

示範 朴根夏，宋成滿 咖啡師（音譯）

參賽作品

朴根夏 咖啡師
（2014 WBC 參賽作品）

- 咖啡機 Nuova Simonelli Aurelia II T3
- 磨豆機 Mahlkonig K30 Vario
- 原豆 瓜地馬拉可樂莊園瑪拉卡杜拉水洗處 理（Guatemala El Socorro y Anexos Maracaturra Washed）
- 周邊組合件 VST 粉杯 20g，Gorilla Flat 填壓器 58.4mm
- 原豆量 約 21g
- 萃取量 約 38g
- TDS, 萃取率 約 9 ～ 10，19.5 ～ 20%

宋成滿 咖啡師
（2016 KNBS 參賽作品）

- 咖 啡 機 Victoria Arduino VA388 Black Eagle Air
- 磨豆機 Mahlkonig K30 Vario Air
- 原豆 哥斯大黎加珍珠莊園 SL-28 水洗處理（Costa Rica Perla Del Cafe SL-28 Washed）
- 周邊組合件 Gorilla Flat 填壓器 58.4mm
- 原豆量 18.5g
- 萃取量 38g
- TDS, 萃取率 約 9.5，19.5%

---

* 新豆：當年生產的生豆。

CHAPTER **2**

MOMOS COFFEE

PROFILE 小檔案

- 咖啡機 Victoria Arduino VA388 Black Eagle 三頭
- 磨豆機 Victoria Arduino Mythos One
- 周邊組合件 IMS Competition 分水網 SI-200IM，
  IMS Competition 粉杯
- 原豆，綜合原豆配方
  ES Chocolate—瓜地馬拉奇蹟莊園卡杜拉水
  洗 處 理（Guatemala La Maravilla Cattura
  Washed）35%，哥斯大黎加 Los Girasoles
  莊 園 紅 卡 杜 愛 白 蜜 處 理（Costa Rica Los
  Girasoles Red Catuai White Honey）25%，
  薩爾瓦多迷霧莊園波旁水洗處理（El Salvador
  Las Brumas Bourbon Washed）20%，巴 西
  Cocarive 小農合作社金黃卡杜艾半日曬處理
  法（Brazil Cocarive Yellow Catuai Pulped
  Natural）20%
- 調豆方式，烘焙程度 先混合後烘焙，第 2 次爆
  裂聲後 20 秒下豆
- 濃縮咖啡種類 雙份義式濃縮咖啡
- 原豆量 17.5 ～ 18g
- 萃取水溫 91.5 ～ 92°C
- 預浸時間，總萃取時間 7 秒，28 秒
- 最終萃取量 45 ～ 50g
- TDS, 萃取率 9.5 ～ 10.5，18 ～ 19%
- 風味 黑巧克力，黑砂糖，乾櫻桃，榛果

RECIPE 製作方式

1 先將粉杯用乾的擦拭布擦乾淨，再將研磨好
  的咖啡粉粒適量地填裝進沖煮把手中。
2 進行整粉與填壓。
3 打開咖啡機熱水流放。
4 將沖煮把手鎖上咖啡機中。
5 按下沖煮鈕進行約 7 秒的預浸，同時在沖煮
  把手的出水口下放上濃縮咖啡杯。
6 預浸結束後接著進行 21 秒的萃取。

STORY 小故事

位於釜山的 MOMOS COFFEE 致力於萃取
出口味均一且品質穩定的濃縮咖啡，因此店
內選用溫度維持功能強大，且可以設定儲存
濃縮咖啡萃取量的 Victoria Arduino VA388
義式咖啡機。磨豆機則是選用 Victoria
Mythos，其優點是可以精細地微調研磨粉末
顆粒大小到每粒幾乎毫無落差。

MOMOS COFFEE 萃取咖啡時比起香氣的層
次，更希望強調的是以咖啡純淨度為基礎的
醇度與口感。店內招牌濃縮咖啡有 3 種，其
中最受歡迎的是 ES Chocolate，比其他綜合
咖啡豆的烘焙程度還要高，且選用採收方式
為水洗處理或是蜜處理的咖啡豆，所以純淨
度十分良好。萃取時使用的粉杯是 IMS 系列
產品，就算咖啡在烘焙過程中受熱過於膨脹
而粒子粗糙，還是能夠細緻地萃取出咖啡。
咖啡萃取完成的最後一道步驟，往往是要先
確認從出水口流出的第一道萃取液之色澤與
黏度。通常烘焙程度較高的原豆油脂感不
足，所以容易有明顯的苦味，另外若萃取的
量過多也會容易產生苦味，萃取時需特別留
意。

MOMOS COFFEE 希望能降低顧客對濃縮咖
啡的負擔感，宗旨是提供給顧客平易近人，
濃度與口感都非常滑順的濃縮咖啡。店內使
用的濃縮咖啡杯品牌有 Ancap、Verona 和
Palermo，其中 Ancap 咖啡杯設計的特色是
喝咖啡時杯中的液體會自然地朝舌頭中央流
入口中，因此客人在飲用時能更集中感受到
咖啡的甘甜。

示範 全珠妍 咖啡師（音譯）

參賽作品

全珠妍 咖啡師
（2015 KNBC 參賽作品）

- **咖啡機** Nuova Simonelli Aurelia II T3
- **磨豆機** Mahlkonig K30 Vario
- **原豆** 玻利維亞琳達莊園爪哇水洗處理
  （Bolivia La Linda Java Washed） ／
  尼加拉瓜 Las Golondrinas 莊園卡杜拉
  水洗處理（Nicaragua Las Golondrinas
  Caturra Washed）
- **原豆量** 約 19g/ 約 18g
- **萃取時間** 25 秒 /25 秒
- **萃取量** 各萃取 20g 後再混合共 40g
- **TDS, 萃取率** 8.5 ～ 9，18%/ 8.5，18.5%

COFFEE LEC KOREA

PROFILE 小檔案

- 咖啡機 La Marzocco GS3 單頭
- 磨豆機 Mazzer Robur Electronic
- 周邊組合件 CBSC Lens 填壓器，
  IMS Competition 鈦材質粉杯 18g
- 原豆，綜合原豆配方
  Dark Cloud—肯亞祈安布 AA 水洗處理（Kenya
  Kiambu AA Washed）70%，巴西喜拉朵半
  日曬處理（Brazil Cerrado Pulped Natural）
  30%
- 調豆方式，烘焙程度 先混合後烘焙，深城市烘焙
- 濃縮咖啡種類 雙份義式濃縮咖啡
- 原豆量 19.8g
- 萃取水溫 93°C
- 預浸時間，總萃取時間 2 秒，25 秒
- 最終萃取量 48.3g
- TDS, 萃取率 7.79，19.3%
- 風味 萊姆，葡萄，黑醋栗，草莓，份量重的醇度，餘味深長

RECIPE 製作方式

1 先將粉杯用乾的擦拭布擦乾淨，再將研磨好的咖啡粉粒適量地填裝進沖煮把手中。

2 進行整粉與填壓。

3 打開咖啡機熱水流放。

4 將沖煮把手鎖上咖啡機中。

5 用拉桿調整流量進行約 2 秒的預浸，同時在沖煮把手的出水口下放上濃縮咖啡杯。

6 預浸結束後調整拉桿，接著進行 23 秒的萃取。

STORY 小故事

COFFEE LEC KOREA 是以開放實驗室概念型態經營，跟一般咖啡店比起來與顧客直接面對面接觸的比重較少，全力專注在呈現咖啡特色的研發製作上。基本上萃取濃縮咖啡時都採用電子秤精確測量填粉量與最終萃取量。店內使用的義式咖啡機為 La marzocco GS3，優點是咖啡師能夠直接運用拉桿，輕易且細微地調節咖啡的預浸與萃取。為了使萃取出的咖啡能夠充分完整地呈現出特色風味，又不至於產生過度刺激濃烈的味道，咖啡師使用無底把手萃取，且僅預設短短 2 秒的預浸時間，萃取出的雙份義式濃縮實際容量約接近 50g，比一般單份濃縮咖啡的量還要多，因此建議最好分 4 到 5 小口啜飲，細細品嚐，如此一來才能夠更深刻地感受咖啡本質的香氣與風味。

由於店內是一個實驗室概念的氛圍，COFFEE LEC KOREA 的濃縮咖啡配方隨時都有些變化，店內也會依照濃縮咖啡特性來搭配使用各式各樣的咖啡杯，有時就算是同一種配方的濃縮咖啡也會用不同的咖啡杯盛裝，為的是讓顧客飲用時能體驗到多種咖啡的風貌與質感。

示範 安在赫 咖啡師（音譯）

參賽作品

安在赫 咖啡師
（2010 WBC 參賽作品）

- 咖啡機 Nuova Simonelli Aurelia II T3
- 磨豆機 Mahlkonig K30 Vario
- 原豆 衣索比亞耶加雪夫 G1 日曬處理（Ethiopia Yirgacheffe G1 Natural）70%，伊索比亞利姆 G1 水洗處理（Ethiopia Limu G1 Washed）30%
- 烘焙程度 中度烘焙
- 原豆量 約 20g
- 萃取量 44g
- 風味 花香，柳橙，檸檬

COFFEE GRAFFITI

PROFILE 小檔案

- 咖啡機 Faeme E61 Legend Limited 三頭
- 磨豆機 Victoria Arduino Mythos One, Ditting Peak
- 周邊組合件 IMS 分水網，VST 粉杯 18g，Mahlgut 佈粉器，CBSC LENS 填壓器
- 原豆，綜合原豆配方
  Tagging Label—哥斯大黎加石頭農場紅卡杜艾黃蜜處理（Costa rica La Roca Red Catuai Yellow Honey），衣索比亞耶加雪夫 G1 日曬處理（Yegachev G1〔Bekele Kureshuka〕Ethiopian Air Room Natural）50%
- 調豆方式，烘焙程度 先混合後烘焙，第 2 次爆裂聲前下豆
- 濃縮咖啡種類 單份義式濃縮咖啡
- 原豆量 約 18g
- 萃取水溫 93℃
- 預浸時間，總萃取時間 約 5 秒，約 25 秒
- 最終萃取量 30 ～ 35g
- TDS, 萃取率 維持在 10% 左右
- 風味 葡萄柚，柑橘，杏仁，黑糖，可可亞後味

RECIPE 製作方式

1. 先將粉杯用乾的擦拭布擦乾淨，再將研磨好的咖啡粉末適量地填裝進沖煮把手中。
2. 進行整粉與填壓。
3. 打開咖啡機熱水流放。
4. 將沖煮把手鎖上咖啡機中。
5. 用拉桿（電動幫浦）調整流量進行約 5 秒的預浸，同時在沖煮把手的出水口下放上濃縮咖啡杯。
6. 預浸結束後接著進行 20 秒的萃取。

STORY 小故事

為了取得更寬敞的烘豆空間，COFFEE GRAFFITI 將整間店面遷移到首爾楊平洞，主要客群為附近居民與咖啡愛好者。一面是烘焙工廠，另一面是咖啡店面，針對各式各樣的綜合咖啡豆組合實驗多種萃取配方。店內選用能夠輕易調節流量與壓力的 Faema E61 咖啡機，對於測試各種組合的原豆萃取非常便利。磨豆機採用研磨程度較均勻細緻的 Victoria Mythos One，另外視咖啡原豆的狀態，也會搭配使用 Ditting Peak 機種。分水網選用的是鐵氟龍材質的產品，易於保存管理與清潔。由於店內咖啡師眾多，為了維持一致的咖啡萃取品質，特別選用 Mahlgut 佈粉器與 CBSC 填壓器；Mahlgut 佈粉器的底部設計剪裁平整，整粉時能減少周邊多餘的咖啡粉末。

COFFEE GRAFFITI 的濃縮咖啡種類變化非常多，不過基本上口味是均勻度較高且偏甜。在比賽期間或是新豆入庫的季節也會提供單品咖啡供顧客選擇。COFFEE GRAFFITI 提供濃縮咖啡時會依照其特性使用不同品牌的杯具，像是搭配烘焙程度較高，甜味也較明顯的濃縮咖啡是用 Ancap Torino 的杯子；搭配烘焙程度較低，或是口味較清爽的伊索比亞與瑰夏系列咖啡，則是用 Ancap Verona 的杯子。若是用如鬱金香形狀、杯緣較寬的 Torino 濃縮咖啡杯，一口喝下的份量較多，能夠充分地感受到咖啡甜味；但如果盛裝的是風味層次比較豐富的咖啡，用 Torino 咖啡杯飲用時可能反而使味覺受到較大刺激。COFFEE GRAFFITI 顧客建議飲用濃縮咖啡時可依照自己口味喜好加一小匙的砂糖，增添咖啡香味與均衡度。

示範 李鍾勳 李佑進 咖啡師（音譯）

參賽作品

李鍾勳 咖啡師
（2015 WBC 參賽作品）

- 咖啡機 Victoria Arduino VA388 Black Eagle
- 磨豆機 Mahlkonig Peak
- 原豆 哥斯大黎加石頭農場紅卡杜艾黃蜜處理（Costa rica La Roca Red Catuai Yellow Honey）
- 原豆量 18g
- 萃取時間 25 秒
- 萃取量 35g

李佑進 咖啡師
（2016 KNBC 參賽作品）

- 咖啡機 Victoria Arduino VA388 Black Eagle
- 磨豆機 Mahlkonig V30 Vario Air
- 原豆 瓜地馬拉茵赫特莊園伊索比亞瑰夏日曬處理（Guatemala El Injerto Ethiopia Geisha Natural）
- 原豆量 20g
- 萃取時間 25 秒
- 萃取量 38g

FIVE EXTRACTS

PROFILE 小檔案

- ·咖啡機 Synesso Hydra 三頭
- ·磨豆機 Mahlkonig EKK43
- ·原豆 哥斯大黎加蒙特科波 El Alto 莊園白蜜處理（Costa Rica Monte Copey El Alto White Honey）
- ·烘焙程度 第 2 次爆裂聲前下豆
- ·濃縮咖啡種類 單份義式濃縮咖啡
- ·原豆量 21g
- ·萃取水溫 90°C
- ·預浸時間，總萃取時間 不進行預浸，約 40 秒
- ·最終萃取量 50ml
- ·風味 焦糖，梅子，葡萄，醇度中等，口感柔順

RECIPE 製作方式

1 先將粉杯用乾的擦拭布擦乾淨，再將研磨好的咖啡粉末適量地填裝進沖煮把手中。

2 進行整粉與填壓。

3 打開咖啡機熱水流放。

4 將沖煮把手鎖上咖啡機中。

5 放濃縮咖啡杯在出水口下。

6 不進行預浸直接進行約 40 秒的萃取。

STORY 小故事

FIVE EXTRACTS 坐落在外國人群聚且具有多元文化色彩的首爾梨泰院商圈，考慮到並不容易滿足來自不同文化與特色的人群，FIVE EXTRACTS 著重呈現咖啡口感的均衡度，而非過於性格鮮明的口味。又為了考量到不同文化與喜好的人對咖啡的理解方式也不同，與其依存既定框架，公式化地向人們介紹咖啡，不如讓顧客們依照自己的視角來體驗咖啡文化，因此店內並不提供太多關於咖啡的相關介紹，目的是希望顧客們能夠輕易地接受濃縮咖啡。FIVE EXTRACTS 認為一杯咖啡，呈現原豆本色比展現咖啡師個人特色與技術還要重要，因此萃取濃縮咖啡時盡量將所有影響萃取的變數降到最低，僅視原豆狀態，針對研磨程度，萃取水溫與萃取量進行調整。磨豆機選用的是標榜研磨時原豆損失量相對較小的 Mahlkonig EKK43。咖啡原豆依照在 9 巴的萃取之條件下進行研磨，由於萃取時先讓咖啡粉粒在低氣壓狀態下濕潤會增加萃取變數，因此萃取前不另外進行預浸。此過程最基本也最重要的是在進行萃取前，務必將沖煮把手中剩餘的咖啡殘渣清除乾淨，否則會影響到萃取咖啡的品質。

店內選用的濃縮咖啡杯品牌為 Acme，色彩繽紛且保溫度佳，杯內緣呈圓型狀設計，能夠讓克麗瑪完整地保存於杯中。杯內白底色與濃縮咖啡也正好十分相襯。由於濃縮咖啡是對溫度非常敏感的飲品，FIVE EXTRACTS 建議及時飲用，才能充分感受到咖啡香。

示範 崔賢善 咖啡師（首爾）

CHAPTER **6**

FELT

PROFILE 小檔案

- 咖啡機 Slayer 雙頭
- 磨豆機 Mazzer Robur Electronic
- 周邊器具 VST 粉杯 18g
- 原豆，綜合原豆配方
  Seasonal 季節綜合─薩爾瓦多 La Florida 莊園
  水洗處理（El Salvador La Florida Washed）
  40%，哥斯大黎加奇斯皮塔紅蜜處理（Costa
  Rica Chispita Red Honey）20%，哥倫比亞
  聖荷西莊園水洗處理（Colombia San Jose
  Washed）40%
- 調豆方式，烘焙程度 先混合後烘焙，中等重烘
  焙
- 濃縮咖啡種類 雙份義式濃縮咖啡
- 原豆量 18.5～19.5g
- 萃取水溫 93.4℃
- 預浸時間，總萃取時間 10 秒，38 秒
- 最終萃取量 40g
- TDS，萃取量 8.7，19.5%
- 風味 乾燥香橙，焦糖，腰果，口感柔順

RECIPE 製作方式

1 先將粉杯用乾的擦拭布擦乾淨，再將研磨好
  的咖啡粉末適量地填裝進沖煮把手中。

2 進行整粉與填壓。

3 打開咖啡機熱水流放。

4 將沖煮把手鎖上咖啡機中。

5 用拉桿調整流量進行約 10 秒的預浸，同時
  在沖煮把手的出水口下放上濃縮咖啡杯。

6 預浸結束後調整流量，接著進行 28 秒的萃
  取。

STORY 小故事

濃縮咖啡為人氣品項的 FELT，選用的是美
國品牌 Slayer 雙頭義式咖啡機，其特色是
萃取是採拉桿操作，雖然使用上會有些不
便，不過萃取過程中能運用拉桿嘗試多種萃
取手法，也是其魅力所在。磨豆機是採用
Mazzer Robur 錐刀型磨豆機，雖然比起平
刀型磨豆機較不易細微地調整粉末粗細，以
至於難以提高萃取率，但 FELT 認為高萃取
率未必就是好咖啡，因此還是一直持續沿用
Mazzer Robur 錐刀型磨豆機。周邊器具方
面，因原本搭配咖啡機所使用的基本型粉杯
出水口較小，所以選擇換成出水孔徑較大的
VST 粉杯。

FELT 沒有固定的原豆清單，店內招牌
Seasonal 的混豆組合也常常變換比例或調
整加工方式，原豆為產地直送，所以混豆組
合也會隨每批生豆的狀態做變化。FELT 追
求呈現的咖啡口感是大眾接受度高，每天都
能來上一杯的平凡甘醇口味，而非過於豐富
華麗的風味。

店內使用的濃縮咖啡杯品牌為 Acme，杯具
顏色特別選用與店內設計風格一致的灰色
調。FELT 認為喝濃縮咖啡沒有什麼特別秘
訣或是要注意的地方，依照個人喜好享受其
中即可。

示範 宋大雄 咖啡師（音譯）

ZOMBIE COFFEE ROASTERS

PROFILE 小檔案

·咖啡機 La Marzocco FB80 三頭
·磨豆機 Mazzer Robur Electronic
·周邊器具 Pullman Flat 填壓器，IMS 分水網
·原豆，綜合原豆配方
　No Fear—瓜 地 馬 拉 卡 門 莊 園 水 洗 處 理
　（Guatemala El Carmen Washed）60%，哥
　斯大黎加唐奧斯卡莊園黃蜜處理（Costa rica
　Don Oscar Yellow Honey）40%
·調豆方式，烘焙程度 先混合後烘焙，第 1 次爆
　裂聲和第 2 次爆裂聲之間下豆
·濃縮咖啡種類 雙份義式濃縮咖啡
·原豆量 19 ～ 20g
·萃取水溫 94℃
·預浸時間，總萃取時間 不進行預浸，25 秒
·最終萃取量 32 ～ 35g
·風味 水果酸味，麥芽，甜味

RECIPE 製作方式

1　先將粉杯用乾的擦拭布擦乾淨，再將研磨好
　　的咖啡粉末適量地填裝進沖煮把手中。

2　進行整粉與填壓。

3　打開咖啡機熱水流放。

4　將沖煮把手鎖上咖啡機中。

5　放濃縮咖啡杯在出水口下。

6　不進行預浸直接按下萃取鈕進行約 25 秒的
　　萃取。

STORY 小故事

ZOMBIE COFFEE ROASTERS 位 於 複 合 式 商
圈，顧客年齡層廣泛且職業種類也多，希望
呈現給顧客的是口感均衡度佳的咖啡，因此
對於咖啡萃取的每一步驟都非常講究。為了
能仔細掌控萃取過程，選用的咖啡機是標
榜操作便利且溫度維持性佳的 La Marzocco
FB80。另外選用 IMS 分水網，其目的是在咖
啡萃取時，能讓水流均勻地散布在沖煮把手
內的咖啡粉粒；又為了防止通道效應＊，或
透過萃取液狀態立即確認是否有萃取不當之
處，店內採用的是無底把手進行萃取。

店內採用的萃取方式與一般基本步驟沒什麼
不同，主要專注在原豆的烘焙程度，以及特
別注重萃取用水的品質，追求的理想咖啡風
味是均衡度佳、酸甜適中且口感柔順。

店內的咖啡師會在上咖啡前先聞聞咖啡味
道，確認此杯咖啡萃取的狀態符合標準後才
提 供 給 顧 客。ZOMBIE COFFEE ROASTERS
建議客人在飲用濃縮咖啡前先聞過味道，再
用小茶匙充分攪拌後再飲用。

小範 李尚勳 咖啡師（音譯）

＊ 通道效應：在沖煮把手中的咖啡粉粒填裝不均勻
或不足時，而產生萃取出的濃縮咖啡液傾向某一
端流出的現象。

KISSO COFFEE COMPANY

PROFILE 小檔案

· 咖啡機 La Marzocco GB5 三頭
· 磨豆機 Compak K8 Fresh Red Speed
· 周邊器具 VST 粉杯 17g
· 原豆，綜合原豆配方

 Boss—巴西喜拉朵半日曬處理（Brazil Cerrado Pulped Natural）26%，瓜地馬拉安提瓜水洗處理（Guatemala Antigua Washed）32%，肯亞 AA 水洗處理（Kenya AA Washed）17%，薩爾瓦多 SHG 水洗處理（El Salvador SHG Washed）15%，哥斯大黎加塔拉珠水洗處理（Costa rica Tarrazu Washed）10%

· 調豆方式，烘焙程度 先烘焙後混合，巴西、瓜地馬拉、薩爾瓦多 —— 中等重烘焙 / 肯亞 —— 中度烘焙 / 哥斯大黎加 —— 中淺烘焙
· 濃縮咖啡種類 單份義式濃縮咖啡
· 原豆量 18 ～ 19g
· 萃取水溫 98°C
· 預浸時間，總萃取時間 2 秒，28 ～ 32 秒
· 最終萃取量 30ml
· TDS，萃取量 9.1，21.18%
· 風味 杏仁，黑巧克力，太妃糖，柳橙，淡淡酸味，厚重醇度

RECIPE 製作方式

1 先將粉杯用乾的擦拭布擦乾淨，再將研磨好的咖啡粉末適量地填裝進沖煮把手中。
2 進行整粉與填壓。
3 打開咖啡機熱水流放。
4 將沖煮把手鎖上咖啡機中。
5 按下萃取鈕進行約 2 秒的預浸，同時在沖煮把手的出水口下放上濃縮咖啡杯。
6 預浸結束後按下萃取鈕進行 26 ～ 30 秒的萃取。

STORY 小故事

主顧客群為 20 ～ 30 歲女性的 KISSO COFFEE COMPANY，主打口感柔順且溫醇的咖啡風味，希望顧客都能輕鬆不帶負擔地品嚐濃縮咖啡，因此店內稍稍將傳統義大利濃縮咖啡濃烈又厚重的口感，改良成符合韓國人接受的口味；招牌濃縮 Boss 即是遵循此理念萃取而成，萃取用水溫度設定在相對高溫的 98°C，如此一來萃取率提高，Boss 能呈現更豐富繽紛的咖啡香氣。沖煮把手內的粉杯是採用洞口間距與大小皆一致的 VST 系列產品，另外也選用符合粉杯大小的填壓器。KISSO COFFEE COMPANY 店內的咖啡師每日都會定時抽驗萃取狀態，嚴密控管萃取品質（QC, Quality Control）。在呈上咖啡給顧客前，咖啡師會先品嚐濃縮玻璃杯中的咖啡，確認萃取口味符合理想後，接著才將玻璃杯中的咖啡倒入給顧客的濃縮咖啡杯中。

店內使用的是充滿義式風情的 Espresso Parts 濃縮咖啡杯，濃縮咖啡上的克麗瑪與咖啡萃取液充分均勻混合後，能體現出較柔滑順口的咖啡風味，因此 KISSO COFFEE COMPANY 建議飲用濃縮咖啡前先稍加攪拌，風味更佳。

示範 金佳藝 咖啡師（音譯）

ASTRONOMERS
COFFEE

PROFILE 小檔案

- 咖啡機 La Marzocco GB3 單頭
- 磨豆機 Compak K10 Fresh
- 周邊器具 VST Triple 粉杯 22g，Ravaber US curve 填壓器 58.4mm
- 原豆，綜合原豆配方
  Pluto— 瓜地馬拉薇薇特南果水洗處理（Guatemala Huehuetenango Washed）40%，衣索比亞耶加雪夫日曬處理（Ethiopia Yirgacheffe Natural）30%，肯亞涅里水洗處理（Kenya Nyeri Washed）30%
- 調豆方式，烘焙程度 先烘焙後混合，瓜地馬拉 —— 中淺烘焙 / 伊索比亞 —— 中度烘焙 / 肯亞 —— 中度烘焙
- 濃縮咖啡種類 3 份義式濃縮咖啡
- 原豆量 24 ～ 25g
- 萃取水溫 92 ～ 93°C
- 預浸時間，總萃取時間 3 秒，28 ～ 30 秒
- 最終萃取量 35 ～ 40ml
- TDS，萃取量 12.57，17.60%
- 風味 葡萄柚，莓果類的酸與甜，淡淡茉莉花香，清爽後味

RECIPE 製作方式

1 先將粉杯用乾的擦拭布擦乾淨，再將研磨好的咖啡粉末適量地填裝進沖煮把手中。
2 進行整粉與填壓。
3 打開咖啡機熱水流放。
4 將沖煮把手鎖上咖啡機中。
5 用拉桿調整壓力至 10.5 巴進行約 3 秒的預浸，同時在沖煮把手的出水口下放上濃縮咖啡杯。
6 預浸結束後接著進行 25 ～ 27 秒的萃取。

STORY 小故事

ASTRONOMERS COFFEE 位於首爾熱鬧的弘大商圈，面對眾多客群各式各樣的需求，但並不刻意迎合時下流行趨勢，只專注在表現自己獨有的咖啡品味。

店內招牌濃縮 Pluto 基底帶有些酸味，不過考慮到咖啡口味的均衡度，特別選用衣索比亞日曬處理的咖啡豆做調和，平衡下較刺激的口感。萃取咖啡時最重視的是咖啡研磨狀態，因為咖啡豆的烘焙程度較低，為了使咖啡香味能更上一層樓，店內使用的是錐刀型磨豆機 Compak K10 Fresh，讓咖啡成份能夠充分被保留下來。電動磨豆機的好處是速度快、使用方便，但咖啡粉粒排出時多少會產生些誤差，所以店內在萃取前會確實測量咖啡用量。考慮到店鋪規模不大，所以咖啡機選用的是單頭的 La Marzocco GB3，雖然只有一個萃取口但能完成連續萃取，性能十分優異。

完成濃縮咖啡使用鬱金香型的咖啡杯來盛裝，其杯壁較厚所以保溫性佳。ASTRONOMERS COFFEE 希望來店的每位顧客都能喝到符合自己理想口味的濃縮咖啡。

示範 朴吉雄 咖啡師（首爾）

CHAPTER **10**

COFFEE
JUMBBANG

PROFILE 小檔案

- 咖啡機 La Marzocco Strada EP 三頭
- 磨豆機 Mahlkonig EK43
- 周邊器具 Flat/ C-Flat 填壓器 58mm，VST 粉杯 18g
- 原豆，綜合原豆配方
  Champagne—肯亞奇克水洗處理（Kenya Kick Washed）50%，薩爾瓦多橘子河水洗處理（El Salvador Los Naranjos Washed）50%
- 調豆方式，烘焙程度 先烘焙後混合，中度烘焙（第 1 次爆裂聲後過 1 分鐘下豆）
- 濃縮咖啡種類 芮斯崔朵
- 原豆量 19.2g
- 萃取水溫 91.8℃
- 預浸時間，總萃取時間 8 秒，30 秒
- 最終萃取量 25 ～ 30g
- 風味 葡萄，櫻桃，如氣泡香檳般的口感

RECIPE 製作方式

1 先將粉杯用乾的擦拭布擦乾淨，再將研磨好的咖啡粉末適量地填裝進沖煮把手中。

2 進行整粉與填壓。

3 打開咖啡機熱水流放。

4 將沖煮把手鎖上咖啡機中。

5 用拉桿調整壓力至 6 巴進行約 8 秒的預浸，同時在沖煮把手的出水口下放上濃縮咖啡杯。

6 預浸結束後接著進行 22 秒的萃取。

7 將萃取完成的咖啡倒入咖啡杯中。

STORY 小故事

COFFEE JUMBBANG 位於首爾廣壯洞，這裡離地鐵站有段距離，也非熱鬧商圈，附近是長老教會神學院，學生們不飲酒，相對來說對茶與咖啡更感興趣，他們首先是透過美式咖啡入門，接受咖啡香的洗禮後，接著也漸漸開始接受義式濃縮咖啡。招牌濃縮咖啡 Champagne 顧名思義，其風味就猶如香檳一般，濃烈水果香加上雖短暫但清爽的後味，是專門為神學院學生量身訂做萃取出的濃縮咖啡。

為了能更突顯咖啡原豆中原有的良好風味，咖啡師萃取時填裝較多的咖啡粉粒至沖煮把手，另外為了順暢萃取，研磨咖啡粉粒較粗，最大萃取量不超過 30g。如此的萃取方式多少會影響萃取率降低，不過目的是讓顧客能夠更爽口地飲用濃縮咖啡。

萃取出的濃縮咖啡是用 240ml 容量的薄水晶材質香檳杯盛裝給顧客。不用一般濃縮咖啡杯，而是用高腳香檳杯盛裝的原因，是希望能完整地傳達咖啡中帶有的葡萄與櫻桃香，而且香檳杯也比紅酒杯更適合保存克麗瑪。香檳杯的 90% 是用香氣填滿，建議飲用前先嗅一下香氣 1 ～ 2 秒，細細琢磨咀嚼其香氣後再入口。也別急著一口氣喝完，先喝一半後，約過 15 ～ 20 秒再喝下剩下的一半，如此一來邊喝能邊體會到香氣與咖啡味纏繞的美妙結合。

示範 魯贊英 代表（首爾）

17

手沖咖啡

近來精品咖啡蔚為風潮，

以下章節主要是以手沖咖啡時最常使用的器具為重心，介紹精品咖啡店的食譜。

每家店選擇手沖器具的依據都不太一樣，有些店家是按照咖啡原豆烘焙狀態與香味特性

來選擇適合的手沖道具，有些店家則是考慮到手沖咖啡與濃縮咖啡萃取手法不同，

所以是依照咖啡師的個性喜好與習慣來選用手沖器具。

接下來就一起來瞧瞧咖啡師的巧手是如何活用各式各樣的手沖器具來萃取咖啡。

KALITA

林之間咖啡
NAMUSAIRO COFFEE

PROFILE 小檔案

·手沖濾杯 Kalita 101D （塑膠）
·磨豆機 Ditting KR804
·過濾工具，滴漏壺，細口壺 Kalita FP101 白色濾紙，Kakita 300N 咖啡壺，Takahiro 900ml
·原豆，綜合原豆配方
　Rite of Spring——肯亞奇克水洗處理（Kenya Kick Washed）50%，薩爾瓦多橘子河水洗處理（El Salvador Los Naranjos Washed）50%
·調豆方式，烘焙程度 先烘焙後混合，中度烘焙
·原豆量 15g
·水量 約 160ml（萃取後再加入 40 ～ 50ml）
·萃取水溫 92°C
·燜蒸時間，總萃取時間 30 ～ 40 秒，約 2 分
·最終萃取量 130ml
·風味 青葡萄，柑橘，淡淡花香，清爽酸味，櫻桃和無花果的濃厚甜味

RECIPE 製作方式

1　將咖啡杯注滿熱水預熱。

2　用溫度計測量 92°C 的熱水，將熱水倒入細口壺中，稍微沖洗一下手沖濾杯與滴漏壺。

3　將濾紙摺好放入手沖濾杯中，接著在濾紙內倒入咖啡粉粒。

4　在步驟 3 的咖啡粉粒上注入 30ml 的熱水，進行 30 ～ 40 秒的燜蒸。

5　接著在咖啡粉粒上由中央往外呈漩渦狀地畫圓注入 100ml 熱水，進行第 1 次萃取。

6　水量漸漸被吸收後，再注入 30ml 的熱水，按照第 1 次萃取的方式進行第 2 次萃取。

7　萃取出約 130ml 的咖啡後，再將細口壺內約 40 ～ 50ml 的水倒入滴漏壺中，稀釋萃取出

8　萃取完成後，將步驟 1 咖啡杯中的水倒掉，再將步驟 7 的咖啡壺中萃取出的咖啡倒入杯中。

STORY 小故事

位於辦公室商圈的林之間咖啡的主客群為上班族，較不偏好過酸或太苦的咖啡口感，因此林之間咖啡追求萃取出均衡度佳，且酸味口感偏清爽的咖啡，同時也要充分呈現出咖啡原豆本身的特色風味。由於店內的手沖咖啡較多採用烘焙程度偏低的咖啡原豆，為避免咖啡成份萃取不完整，並且提升手沖咖啡的萃取率，所以使用溫度相對較高的水來進行萃取。在眾多手沖咖啡器具廠牌中，林之間咖啡選用的萃取器具是具有春之祭典象徵品牌 Kalita，其標榜的是能夠萃取出酸甜味均勻感佳的咖啡。塑膠材質比起陶瓷和其他材質所需的預熱時間較短，可以快速達到希望的萃取溫度，對於萃取時間掌控更有幫助。

手沖咖啡萃取時特別要注意的是，萃取水吸收速度慢會造成整體萃取時間拉長，咖啡容易變苦澀；相反地，若萃取速度過快則會造成萃取不完全，使咖啡變得平淡無味，必須要避免過慢與過快的萃取。萃取完成的咖啡要再加入水做稀釋，再倒入咖啡杯中；此時咖啡師會留一些咖啡在咖啡壺中，品嚐確認口感是否柔順後，最終才將咖啡交到客人手中。

林之間咖啡選用的是又被稱為「石頭杯」的 Syracuse 咖啡杯，容量約 180ml，預熱 1 次後不易再降溫，讓客人喝到杯中最後 1 滴咖啡都能還是能感受到咖啡的溫熱，久久享受香醇。

示範 玄閔暄 咖啡師（音譯）

KALITA WAVE

ELCAFE COFFEE ROASTERS

PROFILE 小檔案

· 手沖濾杯 Kalita Wave 185（不鏽鋼）
· 磨豆機 Mahlkonig EK434
· 過濾工具，滴漏壺，細口壺 Kalita 185 濾紙，Kakita 800N 咖啡壺，Yukiwa Pot 1L
· 原豆，綜合原豆配方 El Salvador Las Delicias Bourbon (Red, Orange Yellow) Washed
· 烘焙程度 第 1 次爆裂結束馬上下豆
· 原豆量 23g
· 水量 360ml
· 萃取水溫 93 ～ 95℃
· 燜蒸時間，總萃取時間約 25 秒，約 1 分 30 秒
· 最終萃取量 300ml
· TDS，萃取量 1.37 ～ 1.42，18 ～ 19%
· 風味 青蘋果，砂糖，洗鍊感，甜味，均衡感

RECIPE 製作方式

1 將熱水器溫度設定在 93 ～ 95℃的熱水倒入細口壺，接著再將熱水倒在倒置於手沖架上的滴漏壺預熱。

2 將濾紙摺好放入手沖濾杯中，接著在濾紙內倒入咖啡粉粒。

3 在步驟 2 的咖啡粉粒上注入 40 ～ 45ml 的熱水，進行 25 秒的燜蒸。

4 接著由中央往外呈漩渦狀地畫圓在咖啡中注入 150 ～ 160ml 熱水，進行第 1 次的萃取。

5 水量漸漸被吸收後，再注入 150 ～ 160ml 的熱水，按照第 1 次萃取的方式進行第 2 次萃取。

6 萃取結束後將步驟 5 的咖啡倒入杯中，即完成手沖咖啡。

STORY 小故事

生豆採用產地直接交易的 ELCAFE COFFEE ROASTERS，每一季的原豆清單都不太一樣，咖啡菜單的變化也很多，不過基本上追求帶有洗鍊感且均衡度佳的的咖啡風味。為了排除咖啡中的苦味，咖啡豆的烘焙程度主要偏低，萃取出的咖啡口感酸味較明顯，因此提升萃取率以平衡咖啡整體均衡度與甜味。

考量衛生、設計感與便利性，店內選用的手沖萃取器具為 Kalita Wave，不過其實比起使用器具，ELCAFE COFFEE ROASTERS 認為咖啡的烘焙、研磨等萃取條件的調整才是實際維持咖啡風味的要素，因此在器具的選用上並沒有特別堅持。進行燜蒸時使用比原豆量還要多 2 倍的水澆淋；正式進行萃取時，特別注意萃取水不傾斜任何一方，均勻地倒入咖啡粉粒中。ELCAFE COFFEE ROASTERS 表示，手沖萃取的要訣是不過度強調咖啡的其中一種風味，同時也要避免萃取不足，進行萃取時一定要考慮整體咖啡風味的調和。

萃取完成的咖啡使用 Ancap 咖啡杯盛裝交到客人手中。選用 Ancap 咖啡杯的原因主要有 2 個，以機能性層面來說，保溫程度較佳，另外以視覺角度來看，咖啡杯純白無花紋的設計也符合店主本身的個人取向。ELCAFE COFFEE ROASTERS 對於飲用 Kalita Wave 萃取出的咖啡沒有特別建議，最重要的是希望客人飲用咖啡時能享受愉悅的時光，畢竟在身心放鬆的狀態下不知不覺地發現杯已見底，才是真正的好咖啡。

示範 梁振昊 咖啡師（首席）

CHAPTER **3**

HELL CAFE

PROFILE 小檔案

·手沖濾杯 Hario Nell
·磨豆機 Fuji Royal R-220
·過濾工具，滴漏壺，細口壺 Hario 法蘭絨濾布 Kakita 300N 咖啡壺，Yukiwa 0.7L
·原豆，綜合原豆配方
  巴西，瑰夏，坦薩尼亞，瓜地馬拉，哥倫比亞（比例 1：1：1：2：2）
·調豆方式，烘焙程度 先混合後烘焙，第 2 次爆裂結束後下豆
·原豆量 約 30g
·水量 約 600ml
·萃取水溫 約 80°C
·燜蒸時間，總萃取時間 不進行燜蒸，約 3 分 30 秒～4 分
·最終萃取量 濃 60ml，中 120ml，淡 150ml
·TDS，萃取量 4.5，18%
·風味 厚重的醇度，甜味與苦味均衡，些微酸味

RECIPE 製作方式

1 將熱水注滿咖啡杯進行預熱。
2 用溫度計測量約 80°C 的熱水，將熱水倒入細口壺中，稍微沖洗一下手沖濾杯與滴漏壺。
3 將濾布放入手沖濾杯中，接著在濾布內倒入咖啡粉粒。
4 運用點注法＊讓水滴慢慢地滴入濾布中的咖啡進行萃取（約 2 分 30 秒至 3 分），直到萃取出的咖啡開始滴入咖啡壺中。此時移動的不是細口壺，而是用手將濾杯提起，由中央向外漩渦狀畫圓，讓細口壺中熱水滴入濾杯中。
5 點注法萃取後，稍微停頓 2～3 秒，接著用細口壺由中央往外呈漩渦狀地畫圓，注入非常細的水流，慢慢地進行第 1 次的萃取。
6 第 1 次萃取結束後，稍微停頓 2～3 秒，接著按照第 1 次萃取的方式進行第 2 次萃取。
7 將咖啡壺放上鍋爐，加熱萃取咖啡 10 秒。
8 將步驟 1 咖啡杯中的水倒掉，再將步驟 7 咖啡壺中萃取出的咖啡倒入杯中。

STORY 小故事

HELL CAFE 只提供採用手沖專用品牌法蘭絨濾布所萃取出的手沖咖啡，店內使用的是烘焙程度較重的原豆，所以選用能夠過濾掉雜味，又能強調出咖啡濃烈醇厚口感的法蘭絨濾布進行萃取。圓錐形的 Hario 濾布有充分的深度，有利於強調咖啡的濃烈口感；比起一般濾紙，採用濾布萃取能更進一步地提煉出咖啡香，也更能感受到這股香味的魅力，這就是選擇法蘭絨濾布萃取的其中一個理由。

剛開始萃取時先採用點注法，萃取的注意力集中在讓水自然而然地依存重力，盡可能慢慢地落進咖啡中，此時細心地調整細口壺出水的速度，使用細流萃取。

HELL CAFE 可以依照客人喜好的濃度來調整萃取量，不過店內一般最推薦特濃咖啡，烘焙程度較重且可以感受到餘韻。店內選用的咖啡杯是委託趙相全陶瓷文化基金會所製作的，萃取完成的咖啡用 80ml 容量的厚杯來盛裝。

示範 權耀燮 咖啡師（音譯）

＊點注法：從水壺中慢慢地用滴水珠的方式滴在咖啡粉粒上的萃取手法。

CHEMEX

FIVE BREWING

PROFILE 小檔案

- 手沖濾杯 Chemex 8 Cup 手沖壺（玻璃手把）
- 磨豆機 Mahlkonig Guatemala Lab
- 過濾工具，滴漏壺，細口壺 Chemex 三角形灰色濾紙，拉花鋼杯
- 原豆 伊索比亞日曬處理
- 烘焙程度 中度烘焙
- 原豆量 20g
- 水量 320ml
- 萃取水溫 90 ～ 96℃
- 燜蒸時間，總萃取時間 不進行燜蒸，約 2 分鐘 30 秒～ 3 分鐘
- 最終萃取量 約 290ml
- TDS，萃取量 1.15 ～ 1.22，19.2%（萃取比率 0.062）
- 風味 櫻桃，小紅莓，藍莓，乾淨餘味

RECIPE 製作方式

1 將熱水器溫度設定在 90 ～ 96℃的熱水倒入拉花鋼杯中。

2 將濾紙摺好放入手沖壺中，接著用拉花鋼杯中的熱水澆淋在濾紙上，稍稍濕潤。

3 握住手把將壺身稍微傾斜，使剛剛流入壺中的水由出水口引流出來。

4 在濾紙中放入咖啡粉粒。

5 採用亂流攪動法 * 一邊攪動咖啡粉粒，一邊用一刀流 * 的方式一口氣不間斷地注水。

6 萃取結束後將濾紙丟棄，再將萃取完的咖啡倒入咖啡杯中。

STORY 小故事

從首爾延熙洞搬移到弘大商圈的 FIVE BREWING 是一家手沖咖啡專賣店，店內的裝潢概念與菜單設計都是為了讓客人能更親近手沖咖啡的世界。使用的手沖器具從 Hario V600、Kalita Wave、Chemex、愛樂壓到虹吸式器具都有，不過客人多半比較喜愛口感柔順的咖啡，因此大部分採用 Chemex 進行萃取。店內選用的是口徑較寬的 8 cup size Chemex 手沖壺，萃取時並不是用一般出水口細小的細口壺，而是使用能製造出較粗水流的拉花鋼杯，採用一刀流式注水。濾紙也是選用比起一般濾紙材質還要厚的 Chemex 濾紙，就算萃取用水一次大量注入，某種程度上也能發揮控制萃取速度的效果，也就是如此才能夠維持咖啡口感的一致性。萃取時間依據咖啡原豆的烘焙日期與烘焙程度，每次會有些不同，若是使用烘焙已超過 2 天以上，或烘焙程度較低的咖啡豆，則會花比平常還要長一點的時間萃取。萃取後確認咖啡粉粒是否全部均勻地貼靠在濾紙上，來評估萃取狀態。

用 Chemex 手沖壺萃取完成的咖啡以 400ml 容量的馬克杯盛裝，杯壁厚所以保溫度佳。建議從咖啡壺倒咖啡時不要分次倒入，而是一次性地全部倒入，如此一來飲用時才可以更長時間感受到咖啡香氣。飲用時先細細玩味第一口咖啡的口感，再慢慢地享受隨時間經過而變化的咖啡香味。

示範 都賢洙 咖啡師（音譯）

* 亂流攪動法：在手沖咖啡沖煮過程中，如亂流般地不斷攪動濾杯中的咖啡粉粒，製造出漩渦狀，並一面採快速注水的萃取手法。

* 一刀流：不同於點注法慢慢滴水萃取，一氣呵成不間斷地將水注入咖啡中的萃取手法。

HARIO

MESH COFFEE

ARTISTIC
COFFEE
DUO

PROFILE 小檔案

· 手沖濾杯 Hario V60（玻璃）
· 磨豆機 Mahlkonig EK43
· 過濾工具，滴漏壺，細口壺 Hario V60 02 褐色濾紙，Hario VCS-01 咖啡壺，Bonavita Gooseneck 細口電熱壺
· 原豆 哥倫比亞橘子河水洗處理（Colombia Los Naranjos Washed）
· 烘焙程度 中度烘焙
· 原豆量 16g
· 水量 280g
· 萃取水溫 98°C
· 燜蒸時間，總萃取時間 30 秒，3 分 10 秒
· 最終萃取量 253g
· TDS，萃取量 1.35，21%
· 風味 柳橙，蜜桃，葡萄柚，黑醋栗，焦糖，牛奶巧克力，果汁味，口感滑順的餘味

RECIPE 製作方式

1 將咖啡杯注滿熱水進行預熱。
2 將細口電熱壺的溫度設定 98°C壺。
3 用電熱壺中的熱水稍稍沖洗手沖壺與咖啡壺。
4 將濾紙摺好放入手沖壺中，再用熱水澆淋在濾紙上稍稍濕潤。
5 接著在濾紙內倒入咖啡粉粒。
6 在步驟 5 的咖啡粉粒上注入 40g 的熱水，進行約 30 秒的燜蒸。
7 接著由中央往外呈漩渦狀地畫圓，在咖啡中注入 100ml 熱水，進行第 1 次的萃取。
8 水量漸漸被吸收後，再注入 40g 的熱水，按照第 1 次萃取的方式再進行 5 次萃取。
9 萃取完成後，將步驟 1 咖啡杯中的水倒掉，接著再將步驟 8 咖啡壺中萃取出的咖啡倒入杯中。

STORY 小故事

MESH COFFEE 坐落在充滿自由氛圍的首爾聖水洞，來到這裡的客人多半是尋求日常中能輕鬆飲用的咖啡，因此店內選用 Hario 手沖壺做為主要萃取器具，將咖啡的柔順口感充分萃取出來。

MESH COFFEE 追求呈現出咖啡原豆本身優良的特性，避免過於刺激的味道，因此在萃取咖啡時是使用溫度較高的萃取用水，以提高萃取率，維持酸甜的均衡感。研磨也是設定在較細的程度，盡量突顯出咖啡成份。店內時常運用磅秤、溫度計與 VST 咖啡濃度量測儀等器具，不斷細心地調整萃取手法。招牌手沖咖啡使用中度烘焙的哥倫比亞橘子河水洗處理原豆，即是利用 VST 咖啡濃度量測儀，依照 1 杯咖啡的量來設定原豆用量，顯現出帶有成熟水果的酸味與牛奶巧克力的甜味的手沖咖啡。

在萃取過程中為防止發生通道效應，特別注意維持咖啡粉粒層的濕潤度，持續均勻且定量地注水，如此才完成 1 杯口感柔順又香味豐富的手沖咖啡。萃取完畢後咖啡粉末呈現一層平坦狀態，才算是完成正常的萃取。

萃取完成的咖啡選用鬱金香形狀的拿鐵咖啡杯來盛裝，原因是店主認為拿鐵杯富有的舒適形象與流暢的鬱金香形狀曲線，與手沖咖啡搭配也毫無違和感。MESH COFFEE 建議客人在飲用咖啡時，一邊細細體會隨溫度變化而有所不同的咖啡風味。

示範 金賢燮 咖啡師（音譯）

HARIO

王昌商會
WANGCHANG CO.

PROFILE 小檔案

· 手沖濾杯 Hario V60（不鏽鋼）
· 磨豆機 Mahlkonig EK43
· 過濾工具，滴漏壺，細口壺 Hario V60 02 褐色濾紙，Kalita 300N 咖啡壺
· 原豆，綜合原豆配方
  House Blending— 印尼洛由拉水洗處理（Indonesia Loyola Washed）30%，伊索比亞耶加雪夫利姆日曬處理（Ethiopia Yirgacheffe Limu Natural）30%，哥倫比亞庫卡水洗處理（Colombia Cauca Washed）40%
· 調豆方式，烘焙程度 先混合後烘焙，深城市烘焙
· 原豆量 26 ～ 30g
· 水量 約 300ml
· 萃取水溫 90 ～ 94℃
· 燜蒸時間，總萃取時間30秒，1分40～50秒
· 最終萃取量 200ml
· TDS，萃取量 2.04，15%
· 風味 均衡度佳，醇度高，淡淡的甜味與酸味

RECIPE 製作方式

1　將煮沸水靜置到 90 ～ 94℃，倒入細口壺中，再用熱水稍稍沖洗咖啡壺。

2　將濾紙摺好放入手沖壺中，接著在濾紙內倒入咖啡粉粒。

3　將熱水注入步驟 2 的咖啡，使咖啡濕潤，進行約 30 秒的燜蒸。

4　由中央往外呈漩渦狀地畫圓，在步驟 3 的咖啡中注入熱水，進行第 1 次的萃取。

5　接著觀察水湧上與被吸收的狀態，按照第 1 次萃取的方式，再進行 4 至 5 次萃取。當水被吸收的速度漸緩時，此時為避免過度萃取，用亂流攪動法迅速地在咖啡粉粒中製造漩渦，並用粗水流注入萃取。

6　萃取完成後，將步驟 1 咖啡杯中的水倒掉，再將步驟 5 咖啡壺中萃取出的咖啡倒入杯中。

STORY 小故事

愛好 WANGCHANG CO. 王昌商會手沖咖啡的主客群並不是附近居民，大部分是來自商圈外的流動人口；這些客人來這裡的目的，大多主要是想藉由咖啡這個媒介來搭起溝通的橋樑，因此王昌商會致力於突顯自我風格，努力維持咖啡的高品質水準。

店內的手沖咖啡是採用較細的咖啡粉粒做萃取，濾紙內的咖啡粉粒量也較多，如此多少會造成過度萃取，而使咖啡產生苦澀的口感。為了防止這樣的情況發生，店內選用 Hario V60 手沖壺，其萃取口較大，因此水能快速流出，提升萃取速度，也就比較容易呈現咖啡原豆原有的風味。王昌商會認為手沖器具的材質對萃取本身影響不大，店內選用的手沖壺是不鏽鋼材質，比起玻璃或塑膠都來得好保養且耐久性較佳。

萃取完的咖啡是用韓國老式茶房所使用的白色咖啡杯盛裝，充滿復古懷舊風情，容量約 180ml。咖啡師在萃取完成後將咖啡壺裡的咖啡倒入杯中，此時會預留一部分咖啡在咖啡壺中，直接品嚐並確認這杯咖啡是否有充分體現出其產地品種與加工方式的特徵，確認口感沒問題後，才提供給客人。店內特別偏好後勁十足、口感強烈的咖啡，希望能夠與一般家常咖啡店做出區隔，藉由運用高檔器具與多樣化的原料，來展現出王昌商會獨有的風格。

示範 王會長

SIPHON

GREEN MILE COFFEE

PROFILE 小檔案

- 手沖濾杯 Hario Siphon TCA-2
- 磨豆機 Mahlkonig EK43
- 過濾工具，滴漏壺 Hario 濾布，Bonmac 鹵素燈加熱器
- 原豆 哥倫比亞橘子河水洗處理
- 烘焙程度 城市烘焙前半
- 原豆量 17g
- 水量 180ml
- 萃取水溫 96℃（燜蒸溫度 86℃）
- 燜蒸時間，總萃取時間 30 秒，約 50 秒
- 最終萃取量 165ml
- TDS，萃取量 1.45 ～ 1.5，18%
- 風味 牛奶巧克力，柳橙，紅酒，柔順口感

RECIPE 製作方式

1 將咖啡杯裝滿 55 ～ 65℃熱水進行預熱。
2 將濾布裝在上壺 *（load），接著放置在手沖架上。
3 用熱水稍稍沖洗虹吸壺下座（下端濾壺）。
4 將虹吸壺下座裝滿熱水，再放上加熱器，將水溫加熱至約 96℃。
5 用熱水澆淋步驟 2 的上壺，使其濕潤。
6 將步驟 4 虹吸壺下座從加熱器上移開，稍稍傾斜裝上步驟 5 的上壺後，再放置到加熱器上。
7 將咖啡粉粒放進上壺中並直立。
8 水開始煮後會透過真空管上湧到上壺，此時使用攪拌棒將咖啡粉粒與水充分朝同一方向攪拌 10 次左右，溫度達到 86℃時轉小火。
9 第 1 次燜蒸結束後，約過 30 秒後關火，再用攪拌棒將咖啡層朝同一方向稍稍攪拌約 5 ～ 6 次。
10 接著若看見上壺的咖啡通過濾布往下座滲流，就可以將上壺與下座分離。
11 最後將萃取出的咖啡倒入咖啡杯中，即完成 1 杯虹吸式萃取咖啡。

STORY 小故事

GREEN MILE 僅提供虹吸式萃取的手沖咖啡，因為虹吸式咖啡具有特別的魅力，能充分發揮出咖啡本身風味的特性，呈現濃郁的咖啡香氣，而且多虧其如同物理實驗般特有的萃取法，讓萃取咖啡富有視覺享受的效果，是其他萃取方式所不能比的。另外在繁忙時段，虹吸式咖啡的萃取也比其他手沖咖啡來得快速。

店內的虹吸式萃取採用的是低溫萃取方式，將咖啡粉粒放入上壺後，煮沸水透過真空管湧至上壺進行萃取，這樣做的目的是為了避免因高溫而造成過度萃取。又為了展現出咖啡濃郁醇厚與滑順的口感，過濾工具選用的是法蘭絨濾布；由於濾布會有無法將咖啡粉粒中的超細微粉末過濾掉的缺點，因此在選豆時會特別排除掉剛烘完的原豆，而選擇保有一定程度二氧化碳的原豆，適度的二氧化碳能夠吸附在這些超微細粉末上，最後萃取完後會留在虹吸上壺中。咖啡粉末與萃取水的比例約為 1 比 10，虹吸咖啡師在這樣的比例下得發揮技巧調整燜蒸時間，萃取完後，剩餘的咖啡粉粒形成一個圓頂狀，並將超細微粉末過濾掉，才能完成一杯口感柔順的手沖咖啡。萃取完的哥倫比亞咖啡醇度與均衡度皆有非常好的表現，搭配這樣的口感，選用的是英國品牌 Wedgwood 咖啡杯來盛裝。GREEN MILE 推薦客人飲用咖啡時能夠享受其隨著冷卻而變化的香氣與風味。

永順 崔昌海 虹吸咖啡師（音譯）

* 上壺：虹吸咖啡壺的上面部位，是原豆與水混合發生萃取的空間。

CHAPTER **8**

AEROPRESS

RUHA COFFEE

PROFILE 小檔案

- 手沖濾杯 Aerobie Aeropress 愛樂壓
- 磨豆機 Comandante C40
- 過濾工具，滴漏壺，細口壺 VidasTech Retina Hexa Filter 金屬濾網，Arobie Micro 濾紙 3 張，Kinto Slow300ml 咖啡壺，Kalita Hosoguchi 700ml 手沖細口壺
- 原豆 厄瓜多 Olinka Velez 水洗處理（Ecuador Olinka Velez Washed）
- 烘焙程度 中度烘焙
- 原豆量 27g
- 水量 約 65ml（萃取後再加入 165ml）
- 萃取水溫 95°C
- 燜蒸時間，總萃取時間約 20 秒，約 1 分 20 秒
- 最終萃取量 約 35ml
- TDS，萃取量 1.13，23%%
- 風味 櫻桃，杏桃，餘味深長

RECIPE 製作方式

1 在細口壺中倒入 95°C 熱水。
2 在濾蓋上放上 Hexa 金屬濾網和一張濾紙，接著倒出細口壺中的熱水，澆淋使其濕潤。
3 再放上一張濾紙在步驟 2 的濾蓋上。
4 將濾蓋擰緊進濾筒中，在下面放盛裝的咖啡杯。
5 在濾筒中放入咖啡粉粒。
6 再將另一張濾紙用熱水浸濕後放在填壓器上。
7 用填壓器按壓濾筒內的咖啡粉粒，直到咖啡粉粒沾到濾紙上為止。在這過程中，就算濾紙滑掉了也要將咖啡粉粒整平。
8 將熱水倒入在填壓好的濾紙上。

9 壓桿裝進濾筒。
10 壓桿緩緩壓下濾筒，當濾蓋中的咖啡液集結成 1、2 滴左右時暫時停止，進行燜蒸。
11 燜蒸約 20 秒後，再慢慢地繼續將壓桿下壓到底。
12 萃取出的咖啡量約 35ml，再倒入 165ml，70 ～ 80°C 左右的熱水稀釋，即完成一杯愛樂壓萃取咖啡。

STORY 小故事

RUHA COFFEE 採用愛樂壓與聰明濾杯做手沖萃取，店內的精品咖啡選擇多樣豐富，每週的單品咖啡都會更換不同的咖啡原豆。愛樂壓雖然體積小，但能做出各式各樣的萃取手法，所以店內選用愛樂壓作為手沖器具。

店內特有的萃取手法是將咖啡粉粒研磨至極細，使用金屬濾網與 3 張濾紙來進行萃取。用多張濾紙是為了提高萃取壓力，就好比萃取濃縮咖啡一樣，在高度加壓下萃取出的咖啡口感介於手沖咖啡與濃縮咖啡之間，且甜味豐富。用愛樂壓進行萃取時必須要注意的是，填壓完成後水一定要在中間位置，因為如果不是從中間，而是至濾筒邊緣的話，會造成濾紙掀起。接著壓下壓桿時也要留意，加壓時不要讓空氣外漏；這些細節都十分重要。

萃取完的愛樂壓咖啡使用 Pasabache 和 Casablanca 咖啡杯盛裝，因萃取時是將咖啡杯直接放在愛樂壓底下，杯上載有器具的壓力，因此需要使用較堅固的杯具。另外為了能夠觀察萃取的狀況，選用透明玻璃杯。

示範 李宗華 咖啡師（吾覺）

18

咖啡拿鐵與卡布奇諾

義式濃縮咖啡混合牛奶，就成了咖啡拿鐵與卡布奇諾。兩者的差異在於蒸奶與奶泡的比例。

看似單純的不同，但製作過程絕對不簡單，

依照牛奶量、蒸奶方式與溫度等要素的變化，

所製作出來的蒸奶與奶泡質感、香味也不盡相同，

與萃取出的濃縮咖啡在搭配性的平衡上也有很大影響，一杯咖啡的風味也就取決與此。

接下來介紹的咖啡拿鐵與卡布奇諾食譜，

可以看出這些店家為了研發出濃縮咖啡與牛奶的最佳組合所費的苦心。

CAFE LATTE

FACTORY 670

PROFILE 小檔案

· 義式咖啡機 Synesso Hydra 三頭
· 磨豆機 Mazzer Robur Electronic
· 原豆，綜合原豆配方
  No. 5—伊索比亞 Chire 水洗處理（Ethiopia Chire Washed）40%，宏都拉斯 Francisco Alvarado 水 洗 處 理（Honduras Francisco Alvarado Washed）35%，哥倫比亞聖奧古斯丁水洗處理（Colombia San Agustin Washed）25%
· 調豆方式，烘焙程度 先烘焙後混合，中度烘焙
· 濃縮萃取方式 預浸 3 秒，總萃取時間 28 〜 30 秒，雙倍濃縮 40ml
· 拉花鋼杯 600ml，V 字型出水口
· 牛奶 濟州牧場有機農鮮奶（脂肪含量 6.5%）250ml
· 蒸奶溫度 65°C
· 奶泡程度 奶泡少牛奶多（濕奶泡）
· 最終飲料容量 約 290ml
· 風味 水蜜桃，柳橙，柳橙，豐沛甜味，柔順口感

RECIPE 製作方式

1 先將研磨好的咖啡粉粒適量地填裝進沖煮把手中，接著進行濃縮萃取。

2 在咖啡萃取進行同時，一面將牛奶倒入拉花鋼杯製作蒸奶。

3 蒸奶溫度達到 65°C後停止蒸製，再將蒸奶以傾注成型 * 方式倒入至步驟 1 萃取完的濃縮咖啡中。

STORY 小故事

韓國本土咖啡品牌 FACTORY 670 的生豆採產地直接交易，且擁有自營烘焙工廠，不僅在咖啡原豆的品質上嚴格把關，店內使用的牛乳也是精挑細選，從牧場到咖啡師手中，再到客人嘴裡，每個過程細節都非常細心講究。牛乳為單一牧場所供給，乳牛是吃有機甘草與穀食長大，擠出來的牛乳經短時間低溫殺菌，能完全保有原有營養，新鮮又濃純。雖然使用低脂牛奶不易做蒸奶，打出來的奶泡維持度較差，但單一牧場牛奶的香純與濃縮咖啡的組合仍發揮出高水準的風味，拿鐵中的濃縮咖啡和牛奶互相調和，兩者皆保有自我風格，維持完美比例。蒸奶技巧方面，結束的溫度基準並非定在奶泡實際完成的時間點，而是考慮客人初飲時最適切的溫度 65°C做結束。

完成的咖啡拿鐵使用 Acme 拿鐵杯盛裝，杯壁厚且保溫性較佳，杯子內層的圓弧面也十分適合表現拿鐵拉花。FACTORY 670 的拿鐵風味帶有水果酸味與甜味，兩者結合均衡度佳，建議飲用時可以稍微加一些店內特別調製的有機砂糖，能感受到更濃郁的拿鐵香。

示範 安晟民 咖啡師（音譯）

* 傾注成型：將牛奶倒入咖啡表面，使奶泡於咖啡上形成不同的圖案，為拿鐵拉花方式的一種。

CHAPTER **2**

金藥局咖啡會社
KIMYAKGUK COFFEE COMPANY

PROFILE 小檔案

· 義式咖啡機 Rocket Espresso R8 雙頭
· 磨豆機 Mazzer Kony Electronic
· 原豆，綜合原豆配方
  Hush Chocolate— 哥倫比亞特級水洗處理
  （Colombia Supremo Washed）60%，伊索
  比亞耶加雪夫日曬處理（Ethiopia Yirgacheffe
  Natural）40%
· 調豆方式，烘焙程度 先烘焙後混合，深城市烘
  焙
· 原豆量 18～19g
· 濃縮萃取方式 預浸 3～4 秒，總萃取時間
  25～30 秒，雙份芮斯崔朵濃縮 25～30g
· 拉花鋼杯 HOMEART 350ml
· 牛奶 首爾牛乳 Milk Master（脂肪含量 16%）
  200ml
· 蒸奶溫度 55～60°C
· 奶泡程度 1～1.5cm 程度的絲絨奶泡 （velvet
  milk foam）
· 最終飲料容量 250ml
· 風味 黑巧克力，渾厚的醇度，奶油乳酪，柔順
  口感

RECIPE 製作方式

1 先將研磨好的咖啡粉粒適量地填裝進沖煮把
   手中，接著進行濃縮萃取。
2 在咖啡萃取進行同時，一面將牛奶倒入拉花
   鋼杯製作蒸奶。
3 蒸奶溫度達到 55～60°C後停止蒸製，再將
   蒸奶以傾注成型方式倒入至步驟 1 萃取完的
   濃縮咖啡中。

STORY 小故事

KIMYAKGUK COFFEE COMPANY 金藥局咖啡
會社的特濃卡布奇諾，與一般的拿鐵和卡布
奇諾不太一樣，濃縮咖啡味偏重，是為了強
調濃縮咖啡所開發出的口味。濃縮萃取技巧
強調的是僅保留原豆好的成份，並避免過度
萃取，因此每次萃取量遵守在 25～30g，
咖啡口感的均衡度透過萃取量作調節，為了
維持一致的濃縮咖啡萃取品質，店內選用
Rocket Espresso R8 雙頭咖啡機，其內部的
蒸氣鍋爐與咖啡鍋爐為獨立設置，使機器內
部的溫度能夠穩定維持。在咖啡研磨方面，
為了減少研磨時發熱，磨豆機是選用有椎型
刀盤設計的 Mazzer Kony。

濃縮咖啡萃取進行的同時也製作蒸奶，這個
步驟是製作卡布奇諾過程中最重要的部分。
製作蒸奶時鋼杯的迴轉若不順暢，或是溫度
過高，都會造成奶泡與牛奶分層，這點要特
別注意。在正常情況下完成的蒸奶具有綿密
又有彈性的質感。

在濃縮咖啡上倒入蒸奶而完成的特濃卡布奇
諾，用的是杯身較高的馬克杯盛裝，若是用
杯身較低、杯緣又寬的杯子，會讓咖啡容易
很快冷卻。金藥局咖啡會社建議客人拿到咖
啡時馬上先啜飲個 1、2 口，先充分體會咖
啡整體的味道後，再慢慢地繼續飲用。由於
時間一久，卡布奇諾裡的牛奶與奶泡會分層，
口感會變得比較不滑順，因此一般建議最多
在 3 分鐘之內飲用完畢。啜
飲 1、2 口後，也可以在
卡布奇諾中加入一茶匙
砂糖，體驗另一種如蜂
蜜般甜蜜的咖啡風味。

示範 金賢浩 咖啡師（音譯）

CAPPUCCINO ITALIAN

CAFFE KAMPLEKS

PROFILE 小檔案

· 義式咖啡機 La marzocco Linea Classic 雙頭
· 磨豆機 Mazzer Major Manual
· 原豆，綜合原豆配方
  Sud——巴西半日曬處理（Brazil Pulped Natural）為基底，再加上非洲與中南美洲產的 8 種原豆混合
· 調豆方式，烘焙程度 先後混合皆有，中度烘焙
· 原豆量 18.5g
· 濃縮萃取方式 預浸約 2 ～ 3 秒，總萃取時間 10 ～ 16 秒，雙份芮斯崔朵濃縮 27ml
· 拉花鋼杯 Novo 600ml（鐵氟龍）
· 牛奶 每日牛乳 Original（脂肪含量 14%）150ml
· 蒸奶溫度 60℃
· 奶泡程度 介於濕奶泡與絲絨奶泡之間
· 最終飲料容量 200ml
· 風味 堅果，巧克力，椰子，高醇度，滑順口感

RECIPE 製作方式

1　先將研磨好的咖啡粉粒適量地填裝進沖煮把手中，接著進行濃縮萃取。

2　在咖啡萃取進行同時，一面將牛奶倒入拉花鋼杯製作蒸奶。前半段通過空氣的注入，先充分製造大量奶泡；為了避免奶泡變粗糙，進行時需注意迴轉鋼杯的時間是否足夠。

3　蒸奶溫度達到 55 ～ 60℃後停止蒸製，在步驟 1 萃取完的濃縮咖啡中撒上可可粉。

4　再將蒸奶以傾注成型方式倒入至步驟 3 中。

STORY 小故事

位在辦公商圈的 CAFFE KAMPLEKS，來客大多是喜愛偏濃咖啡口味的上班族，所以店內的義式濃縮咖啡口感整體而言擁有較強的咖啡香，且醇度高。

上班時間與中午時段是上班族客群來訪的尖峰時段，來客人潮較多，因此店內選擇的就算是連續萃取，鍋爐溫度也能穩定維持的 La marzocco Linea Classic 義式咖啡機。磨豆機方面，店內的需求是研磨時發熱量能降到最低，因此磨豆機的平刀盤選用的是比起一般尺寸 64mm 還要再大一點的 84mm 平刀盤，能夠減少研磨的摩擦次數，又為了能快速且準確地填量咖啡粉粒，而選用手動式的磨豆機。

製作 CAPPUCCINO ITALIAN 時首先確認濃縮咖啡是否依照事前設定的基準做萃取，接著進行蒸奶時需特別注意奶泡形成的量，咖啡拿鐵與卡布奇諾的區別就在於奶泡量，若製作出來的奶泡量不足，就不是一杯成功的卡布奇諾，也就無法交到客人手上。CAPPUCCINO ITALIAN 的蒸奶質感彈性十足，就算用湯匙攪拌，奶泡還是能久久維持。

完成的咖啡使用卡布奇諾專用杯盛裝，卡布奇諾的奶泡量較多，因此需要用容量大一點的杯子，採用專用杯盛裝能適切地展現出奶泡澎湃的感覺。CAFFE KAMPLEKS 建議客人拿到卡布奇諾時，先不要使用湯匙攪拌，享受其咖啡香氣後再慢慢啜飲，牛奶、奶泡與濃縮咖啡一口氣同時入喉，更能感受到 CAPPUCCINO ITALIAN 濃烈又深層的咖啡香；另外也可以依照個人喜好加入一小匙的砂糖，增添咖啡另一層風味。

示範 劉聖洙 咖啡師（音譯）

CHAPTER **4**

DUMBOCCINO

RUSTED IRON

PROFILE 小檔案

- 義式咖啡機 La marzocco GB5 雙頭
- 磨豆機 Mazzer Kony Electronic
- 原豆，綜合原豆配方
  Black Forest—巴西聖塔茵莊園半日曬處理（Brazil Santa Ines Pulped Natural）35%，哥倫比亞安提奧基亞省水洗處理（Colombia Antioquia Washed）40%，瓜地馬拉 El Panorama 水洗處理（Guatemala El Panorama Washed）25%
- 調豆方式，烘焙程度 先烘焙後混合。巴西 - 城市烘焙／哥倫比亞，瓜地馬拉 - 深城市烘焙
- 原豆量 20g
- 濃縮萃取方式 預浸 5 秒，總萃取時間 23 ～ 28 秒，雙份義式濃縮 40g
- 拉花鋼杯 義大利 Motta 350ml
- 牛奶 每日牛乳清晨牧場（脂肪含量 16%）320ml
- 蒸奶溫度 60 ～ 63°C
- 奶泡程度 4cm 程度的絲絨乾奶泡
- 最終飲料容量 320ml
- 風味 黑巧克力，黑糖，炭烤堅果，渾厚醇度，柔順口感，餘味深長

RECIPE 製作方式

1 先將研磨好的咖啡粉粒適量地填裝進沖煮把手中，接著進行濃縮萃取。

2 在咖啡萃取進行同時，一面將牛奶倒入拉花鋼杯製作蒸奶，前半段的蒸奶空氣注入與迴轉同時進行，後半段持續迴轉時一邊注意溫度。

3 蒸奶溫度達到 60 ～ 63°C後停止蒸製，用湯匙挖取奶泡，從中間開始放入步驟 1 萃取完

的濃縮咖啡中。

4 杯中的奶泡差不多裝滿一半以上後，接著將剩餘的蒸奶對準杯中央倒入，最上層要再放上距離杯口 1 公分厚度的奶泡。

5 可依照喜好在奶泡上撒上些許肉桂粉，即完成一杯 DUMBOCCINO。

STORY 小故事

RUSTED IRON 的招牌咖啡 DUMBOCCINO 是所謂的乾卡布奇諾，其製作方式是在義式濃縮咖啡上先放上一匙奶泡，再倒入蒸奶。為了維持乾卡布奇諾的澎湃感以及呈現出奶泡的柔順質感，製作時使用了比一般卡布奇諾更多的牛奶量，實際使用的奶泡量大約為 40ml。店內選用的 Motta 拉花鋼杯其杯身中間部分有彎折的設計，在製作蒸奶時比起一般產品，鋼杯的迴轉能更快速地進行，有助於奶泡的形成。

蒸奶的溫度若超過或低於 62°C，都會使牛奶的香甜流失，而且也會破壞與濃縮咖啡調和的均衡程度，因此 RUSTED IRON 非常堅持嚴守蒸奶溫度，基準維持在 62°C。濃縮咖啡的萃取則是使用口感帶香甜且醇度極高的 Black Forest。

完成的 DUMBOCCINO 使用 280ml 容量的馬克杯盛裝，其杯緣較寬，可以讓奶泡的厚度能夠清楚呈現出來。飲用 DUMBOCCINO 時首先用好似咬的方式先吸一口奶泡，感受奶泡柔順的口感後，接著再滿滿地一口氣喝下濃縮咖啡與牛奶，如此一來能夠更完整地體會卡布奇諾的甜蜜與厚實感。

永駒高球樂代表，李圭浩咖啡師（台灣）

CAFE LONDON

CAFE IDO

PROFILE 小檔案

· 義式咖啡機 Slayer 8 雙頭
· 磨豆機 Mazzer Robur Electronic
· 原豆，綜合原豆配方
Dark Night—巴西培雷拉莊園（Brzil Irmas Pereira）35%，衣索比亞西達莫夏奇索莊園（Ethiopia Sidamo Shakiso）30%， 瓜地馬拉貝拉卡摩娜莊園（Guatemala Bella Carmona）25%，肯亞尼耶利太古 AB（Kenya Nyeri Tegu AB）10%
· 調豆方式，烘焙程度 先混合後烘焙，中度烘焙
· 原豆量 21.5g
· 濃縮萃取方式 不進行預浸，萃取時間 18 ～ 20 秒，雙份芮斯崔朵濃縮 14 ～ 16ml
· 拉花鋼杯 350ml
· 牛奶 每日牛乳 Original（脂肪含量 14%）120ml
· 蒸奶溫度 55℃
· 奶泡程度 1cm 以下的絲絨奶泡
· 最終飲料容量 約 135ml
· 風味 茉莉花，巧克力，紅酒，草本，洋甘菊，香草，肉桂

RECIPE 製作方式

1 先將研磨好的咖啡粉粒適量地填裝進沖煮把手中，接著進行濃縮萃取。

2 在咖啡萃取進行同時，一面將牛奶倒入拉花鋼杯，開始蒸製稠密的奶泡與牛奶。

3 蒸奶溫度達到 55℃後停止蒸製，再將蒸奶以傾注成型方式倒入至步驟 1 萃取完的濃縮咖啡中，注意最後奶泡的厚度不要超過 1cm。

STORY 小故事

坐落在首爾弘大商圈的 CAFE IDO 的來客大多是對時下流行趨勢敏感的年輕客群，所以時常推出種類豐富又具有特色的咖啡菜單，其中 CAFE LONDON 為店內銷售量始終維持在前幾名的人氣品項。CAFE LONDON 是用咖啡拿鐵專用的玻璃杯盛裝，為的是向客人推廣歐式玻璃杯拿鐵，這樣的點子來自於張賢宇咖啡師在倫敦時所喝到香濃拿鐵，他運用當時口感的回憶創造出店內招牌 CAFE LONDON。考慮到韓國消費者一般習慣飲用份量多且溫度較高的拿鐵，為了使客人們能夠感受到咖啡拿鐵香濃順口的均衡感，CAFE IDO 拿鐵中的濃縮咖啡與牛奶是依照最佳比例所調製而成。

CAFE LONDON 的牛奶量少，為避免因此而造成濃縮咖啡味道太刺激，濃縮咖啡用的是採短萃取的芮斯崔朵。萃取前每次都會先將沖煮把手放上磅秤，歸零後填裝咖啡粉粒至沖煮把手中秤重，精準地測定咖啡粉粒量。滑順的蒸奶倒入萃取完的雙份芮斯崔朵後，即完成一杯 CAFE LONDON。店內選用的杯具是 Libbey 玻璃杯，希望客人能將重心放在咖啡本身的風味，所以使用的不是華麗的杯具，而特意選用設計簡單的玻璃杯。用玻璃杯盛裝的拿鐵溫度不會太燙，而是剛好可接受的溫熱程度，因此 CAFE IDO 建議客人最好在冷卻前快速飲用完畢。

示範 張賢宇 咖啡師（音譯）

CHAPTER **6**

CHAMP COFFEE

CHAMP COFFEE ROASTERS

PROFILE 小檔案

· 義式咖啡機 La marzocco GB5 雙頭
· 磨豆機 Mazzer Robur Electronic
· 原豆，綜合原豆配方
 Espresso Talk— 哥 倫 比 亞 微 批 次 系 列
（Colombia Micro-Lot）40%，宏都拉斯微批
次 系 列（Honduras Micro-Lot）20%，Brazil
Mogiana 20%，Kenya Red Mount 20%
· 調豆方式，烘焙程度 先混合後烘焙。深城市烘
 焙
· 原豆量 24 ～ 26g
· 濃縮萃取方式 預浸 6 ～ 8 秒，總萃取時間
 35 ～ 40 秒，雙份義式濃縮 40ml
· 拉花鋼杯 350ml，V 字型杯嘴
· 牛奶 首爾牛乳 NA 100%（脂肪含量 16%）200ml
· 蒸奶溫度 63 ～ 65℃
· 奶泡程度 7mm 程度的絲絨奶泡
· 最終飲料容量 240ml
· 風味 黑莓，杏仁，黑巧克力

RECIPE 製作方式

1 先將研磨好的咖啡粉粒適量地填裝進沖煮把
 手中，接著進行濃縮萃取。

2 咖啡萃取進行同時，一面將牛奶倒入拉花鋼
 杯製作蒸奶。

3 蒸奶溫度達到 63 ～ 65℃後停止蒸製，再將
 蒸奶以傾注成型方式倒入至步驟 1 萃取完的
 濃縮咖啡中。

STORY 小故事

CHAMP COFFEE ROASTERS 是由 3 兄弟所
共同經營，主客群包含附近居民與巷弄間
來往的形形色色人群。為了使來店的客人
能夠更輕鬆地親近咖啡，CHAMP COFFEE
ROASTERS 直接將咖啡名稱用店名來標示，
招牌咖啡 CHAMP COFFEE 也就是在 3 兄弟
的發想下所誕生的，與店名相呼應，也是店
內最具代表性的一品。

CHAMP COFFEE 單純是濃縮咖啡與牛奶的
結合，製作過程簡單，但為了確實地突顯出
咖啡風味，店內對於原豆的品質控管非常講
究。進行烘焙時會考慮到混合的生豆所產生
之物理性與香味性的均衡度，全方位調和咖
啡的酸、甜與醇度再進行濃縮萃取。萃取時，
有時原豆使用量與研磨程度會因溫濕變化而
有些細微的不同，但原則上都盡量努力維持
一致萃取的品質。

CHAMP COFFEE ROASTERS 認為，CHAMP
COFFEE 的濃縮咖啡與熱牛奶的味覺性搭配
比例十分重要，同時也認為視覺上的均衡度
是不可忽略的，希望客人透過雙眼見識兩者
的調和，所以店內特別選用透明的 Duralex
杯來盛裝 CHAMP COFFEE。建議客人不要
攪拌並快速飲用，第一口先將重心放在品嚐
濃縮咖啡的香味，接下來再享受隨時間流
逝，每一口都呈現不同風貌的拿鐵咖啡香
氣。

示範 何東俊 代表（右譯）

CHAPTER **7**

LEESAR COFFEE ROASTERS

PROFILE 小檔案

- 義式咖啡機 Faema Legend E61 雙頭
- 磨豆機 Mazzer Robur Electronic
- 原豆，綜合原豆配方
  Dilly Classic—巴西喜拉朵日曬處理（Brazil Cerrado Natural）50%，瓜地馬拉聖伊莎貝爾莊園水洗處理（Guatemala Santa Isabel Washed）50%
- 調豆方式，烘焙程度 先混合後烘焙，重烘焙
- 原豆量 15 ～ 16g
- 濃縮萃取方式 不進行預浸，萃取時間 25 ～ 35 秒，雙份義式濃縮共 20 ～ 30g
- 拉花鋼杯 Homeart 350ml，V 字型杯嘴
- 牛奶 每日牛乳 Original（脂肪含量 14%）130ml
- 蒸奶溫度 60 ～ 80℃
- 奶泡程度 0.5 ～ 1cm 程度的絲絨奶泡
- 最終飲料容量 約 180ml
- 風味 堅果，黑巧克力，焦糖，些微酸味，渾厚的醇度

RECIPE 製作方式

1. 先將研磨好的咖啡粉粒適量地填裝進沖煮把手中，接著進行濃縮萃取。
2. 咖啡萃取進行同時，一面將牛奶倒入拉花鋼杯製作蒸奶。
3. 蒸奶溫度達到 60 ～ 80℃時停止蒸製，再將蒸奶以傾注成型方式倒入至步驟 1 萃取完的濃縮咖啡中。

STORY 小故事

LEESAR COFFEE ROASTERS 剛開始營運時，是採用輕烘焙的原豆來製作 Flat White，但客人大多反應咖啡口味偏酸，接受度低，因此後來更改配方，換成用重烘焙原豆萃取，店內的 Flat White 才越來越受歡迎。

Flat White 的濃縮咖啡部分有 2 種萃取配方，一是採用受客人歡迎的 Dilly Classic 綜合，二是選用店內其中 1 種特選豆來萃取。Flat White 和一般拿鐵不同，特徵是牛奶的比例較少，且咖啡味偏重，LEESAR COFFEE ROASTERS 希望能推廣 Flat White 的特色，因此多半推薦客人選擇咖啡香味濃厚的 Dilly Classic 綜合。Dilly Classic 綜合的原豆組成中，巴西的原豆是固定配方，其餘原豆的搭配選擇則是以產地為中南美地區，且能夠承受重烘焙的高密度生豆為主。另外為了維持萃取品質的一致性，每次萃取都會使用磅秤來確認填裝粉量與萃取量，由此可見 LEESAR COFFEE ROASTERS 對於 Flat White 中的濃縮咖啡萃取品質把關十分用心。在牛奶的選擇上，店內選用的是鈉含量比其他市售產品還要高的每日牛乳 Original，甜味比較突出，能讓蒸奶的風味濃厚且順口。蒸奶溫度是設定在 60 ～ 80℃之間，可依照氣候狀況與客人的喜好做調整，只要落在此範圍內都可接受。

LEESAR COFFEE ROASTERS 選用 Duralex Picardie 的杯子來盛裝 Flat White，刻意與盛裝咖啡拿鐵和卡布奇諾的陶瓷杯做區分，展現 Flat White 的特殊之處。客人可以依照自己的方式飲用即可，或是可以加入約 2.5g 的砂糖攪拌後飲用，也別有一番風味。

示範 李敏燮 咖啡師（音譯）

LATTE REISSUE

REISSUE

PROFILE 小檔案

- 義式咖啡機 Faema Legend E61 雙頭
- 磨豆機 Anfim Super Caimano
- 原豆，綜合原豆配方
  Wild Cat—巴西半日曬處理（Brazil Pulped Natural）33%，哥斯大黎加水洗處理（Costa Rica Washed）27%，瓜地馬拉水洗處理（Guatemala Washed）25%，衣索比亞西達莫水洗處理（Ethiopia Sidamo Washed）15%
- 調豆方式，烘焙程度 先後混合皆有，中度烘焙
- 原豆量 共 36 ～ 37g（1 杯的基準量為 18 ～ 18.5g）
- 濃縮萃取方式 雙份芮斯崔朵萃取 2 次後，皆不進行預浸萃取 18 ～ 20 秒，雙份義式濃縮 15ml，共 30ml
- 牛奶 Denmark Classic Milks（脂肪含量 14%）120ml
- 冰塊量 約 70 ～ 75g
- 最終飲料容量 約 200ml
- 風味 奶油，焦糖，牛奶巧克力，花香，柔順口感

RECIPE 製作方式

1. 先將冰塊與牛奶倒入咖啡杯中。
2. 研磨好的咖啡粉粒填裝進沖煮把手中，先放上濃縮咖啡杯進行第 1 次的萃取，接著萃取 15ml 的雙份芮斯崔朵，不預浸萃取 18 ～ 20 秒。
3. 同 2 的步驟再萃取 1 次濃縮咖啡。
4. 將萃取完的濃縮 2 &3 慢慢地倒入步驟 1 的咖啡杯中。

STORY 小故事

REISSUE 喜愛 Old Fashioned 風格的經典濃縮咖啡，運用牛奶就可以變化出多采多姿的特調飲品，其中一個就是店內招牌 Latte REISSUE，是酸味低且咖啡香濃，醇度高的冰拿鐵。Latte REISSUE 中的濃縮咖啡就是使用 Wild Cat 綜合豆萃取而成，烘焙程度過低，或是使用太多香味過度獨特的原豆，會使整體咖啡香味太厚重而造成口感負擔，因此 Wild Cat 綜合豆採中度烘焙。

Latte REISSUE 調製的重點就是放在濃縮咖啡的萃取，雙份的芮斯崔朵要萃取 2 次，一定要依原豆的狀態遵照正確的萃取量，另外要注意第 1 次萃取結束後到第 2 次的萃取之間不可有停頓，需快速地進行。Latte REISSUE 的風味簡單樸實中又帶有些焦糖與巧克力的香氣。

店內選用容量約 300ml 的透明 Durobor 杯來盛裝 Latte REISSUE，可以清楚觀賞濃縮咖啡與牛奶層層混合的樣貌，建議不攪拌飲用，第一口即可感受到克麗瑪的香氣，接著濃縮咖啡與牛奶交纏的柔順質感也會一併湧上。也可以在咖啡中添加些許砂糖或是卡魯哇咖啡香甜酒（Kahlua），別有另一番風味。

示範 成智賢 咖啡師（音譯）

NO ICE LATTE

EPIC ESPRESSO
THE COFFEE BAR

PROFILE 小檔案

· 義式咖啡機 La Marzocco FB80 三頭
· 磨豆機 Mazzer Robur Electronic
· 原豆，綜合原豆配方
　Retro（Steamers Coffee Factory）—
　Ethiopia Mormora Washed 30%，India Calle
　de Barapura Washed 30%，Guatemala El
　Platanar Washed 20%，巴西喜拉朵日曬處理
　（Brazil Cerrado Natural）20%
· 調豆方式，烘焙程度 先混合後烘焙，城市烘焙
· 原豆量 19g
· 濃縮萃取方式 不進行預浸，萃取 28 ～ 32 秒，
　雙份義式濃縮 38 ～ 42g
· 牛奶 Denmark Classic Milks（脂肪含量 14%）
　200ml
· 最終飲料容量 240ml
· 風味 苦甜，黑巧克力，堅果

RECIPE 製作方式

1　將牛奶從冷凍庫中取出，倒入咖啡杯中。

2　將步驟 1 的咖啡杯放在托盤上。在飲料完成
　前先將杯子放上托盤的原因是為了將晃動程
　度減到最低，這樣濃縮咖啡與牛奶的分層才
　能維持較久。

3　將研磨好的咖啡粉粒填裝進沖煮把手中，放
　上預熱好的濃縮咖啡進行萃取。

4　運用湯匙輔助，慢慢地將萃取好的濃縮咖啡
　倒入步驟 1 的咖啡杯中。

STORY 小故事

坐落在社區型公寓中的 EPIC ESPRESSO THE
COFFEE BAR，其招牌為去冰拿鐵（No Ice
Latte），是特別為了一些不喜歡冰塊的客人
所開發的。其實去冰拿鐵也算是咖啡師之間
小有人氣的員工餐點。一般熱拿鐵喝到最後，
蒸奶的奶泡逐漸散去，而冰拿鐵也會因冰塊
融化而走味。去冰拿鐵最主要特點是沒有這
些缺點，咖啡味可以久久持續如第一口飲用
時的濃郁。

濃縮咖啡與牛奶的比例調和是去冰拿鐵的核
心重點。首先在濃縮咖啡萃取的部分，店內
選用的是基本性能充足且容易操控各式變數
的 La Marzocco FB80 義式咖啡機，萃取水溫
設定在 94°C。磨豆機是採用 Mazzer Robur
錐刀磨豆機，其特色是咖啡粉粒的損失較低，
對於呈現咖啡風味更有幫助。為了讓萃取好
的濃縮咖啡風味維持新鮮不受影響，最後使
用溫度 4°C 的牛奶倒入濃縮咖啡中，如此就
完成了一杯 18°C 的去冰拿鐵。18°C 的溫度讓
人回憶起小時候喝紙盒牛奶的模樣，學生時
期學校供給的牛奶來不及馬上喝，放置了一
陣子後再喝，也恰好就是這個溫度。18°C 就
是個充滿回憶的溫度，拿鐵咖啡不會受到蒸
奶溫度或冰塊稀釋的影響，可以直接品嚐拿
鐵咖啡最真實、最原味的風味。

250ml 的玻璃牛奶盒杯是店內咖啡師的經典
收藏品其中之一，飲用時客人可以一面欣賞
咖啡中的層次變化，直接飲
用或攪拌後飲用，皆有各
自特色風味。

示範 全慶恩 咖啡師（首爾）

19

花式咖啡

花式咖啡主要介紹各咖啡店的特色招牌飲品。

成功的花式咖啡飲品不但可成為吸引客人的原動力，也能提升咖啡店本身的競爭力。

以下介紹的花式咖啡是僅能在該咖啡店才品嚐得到的；就算是一般耳熟能詳的名稱，

其口味也是獨一無二，絕無僅有。接下來一起來瞧瞧這些味道背後的秘密吧。

CHAPTER **1**

SHAKERRATO

PLATZ COFFEE

PROFILE 小檔案

- 義式咖啡機 La marzocco GS3 單頭
- 磨豆機 Mahlkonig K30 Twin
- 原豆，綜合原豆配方
  Platz Signature—瓜地馬拉 El Panorama 水洗處理（Guatemala El Panorama Washed）50%，哥倫比亞薇拉水洗處理（Colombia Huila Washed）30%，哥斯大黎加 Verde Alto 處理廠紅蜜處理（Costa Rica Verde Alto Red Honey）20%
- 調豆方式，烘焙程度 先混合後烘焙，中度烘焙
- 原豆量 24g
- 濃縮萃取方式 包含預浸總共萃取 35 秒，雙份 芮斯崔朵 25g
- 副原料 哥倫比亞有機農砂糖 1/2 匙，Monin 香草糖漿 15ml，水 90ml，冰塊 5～6 顆，咖啡原豆 3 粒
- 最終飲料容量 140ml
- 風味 柳橙，焦糖，牛奶巧克力，可可亞，香草，均衡度佳

RECIPE 製作方式

1 首先將冰塊放入咖啡杯中預冷。

2 砂糖和香草糖漿放入搖杯中。

3 研磨好的咖啡粉粒填裝進沖煮把手中，進行濃縮咖啡萃取。預浸進行與否取決於咖啡原豆的狀態，包含預浸時間總共萃取 35 秒。

4 在步驟 2 搖杯中倒入步驟 3 萃取好的濃縮咖啡，以及 2～3 顆冰塊，蓋上蓋子搖動。搖晃以畫圓的方式進行，這樣冰塊才不會因過度衝擊而碎裂，冰塊形狀可以維持住，且飲料的濃度也不容易被稀釋。

5 將步驟 1 咖啡杯中的冰塊倒掉，再加入 2～

3 顆新的冰塊。

6 將步驟 4 搖杯中的飲料使用濾網過濾，倒入步驟 5 咖啡杯中，最後在飲料上放上 3 粒咖啡原豆做裝飾

STORY 小故事

在水原廣橋地區就擁有 2 家分店（Wellbeing Town 店、廣橋樹林小區店）的 PLATZ COFFEE 是一家強調特調咖啡實用面的咖啡烘焙店，在迎合大眾口味的同時也企圖藉由自家研發的特殊口感與消費者們產生共鳴，Shakerrato 即是在這樣的概念下開發出的品項。PLATZ COFFEE 的 Shakerrato 是義式濃縮再加上香草糖漿以及有機砂糖，這樣的組合能帶出層次更豐富的咖啡香，恰到好處的微甜口感，就算不是愛喝咖啡的人也能輕易接受這樣的濃縮咖啡。

製作 Shakerrato 的重點在於搖晃的方式，搖晃的強度決定了濃度與泡沫的質感。為了使搖杯內容物能混合均勻，採用的是硬搖盪法（hard shaking），不採前後搖晃，而是採畫圓的方式搖晃，如此一來冰塊才不容易碎裂，飲品也較能保持其原本的風味，而且製造出來的泡沫也較濃密。結束搖晃後倒出飲料，最後在上層留下約 1 cm 的泡沫，能使咖啡口感更加柔順。

PLATZ COFFEE 選用 Arcoroc 的 Red Spyro Martini 高腳杯來盛裝 Shakerrato，希望賦予平凡的咖啡一些特別的魅力，高雅的馬丁尼高腳杯也正好與店內具現代感的氣氛相互呼應。建議客人點用 Shakerrato 時盡量不要選擇外帶，而是坐在吧檯輕鬆地享用，消磨閒暇時光。

示範 David 咖啡師

VANILLA LATTE

MONAD COFFEE
ROASTERS

PROFILE 小檔案

· 義式咖啡機 La marzocco Strada EE 雙頭
· 磨豆機 Victoria Arduino Mythos one
· 原豆，綜合原豆配方
  Almond Blossom—伊索比亞耶加雪夫水洗處
  理（Ethiopia Yirgacheffe Washed）30%，
  哥倫比亞薇拉水洗處理（Colombia Huila
  Washed）20%，瓜地馬拉薇薇特南果水洗處
  理（Guatemala Huehuetenango Washed）
  50%
· 調豆方式，烘焙程度 先混合後烘焙，城市烘焙
· 原豆量 19.8 ～ 20g
· 濃縮萃取方式 不進行預浸，萃取 25 ～ 28 秒，
  雙份義式濃縮 35g
· 拉花鋼杯 600ml
· 牛奶 每日牛乳 Original（脂肪含量 14%）190g
· 蒸奶溫度 70°C
· 奶泡程度 5mm 程度的絲絨奶泡
· 副原料 手作香草糖漿
· 最終飲料容量 260ml
· 風味 焦糖，柳橙，香草糖漿的香甜，均衡度佳

RECIPE 製作方式

1 將冷藏的香草糖漿倒入咖啡杯中。
2 研磨好的咖啡粉粒填裝進沖煮把手中，進行
   濃縮咖啡萃取。
3 將步驟 2 萃取好的濃縮咖啡倒入步驟 1 咖啡
   杯中稍加攪拌。
4 牛奶倒入拉花鋼杯後製作蒸奶。
5 蒸奶溫度達到 70°C時停止蒸製，再將蒸奶以
   傾注成型方式倒入至步驟 3 咖啡杯中。

STORY 小故事

MONAD COFFEE ROASTERS 為確保熟客回
訪，致力於開發與其他咖啡店不同的口味。
幾乎每家咖啡店都可見到的香草拿鐵，在
MONAD COFFEE ROASTERS 的精心調配下，
成為本店一大特色飲品。

香草拿鐵的核心莫過於香草糖漿。MONAD
COFFEE ROASTERS 使用的香草糖漿是店內
親自製作，使用向熟識小農所購買的有機砂
糖與天然香草豆，經由一步步精心調配而
成。為了維持糖漿一致的品質口味，MONAD
COFFEE ROASTERS 十分重視香草豆的選購，
總是選擇最新鮮的原料，堅持好的香草豆可
以決定一杯香草拿鐵的品質，客人從喝下第
一口時就能感受到。透過調整各原料的比例
與火候來拿捏糖漿的濃度，MONAD COFFEE
ROASTERS 自製的香草糖漿比起一般市售產
品濃稠度較高，香味也較濃郁。在濃縮咖啡
製作方面，店內眾多咖啡師一起工作的情況
下，萃取重點是要維持品質一致，因此所有
咖啡師在每次萃取時都會使用磅秤精準地測
量填粉量與萃取量，並將這些數據記錄下來
歸檔。

完成的香草拿鐵選用 Ancap Verona 的杯子
盛裝，容量剛好是最適合表現出濃縮咖啡、
蒸奶與香草糖漿一同融和時的均勻感；而
且 Ancap 拿鐵杯還有另一個特色，其杯緣接
觸嘴唇的部分觸感佳，是 MONAD COFFEE
ROASTERS 貼心地考量到客
人飲用感受而選用。

示範 金弘友 咖啡師（音譯）

CHAPTER **3**

CABARET MACCHIATO

CABARET MACCHIATO

PROFILE 小檔案

· 義式咖啡機 La Cimbali M27 雙頭
· 磨豆機 Anfim Caimano
· 原豆，綜合原豆配方
  Vertigo（CAFFEE BRULEE）— 巴西 40%，
  薩爾瓦多 20%，伊索比亞耶加雪夫日曬處理
  （Ethiopia Yirgacheffe Natural）20%，India
  Azad Hind Robusta 20%
· 烘焙程度 中度烘焙
· 原豆量 18g
· 濃縮萃取方式 不進行預浸，萃取 18 ～ 25 秒，
  雙份芮斯崔朵 30ml
· 牛奶 每日牛乳 Original（脂肪含量 14%）175g
· 奶泡程度 2 ～ 2.5cm 柔滑奶泡
· 副原料 Torani 香草糖漿 20ml，冰塊 7 顆，手
  作生焦糖 10g，焦糖醬少許
· 其他器具 Tiamo 奶泡器 200ml/400ml
· 最終飲料容量 400ml
· 風味 濃厚巧克力，焦糖，香氣四溢的堅果

RECIPE 製作方式

1 將冰牛奶倒入奶泡器中，上下抽拉壓桿製造
   奶泡後，再放入冰箱內保存。
2 在咖啡杯中倒入香草糖漿與些許牛奶。
3 研磨好的咖啡粉粒填裝進沖煮把手中，進行
   濃縮咖啡萃取，不進行預浸約萃取 18 ～ 25
   秒。
4 在步驟 2 咖啡杯中放入冰塊，將冰箱中的步
   驟 1 奶泡器取出，用大湯匙挖出奶泡放入杯
   中，奶泡層厚度約 2 ～ 2.5cm。
5 在步驟 4 杯中再倒入步驟 3 濃縮咖啡，接著
   再放上些許奶泡。
6 在最上層奶泡上呈迴旋狀澆淋些許焦糖醬，
   最後再放上幾顆生焦糖裝飾，CABARET
   MACCHIATO 即大功告成。

TIP CABARET MACCHIATO
生焦糖製作方法

1 將牛奶（300ml）和砂糖（300g）放入鍋中
   熬煮。
2 待步驟 1 牛奶煮沸後，陸續加入鮮奶油
   （600ml）、奶油（10g）、蜂蜜（30g）、
   香草豆（1/3 個）繼續熬煮。
3 步驟 2 鍋內容物開始沸騰後轉小火，繼續煮
   到溫度達到 116℃，此時持續攪拌約 1 小時
   左右，乾熬至差不多可以接受的程度。
4 接著將液體起鍋，倒入鋪上烤盤用紙（烘焙
   用紙）的四方盤中，冷卻凝固即可。

STORY 小故事

位在弘大商圈小巷弄間的 CABARET MACCHIATO，
店內的招牌焦糖瑪奇朵是直接使用店名 CABARET
MACCHIATO 來命名。CABARET MACCHIATO 上的
生焦糖是店內親自手作；考慮到一般焦糖瑪奇朵的
甜度較高，因此咖啡中的焦糖糖漿改用香草糖漿替
代，讓整體的焦糖味不會太膩，甜度順口，許多不
愛喝甜的客人對 CABARET MACCHIATO 的接受度
也很高。

最上層的奶泡上還需要承受生焦糖的重量，因此一
定要製作出彈性足夠的奶泡。最基本的是要讓奶泡
有稠密感且柔順，所以咖啡製作的第一步驟即是先
製作奶泡並放入冰箱保存，為的是確保有充分時間
生成泡沫。另外要注意奶泡放上牛奶時不要一次倒
入，要慢慢地放上去，才能成功製造出層次感。

完成的 CABARET MACCHIATO 用 400ml 容量的透
明玻璃杯盛裝，可以清楚地欣賞牛奶、濃縮咖啡以
及奶泡層層交疊的景致。建議客人拿到飲料後可以
先挖一些上層的焦糖醬和生焦糖品嚐，再用吸管飲
用整杯飲料，這樣最能夠完整地感受到 CABARET
MACCHIATO 的魅力。

示範 金美妍 咖啡師（音譯）

CHAPTER **4**

STEAMERS
COFFEE FACTORY

PROFILE 小檔案

· 義式咖啡機 La Mazocco FB80 三頭
· 磨豆機 Mazzer Robur Electronic
· 原豆，綜合原豆配方

Dynamic—Ethiopia Mormora Washed 40%，瓜地馬拉聖伊莎貝爾莊園水洗處理（Guatemala Santa Isabel Washed）30%，瓜地馬拉佛羅里達莊園水洗處理（Guatemala Florida Washed）30%

· 調豆方式，烘焙程度 先混合後烘焙，第 1 次爆裂和第 2 次爆裂之間起鍋
· 原豆量 19g
· 濃縮萃取方式 包含預浸時間總共萃取 26 ～ 32 秒，雙份義式濃縮 35 ～ 40g
· 拉花鋼杯 600ml
· 牛奶 每日牛乳 Original（脂肪含量 14%）約 160ml
· 蒸奶溫度 約 65℃
· 奶泡程度 5mm 濕奶泡（奶泡少牛奶多）
· 副原料 Cointreau 君度橙酒 6ml，黑糖 10g
· 最終飲料容量 約 210ml
· 風味 花香，柚子系列酸味，黑糖

RECIPE 製作方式

1 將君度橙酒與黑糖倒入咖啡杯中。
2 研磨好的咖啡粉末填裝進沖煮把手中進行濃縮咖啡萃取，包含預浸時間總共萃取 26 ～ 32 秒。
3 將步驟 2 萃取完的濃縮咖啡倒入步驟 1 咖啡杯混合。
4 將牛奶倒入拉花鋼杯進行蒸製，注意鋼杯迴轉的動作，蒸奶進行的前半段不要讓過多空氣注入牛奶中。
5 蒸奶溫度達到 65℃後停止蒸製，再將蒸奶以傾注成型方式倒入至步驟 3 咖啡杯中

STORY 小故事

STEAMERS COFFEE FACTORY 位於首爾繁華的林蔭大道邊緣，善於運用創意開發出許多嶄新又有趣的菜單，其中招牌之一的柚子卡布奇諾（Citrus Capuccino），即是為了與其他店家做出市場區隔而誕生的飲品。

STEAMERS COFFEE FACTORY 認為卡布奇諾的生命是由蒸奶與濃縮咖啡的調和所賦予，為了這兩者的結合，其密度與質感盡量要達成一致。首先濃縮咖啡部分，店內使用的 La Mazocco FB80 採用非拉桿式的按鈕操作，容易微調萃取設定值，讓誤差發生的可能性降到最低。萃取水溫度則是固定設定在 94℃，磨豆機則是選用標榜能帶出原豆細緻香氣的 Mazzer Robur。柚子卡布奇諾的濃縮咖啡使用的是 Dynamic 綜合配方，原豆中含有豐富的香氣與酸味，不但能突顯卡布奇諾的特色風味，也與牛奶的濃純香十分調和。蒸奶可說是卡布奇諾製作中最需要集中精神的一個階段，在牛奶溫度達到 40℃以前，注意必須要慢慢地注入空氣，才能製作出濃稠又滑順的奶泡。

完成的柚子卡布奇諾選用 8oz 容量，杯壁偏厚的拿鐵杯盛裝，希望客人飲用時能夠細細品味咖啡與橙酒融合的甜味與香氣。

示範 玄載東 咖啡師（首爾）

ORANGE CAPPUCCINO

NOAHS
ROASTING

PROFILE 小檔案

· 義式咖啡機 La Mazocco GB5 雙頭
· 磨豆機 Mazzer Super Jolly Electronic
· 原豆，綜合原豆配方
　Dark Velvet一肯亞涅里蓋特麗麗 AA 水洗處理
　（Kenya Nyeri Gaturiri AA Washed）30%，
　巴 西 神 木 莊 園 黃 波 旁 種 日 曬 處 理（Brazil
　Sertaozinho Yellow Boubon Natural）， 衣
　索比亞哈洛巴利迪日曬蜜處理（Ethiopia Halo
　Bariti Natural Honey）40%
· 調豆方式，烘焙程度 先烘焙後混合，深城市烘
　焙（岩燒烘焙）
· 原豆量 18g
· 濃縮萃取方式 預浸 4 秒，總共萃取 21 ～ 23 秒，
　雙份芮斯崔朵 30ml
· 拉花鋼杯 350ml
· 牛奶 每日牛乳 Original（脂肪含量 14%）160ml
· 蒸奶溫度 60℃（夏季），68℃（春季，秋季，
　冬季）
· 奶泡程度 5mm 程度的絲絨奶泡
· 副原料 手作柳橙糖漿 30ml，柳橙切片（半月
　型）裝飾一片
· 最終飲料容量 200ml
· 風味 柳橙，檸檬，焦糖，多汁

RECIPE 製作方式

1　在杯盤上擺上預熱好的咖啡杯，並在杯中放
　　入柳橙糖漿。
2　研磨好的咖啡粉粒填裝進沖煮把手中，進行
　　濃縮咖啡萃取。
3　在咖啡萃取進行同時，一面將牛奶倒入拉花
　　鋼杯，開始製作蒸奶與稠密的奶泡。
4　蒸奶溫度達到 60 ～ 68℃時停止蒸製，再將

蒸奶以傾注成型方式倒入至步驟 2 咖啡杯
中，此時奶泡要對準杯中央注入。
5　在步驟 4 完成的咖啡上放上柳橙片做裝飾，
　　即大功告成。

STORY 小故事

柳 橙 卡 布 奇 諾（Orange Capuccino） 是
NOAHS ROASTING 特別在冬季推出的季節性
飲品，菜單開發的概念是運用柳橙溫暖的色
澤與酸酸甜甜的滋味來抵抗寒冬，賦予客人
滿滿活力。

為了突顯柳橙卡布奇諾中的濃縮咖啡香氣，
NOAHS ROASTING 使 用 重 烘 焙 的 Dark
Velvet 混豆萃取，咖啡機則是選用標榜萃取
水溫能穩定維持的 La Mazocco GB5，確保每
次萃取品質的一致。而為了使萃取出來的濃
縮咖啡和牛奶與柳橙糖漿達到完美的融合，
必須製作出粒子稠密的奶泡與蒸奶。柳橙糖
漿是店內親自手作，一共經過 4 次仔細洗滌，
反覆地長時間熬煮、過濾再熬煮，精心調製
而成。最後做為裝飾的柳橙切片是使用新鮮
水果而非乾燥果乾，點綴出柳橙卡布奇諾的
清新。

完成的飲品選用 Studio M 的 Prendre 茶杯
盛裝，符合冬季飲品的形象。杯具色澤充滿
溫度，且圓型模樣的設計正好與柳橙裝飾做
搭配。NOAHS ROASTING 希望客人飲用柳橙
卡布奇諾時也能一面聞到果香，
所以比起用杯體較深的外帶
杯，選擇用茶杯才能使柳
橙更加香氣四溢。

示範 全珉 咖啡師（音譯）

CHAPTER **6**

CAFE SAIGON

CAFE MULE

PROFILE 小檔案

·義式咖啡機 Areobie Aeropress 愛樂壓
·磨豆機 Kalita KDM-300GR
·過濾工具，滴漏壺，細口壺 Vitastech Retina Hexa Filter 金屬濾網，拉花鋼杯 600ml，Hario Buono 細口壺 1.2L
·原豆，綜合原豆配方
Mule Colour Range White—Brazil CoE#19 Fazenda São Paulo Natural 50%，瓜地馬拉美蒂娜莊園水洗處理（Guatemala Medina Washed）30%，肯亞歐薩雅伊恰瑪瑪水洗處理（Kenya Othaya Ichamama Washed）20%
·調豆方式，烘焙程度 先混合後烘焙，第 1 次爆裂聲後馬上下豆
·原豆量 28g
·萃取水量 140ml
·預浸時間，總萃取時間 約 30 秒，總共 1～2 分鐘
·最終萃取量 約 100g
·副原料 每日牛乳鮮奶油 270g，丹麥生奶油 90g，砂糖 10g，香草香精 2～3 滴，首爾牛乳煉乳 30g
·最終飲料量 160ml
·風味 牛奶焦糖，香草，餘味深長

RECIPE 製作方式

1 在碗內放入鮮奶油、生奶油、砂糖和香草香精，使用奶泡器攪拌後再放入冰箱內保存。
2 將壓桿裝進濾筒下，用熱水澆淋使其濕潤。
3 在咖啡杯中倒入煉乳。
4 將咖啡粉粒與 90g 的水倒入濾筒中，進行 30 秒的燜蒸。

5 用攪拌匙攪拌咖啡與水約 10 次後，再倒入 50g 的水。
6 將 Hexa 金屬濾網放上濾蓋，再將濾蓋擰緊至濾筒中。
7 濾筒下放置拉花鋼杯後，再將步驟 6 倒置。
8 慢慢地加壓將壓桿按到底。
9 萃取出的咖啡慢慢倒入步驟 3 咖啡杯中。
10 從冰箱取出步驟 1 調配好的鮮奶油，用湯匙稍微攪拌後，取出約 30g 放上步驟 9 咖啡中，即可完成。

STORY 小故事

CAFE MULE 的主客群以附近的上班族為主，大部分是利用中午休息時間來店做外帶。不過也有許多客人喜歡晚餐時間來到 CAFE MULE，享受片刻閒暇時光，與店內咖啡師聊聊天，交流咖啡大小事。通常他們對創新的飲品都會感興趣，為了滿足這些咖啡愛好者的好奇心，CAFE MULE 於是開發了 Cafe Saikong，畢竟是為熟客量身訂做的，Cafe Saikong 從視覺到風味都充滿特色。

愛樂壓的萃取過程就如同一場表演，充滿趣味，而且容易控制原豆量與萃取水溫，可以輕易操控，萃取出想要的咖啡口感。完成的 Cafe Saikong 用的是類似像甕形的透明玻璃杯盛裝，杯口與杯底較窄，杯身中央較寬的設計，雖然看起來上層煉乳與奶油的量比咖啡量少，但其實兩者的比例調和是均勻的。建議飲用時可以用湯匙稍加攪拌，留下上層的鮮奶油部分，煉乳則會與下層咖啡混合，如此能夠喝出不同層次的甜蜜口感。

示範 姜咖藍 咖啡師（音譯）

CHAPTER **7**

CAFFE BRULEE

WONDER COFFEE

PROFILE 小檔案

·義式咖啡機 La Marzocco FB80 雙頭
·磨豆機 Mazzer Royal Electronic
·原豆,綜合原豆配方
　Aroma—印度、宏都拉斯、烏干達、喀麥隆、
　越南、巴西
·烘焙程度 重烘焙
·原豆量 21g
·萃取水量 140ml
·義式濃縮咖啡萃取方式 不進行預浸,萃取
　22～27 秒,雙份芮斯崔朵 30ml
·牛奶 每日牛乳 Original(脂肪含量 14%)
　180～200ml
·奶泡程度 稠密奶泡,量約占整杯 2/3 程度
·副原料 果糖糖漿 15ml,冰塊 15 顆,白砂糖 3g
·其他器具 Café De Amour 奶泡器 400ml,搖杯
　400ml,濾網,料理瓦斯噴槍
·最終飲料量 約 300ml
·風味 焦糖,渾厚的醇度,堅果,柔順口感,均
　衡度佳

RECIPE 製作方式

1　將冰牛奶倒入奶泡器中,上下抽拉壓桿約 1
　分鐘製造奶泡,再放入冰箱內保存存。
2　將果糖糖漿和冰塊放入搖杯中。
3　研磨好的咖啡粉粒填裝進沖煮把手中,進行
　濃縮咖啡萃取,不進行預浸萃取 26～32 秒。
4　將步驟 3 萃取完的濃縮咖啡倒入步驟 2 搖杯
　中搖動。
5　將步驟 4 搖杯中的內容物用濾網過濾,倒入
　咖啡杯中。
6　從冰箱取出步驟 1 打好的奶泡,用大湯匙攪
　拌後挖取,沿著步驟 5 咖啡杯的杯壁,慢慢

地讓奶泡滑落至杯中。
7　奶泡放滿至咖啡杯後,在上面均勻地撒上白
　砂糖。
8　用料理瓦斯噴槍稍加烘烤白砂糖,使咖啡表
　層稍微呈現微焦感。

STORY 小故事

位在首爾梨泰院的 WONDER COFFEE,來這
裡的客人多半是想有悠閒地品嚐咖啡,享受
閒暇時光,因此店內特別推出招牌飲料咖啡
布蕾(Coffee Brulee),堅持呈現其本身特
色風味,僅提供內用不提供用外帶杯盛裝。

製作咖啡布蕾時的重點莫過於集中在奶泡的
稠密度上,奶泡器的運用可以使冰牛奶打出
的奶泡細微綿密,濕潤感足夠且維持度佳。
WONDER COFFEE 希望咖啡布蕾能展現出義
大利式的濃縮咖啡口感,因此採用短萃取的
雙份芮斯崔朵作為濃縮咖啡,萃取量不多,
為的是避免濃縮咖啡香味太濃厚而蓋過了奶
香。飲料製作的最後階段是要在奶泡灑上砂
糖,利用料理噴槍加熱,烤成如奶油布蕾般
的感覺。要注意砂糖千萬不要過度烘烤,否
則會產生焦味,也影響美觀。

完成的咖啡布蕾用透明的 Shetland 咖啡杯盛
裝提供,客人可從側面欣賞下層咖啡與上層
牛奶的對比,擁有另一番視覺享受。建議飲
用時先弄碎焦糖層品嚐,再嚐一點中間柔順
的奶泡,最後再喝最下層的咖啡,如此一來
可以感受 3 種不同味道的層
次口感。分別品嚐完各部
位後,接著可用湯匙將
咖啡攪拌後再飲用,便
可感受到如冰卡布奇諾般
香甜柔順的口感。

示範 劉英吉 咖啡師(音譯)

CHAPTER **8**

GRAPE FRUIT BOMB

COFFEE BOMB

PROFILE 小檔案

· 義式咖啡機 La Marzocco FB80 三頭
· 磨豆機 Mazzer Royal Electronic
· 原豆，綜合原豆配方
  C4—巴西喜拉朵日曬處理（Brazil Cerrado Natural）40%、印尼蘇門答臘加幼曼特寧 G1Mt.Gayo Wih Pesam 水洗處理（Indonesia Mandheling G1 Mt.Gayo Wih Pesam Washed）25%、哥倫比亞特級水洗處理處理（Colombia Supremo Washed）25%、 巴拿馬 SHB EP 翡翠莊園巴爾米拉 RFA 水洗處理（Panama SHB EP La Esmeralda Palmyra Estate RFA Washed）10%
· 調豆方式，烘焙程度 先混合後烘焙，中度烘焙
· 原豆量 21g
· 義式濃縮咖啡萃取方式 預浸 3 秒，總共萃取 40 秒，3 份芮斯崔朵 60ml
· 牛奶 Binggrae 真味牛乳 1A（脂肪含量 16%）270ml
· 副原料 葡萄柚果肉 30g，葡萄柚果肉糖漿 10ml，冰塊，葡萄柚果乾裝飾 1 片
· 其他器具 Latte Master 電動奶泡器
· 最終飲料量 300ml
· 風味 焦糖，堅果，黑巧克力，葡萄柚，爽口酸味，渾厚的醇度，餘味深長

RECIPE 製作方式

1 咖啡杯中放入葡萄柚果肉與葡萄柚果肉糖漿。
2 在步驟 1 杯中再倒入 100ml 牛奶，用攪拌匙攪拌後再倒入 100ml 牛奶。
3 在步驟 2 杯中放入冰塊至杯中一半位置。
4 將 70ml 的牛奶倒入電動奶泡器製作奶泡。
5 研磨好的咖啡粉粒填裝進沖煮把手中，進行濃縮咖啡萃取。
6 將步驟 5 萃取好的濃縮咖啡倒入步驟 2 咖啡杯中，再將步驟 4 打好的奶泡倒滿至杯中。
7 在奶泡上放上 1 片葡萄柚果乾作為裝飾，即大功告成。

TIP 葡萄柚果肉 & 葡萄柚果肉糖漿製作方式

1 選取新鮮的葡萄柚並洗滌乾淨。
2 將葡萄柚塊狀切成約 0.8cm 的大小。
3 把切好的葡萄柚與砂糖以 1：1 的比例放入鍋爐中，混合後開始熬煮。
4 約熬個 10 分鐘後會開始收乾並冷卻。
5 將步驟 4 鍋內的果肉與糖漿分開，分別裝進容器內冷藏保存。

STORY 小故事

位於辦公商圈的 COFFEE BOMB 來客大多是有喝咖啡習慣的上班族，有時他們也希望轉換口味，嘗試美式咖啡或拿鐵以外的咖啡，因此店內特別推出葡萄柚炸彈（Grape Fruit Bomb），提供給上班族們另一種選擇。因店內人潮較多，因此選用電動而非手動的磨豆機；平刀盤設計的 Mazzer Robur 可以維持一定的研磨程度，使研磨出咖啡粉粒狀態一致。濃縮咖啡萃取方面，考慮到咖啡口味必須與偏甜的葡萄柚做搭配，為了達到口感均衡，採用的是較濃的 2 份芮斯崔朵濃縮。另外除了濃縮咖啡外，在葡萄柚炸彈中，決定口感最重要的靈魂莫過於葡萄柚果肉了。此原料由 COFFEE BOMB 親自手作，也是飲料製作中最費功的部分。選擇新鮮的葡萄柚洗滌乾淨後，與砂糖一起熬煮，要訣是要煮到葡萄柚呈現富有彈性嚼勁的的口感才能起鍋。

COFFEE BOMB 推薦葡萄柚炸彈冰飲風味較佳，店內使用的是約 475ml 容量的透明玻璃杯盛裝，可以明顯欣賞到葡萄柚果肉融合在濃縮咖啡與牛奶中的樣貌。一開始建議先不要攪拌，直接用吸管吸取飲料底層的葡萄柚果肉，接著再啜飲一些上層的牛奶與濃縮咖啡，最後才輕輕攪拌飲用，享受混合的多層次口感。

示範·金忠賢 咖啡師（智譯）

BICERIN

KONGBAT
COFFEE ROASTER

PROFILE 小檔案

- 義式咖啡機 Breville BES920
- 磨豆機 Compak K10 Fresh
- 綜合原豆配方
  盧安達 Kirimbi 莊園波旁水洗處理（Rwanda Kirimbi Bourbon Washed）60%、巴西聖塔茵莊園日曬處理（Brazil Santa Ines Natural）40%
- 調豆方式，烘焙程度 先烘焙後混合，中度重烘焙
- 原豆量 約 20g
- 義式濃縮咖啡萃取方式 預浸 4 ～ 6 秒，總共萃取 25 ～ 32 秒，雙份芮斯崔朵 40 ～ 50ml
- 牛奶 首爾牛乳 365 1 等（脂肪含量 16%）150 ～ 200ml
- 拉花鋼杯 300ml
- 奶泡溫度 約 60℃
- 奶泡程度 介於濕奶泡與乾奶泡之間
- 副原料 可可聯盟（Republica Del Cacao）62% 黑調溫巧克力（Couverture）20g
- 最終飲料量 180ml
- 風味 甘草，紅棗，根莖類的苦味與甜味，巧克力，花生

RECIPE 製作方式

1 在咖啡杯中倒入熱水預熱。

2 在小的牛奶平底鍋內加入黑巧克力 Couverture 與牛奶 50ml，使用打泡器攪拌並開小火使其融化，平底鍋中央開始起泡後再將火關掉。

3 將步驟 1 咖啡杯裡的熱水倒掉，再將步驟 2 巧克力牛奶倒入杯中，此時使用矽膠鍋鏟將黏附在鍋底與邊緣的巧克力，都裝進杯子裡。

4 研磨好的咖啡粉粒填裝進沖煮把手中，進行濃縮咖啡萃取。

5 在咖啡萃取進行同時，一面將牛奶倒入拉花鋼杯製作蒸奶，在拉花鋼杯中倒入 100 ～ 150ml 的牛奶，前半段通過空氣的大量注入，充分地製造奶泡。

6 蒸奶溫度達到 60℃時停止蒸製，接著用大湯匙挖取奶泡填入咖啡杯中央，直到奶泡佈滿呈圓頂狀。

STORY 小故事

KONGRAT COFFEE ROASTER 是位在流動人群較稀少的商圈，為了吸引初次訪問的客人再次回流，他們致力於開發其他咖啡店找不到的特色咖啡。店內的招牌比切林（Bicerin）是來自義大利杜林的傳統義式咖啡，即展現出巧克力與濃縮咖啡結合的鮮明性格。

比切林製作的第一步以熱巧克力為始，選用的是調溫巧克力，其原料是 1 種帶有紅肉水果香的秘魯克里歐爾種單品可可亞，巧克力風味獨特。融煮巧克力時為了使其達到最適宜的濃度，當看見巧克力上開始起泡時就必須關火，以避免結塊或造成苦澀味。因為黑巧克力已經有充分的苦味，所以濃縮咖啡是採用短萃取的芮斯崔朵。奶泡則是製作成乾奶泡，因為希望奶泡能不混合進咖啡內，乾奶泡的流動性較低且彈性佳，所以比較容易層疊在咖啡上。

為了能彰顯出比切林的層次感，店內選用的是半透明材質的 Duralex Lys Amber 咖啡杯盛裝。建議客人飲用時先分別品嚐奶泡、濃縮咖啡與巧克力的口味，最後再用湯匙攪拌沉澱在底層的巧克力，此時便可深刻地感受到巧克力苦與甜交融的口感。

示範 金錫 咖啡師（音譯）

UVA MILK TEA

TREEANON

PROFILE 小檔案

- 茶 曼斯納烏瓦茶（Melesna Uva）
- 茶量 6g
- 泡茶器具 不鏽鋼牛奶平底鍋
- 水量 100ml
- 水溫 100℃
- 浸泡時間 5 秒
- 牛奶 首爾牛乳 咖啡師牛奶（脂肪含量 16%）250ml
- 副原料 鸚鵡牌砂糖（La Perruche）8 ～ 12g
- 最終萃取量 300ml
- 風味 乾淨爽口的香氣，醇厚濃郁的口感

RECIPE 製作方式

1 將熱水倒入茶壺與茶杯中使其預熱。
2 在牛奶平底鍋中放入水煮沸至 100℃。
3 水煮沸後放入茶葉約泡 5 秒左右，只要到茶葉吸水的程度就可以了。
4 將牛奶與砂糖到入步驟 3 鍋中繼續煮。
5 牛奶平底鍋邊緣部分開始冒泡後即可關火。
6 將步驟 1 茶壺中與杯中的水倒掉，再將步驟 5 完成的奶茶倒入茶壺中。

STORY 小故事

烏瓦茶（Uva Tea）產於斯里蘭卡東南部的高山地帶（海拔約 1200 ～ 1800m），與祁門、大吉嶺一同並列為世界 3 大頂級紅茶。每年 6 至 8 月斯里蘭卡西南地區吹西南季風，帶來豐沛的雨量，反面的東北地區則是吹暖風，因此烏瓦以及附近區域與西南地區的氣候有所區隔，形成了一個特殊的地方性氣候，茶葉在這樣的氣候下會起化學變化，產生強烈薄荷香，當季的烏瓦茶就是如此產生的。TREEANON 選用的則是雖不是當季產，但仍具有烏瓦茶特性的曼斯納烏瓦茶。

由於韓國的水是軟水，茶葉在軟水中很快就能泡開，因此茶葉選用的是較細碎且短時間就能萃取出高濃度茶成份的 BOP（Broken Orange Pekoe）* 等級。為了萃取出茶葉好的成份並減少苦澀味，採短時間萃取且使用的水量也較少。另外牛奶則是選用經超高溫殺菌的牛乳，使奶茶風味更柔順。

為了保持烏瓦奶茶茶香與營養成份，煮茶時不使用高溫，但盛裝時則是使用保溫程度較佳的陶瓷材質茶杯組。TREEANON 也十分重視茶的特性與茶點的搭配，建議客人點用烏瓦奶茶時，除了搭配慕斯蛋糕或新鮮水果蛋糕，也可以試試餅乾與布朗尼，體驗更豐富多元的口感。

示範 鄭載龍 代表（音譯）

---

* BOP：紅茶依照茶葉的加工等級之區分標示。OP等級為新芽下附著的幼葉，屬於比較高等級的紅茶，B則是Broken，細碎的意思，BOP指的也就是更細碎的茶業。

20

韓國咖啡師冠軍大賽參賽作品

從 2003 年至今，韓國咖啡師冠軍大賽（Korea Barista Champinion, KBC）
培育出了無數優秀專業的咖啡師，
以下公開於 2014 和 2015 年激烈的競爭下獲得前 3 名的代表性作品。

CHAPTER **1**

2015 KBC 第一名

VIOLET SIGNATURE

PROFILE 小檔案

- 義式咖啡機 Rancilio Classe 11 x-celsius
- 磨豆機 Rancilio Kryo 65 OP& ST
- 原豆，綜合原豆配方
  Violet—肯亞 Chinga Queen AA 60%，衣索比亞查爾巴 G1 日曬處理（Ethiopia Chelba G1 Natural）30%，瓜地馬拉安提瓜（Guatemala Antigua）10%
  H.F.C.—Hi-Fermented Biotechnology 加工處理原豆
- 原豆量 Violet 共 37g（一杯的量是 18.5g），H.F.C. 25g
- 濃縮咖啡萃取方式 一共萃取 2 次，每次各預浸 2 秒，包含預浸時間共萃取 24 秒，萃取量 1 份為 23g，2 份總量為 46g
- 副原料 葡萄汁 60g，可可亞糖漿 60g
- 其他器具 聰明濾杯、鮮奶油發泡器、不鏽鋼製冰盒
- 最終飲料量 約 260g（4 杯份量）
- 風味 藍莓，紫葡萄，黑巧克力，奶油口感

RECIPE 製作方式

1 研磨好的咖啡粉粒填裝進沖煮把手中，進行第 1 次的濃縮咖啡萃取。
2 再萃取 1 次濃縮咖啡。
3 在鮮奶油發泡器中放入預先準備好的冰塊與濃縮咖啡進行冷卻。
4 運用聰明濾杯萃取 H.F.C 加工原豆的咖啡。
5 在步驟 3 奶油發泡器中再加入葡萄汁與可可亞糖漿，並注入氮氣。
6 搖動鮮奶油發泡器後再裝進壺中。
7 在咖啡杯中依序倒入步驟 3 和步驟 5。

TIP 葡萄汁製作方式

由質感濃郁的「Well Farm 初榨 100% 葡萄汁」，與葡萄香濃厚的「Delmonte Cold 100% Grape」以 1：2 的比例調製而成。

TIP 可可亞糖漿製作方式

可可豆粒、白砂糖、非精製砂糖以 1：2：2 的比例備料，再加入水熬煮成糖漿狀，再發酵而成。

STORY 小故事

VIOLET SIGNATURE 是在決賽中運用 Violet 綜合原豆所研發出的作品，製作重點是要強調咖啡香的均衡感以及呈現咖啡原豆本身的特色風味。希望咖啡能夠充分呈現出葡萄與藍莓香氣，因此使用原料添加了葡萄汁，並選用 H.F.C. 加工方式 * 處理的原豆，萃取出濃縮咖啡，還添加了可可亞糖漿製造出巧克力後味。另外在咖啡注入氮氣，提升 VIOLET SIGNATURE 更獨特的質感。

示範 宋露珠 咖啡師

* H.F.C.加工處理：H.F.C.加工處理是生豆後處理加工法中的其中一種，可以使咖啡散發出其本身沒有的天然香，運用加工原料將商業用原豆以新的方式呈現，對於咖啡商業市場的永續經營算是另一項方案。

CHAPTER **2**

2015 KBC 第二名

O.S.T COFFEE

PROFILE 小檔案

- 義式咖啡機 Rancilio Classe 11 x-celsius
- 磨豆機 Rancilio Kryo 65 OP& ST
- 原豆，綜合原豆配方
  A-Range—坦尚尼亞莫希（Tanzania Moshi）40%，衣索比亞柯凱 G1 水洗處理處理（Ethiopia KOKE G1 Washed）30%，肯亞 Chinga Queen AA 30%
- 原豆量 20g
- 濃縮咖啡萃取方式 不進行預浸萃取 18 ～ 19 秒，芮斯崔朵 22ml
- 副原料 茶糖漿冰塊 15g，冰塊 100g，葡萄柚切片些許，檸檬渣些許，茶糖漿 25ml，天然柳橙香精油 1 滴，柳橙香蒸氣
- 其他器具 搖杯，榨汁器
- 最終飲料量 60ml（不含冰塊）
- 風味 醇度柔順，均衡度佳，柑橘，蜂蜜，餘味深長

RECIPE 製作方式

1 在小茶杯中裝滿茶糖漿冰塊。
2 研磨好的咖啡粉粒填裝至沖煮把手中，在步驟 1 小茶杯上進行萃取，此時不進行預浸，直接萃取 18 ～ 19 秒。
3 再準備另 1 個杯子，放入葡萄柚切片、檸檬渣與冰塊。
4 將步驟 2 萃取好的濃縮咖啡倒入步驟 3 杯中，再倒入茶糖漿，接著加入 1 滴柳橙香精油。
5 將裝在搖杯中的柳橙香蒸氣倒滿至步驟 4 杯中，再將杯口蓋住。
6 稍加搖晃杯子使杯中內容物混合，再插上吸管即完成中。

TIP 茶糖漿＆冰塊製作方式

材 料 水 300ml、Rishi Tea Blueberry Rooibus 1g、Rishi Tea Peach Blossom 0.5g、大吉嶺 1g、檸檬片 0.5g、非精製砂糖 75g

1 在鍋爐內放入熱水與所有材料，燜蒸 1 小時。
2 將步驟 1 過篩，一部分做為糖漿使用，另一部分放入冷凍庫當作冰塊。

TIP 柳橙香蒸氣製作方式

在搖杯中先放入乾冰，再倒入熱水，當氣體開始上升後榨取柳橙汁加入。必須注意倒入的水量，如果水加得太多會造成最後倒入蒸氣至杯中時流出多餘水份；若水加得太少則會造成氣體瞬間冷卻，因此必須調節水量與乾冰的量一致。

Story 小故事

O.S.T 咖啡盛裝的杯子是一大亮點，是參賽者金德雅從 2015 年 WBC 大賽冠軍者李鐘勳咖啡師在茶大賽示範之作品中所獲得的靈感。杯中從咖啡、水果與果香精到蒸氣等多種原料的互動，可以看出參賽者的創意與用心。杯子的種類並沒有一定限制，但吸管是必備的，若不使用吸管直接飲用的話，杯中的柳橙蒸氣與柳橙精油會影響到飲料的味道，因此飲用時必須使用吸管。

示範 金德雅 咖啡師（音譯）

CHAPTER **3**

PUZZLE

PROFILE 小檔案

- 義式咖啡機 Rancilio Classe 11 x-celsius
- 磨豆機 Rancilio Kryo 65 OP& ST
- 原豆，綜合原豆配方
  Combina一 瓜 地 馬 拉 安 提 瓜（Guatemala Antigua）40%，衣索比亞查爾巴 G1 日曬處理（Ethiopia Chelba G1 Natural）40%， 肯 亞 Chinga Queen AA 20%
  2014 CoE#1 薩爾瓦多 Santa Rosa Chenango
- 原豆量 Combina 35g、2014 CoE#1 El Salvador Santa Rosa Chenango 35g
- 濃縮咖啡萃取方式 一共萃取 2 次，每次各預浸 5 秒，包含預浸時間共萃取 25 秒，萃取量 1 份為 50ml， 2 份總量為 100ml
- 副原料 茶精油噴霧少許
- 其他器具 拉花鋼杯，搖杯，HarioV60，噴霧罐
- 最終飲料量 50ml（1 杯的份量）
- 風味 清新茉莉花香，蜜橘子糖，如棉花糖般餘韻，渾厚的醇度

RECIPE 製作方式

1. 研磨好的咖啡粉粒填裝至沖煮把手中，進行第 1 次濃縮咖啡萃取。
2. 再萃取 1 次濃縮咖啡，將萃取好的濃縮咖啡全部倒入小拉花鋼杯中。
3. 運用 Hario V60 萃取薩爾瓦多咖啡原豆，此時將步驟 2 萃取好的濃縮咖啡代替水倒入咖啡壺中進行 30 秒的燜蒸。
4. 再將 180 ～ 200ml 的水分 3 次倒入步驟 3 咖啡壺中進行萃取。
5. 在搖杯中裝滿冰塊，再將步驟 4 萃取好的咖啡倒進搖杯搖晃使其冷卻，此時為避免冰塊

融化會使咖啡變淡，必須要短時間快速地搖晃。

6. 將步驟 5 完成的咖啡倒入咖啡杯中，最後朝杯內噴灑濃茶製作出的茶精油噴霧 2 下。

TIP 茶精油噴霧製作方式

材 料 TWG T6045 Brothers Club Tea 5g、TWG T6008 Tibetan Secret Tea 5g、TWG T6168 Weekend in Dubai Tea 5g、砂糖少許、水 100ml

將 3 種茶、砂糖和水全部放進鍋內進行熬煮後，再放至冰箱內發酵。茶精油噴霧為的是要強調濃郁茶香，因此與一般飲用茶的濃度不同，製作時必須泡得濃一些。

STORY 小故事

PUZZLE 咖啡的創作理念是，咖啡中的醇度、酸味、甜味與精油香就好似一塊塊拼圖，將這些元素拼出一幅完美的畫。其作品的一大特點是利用萃取出的 Combina 義式濃縮咖啡代替水來進行手沖咖啡的燜蒸，萃取出極致的濃縮咖啡香，同時也成功地突顯出薩爾瓦多原豆的特性，兩者的結合創造出咖啡風味的加成效果。最後再運用 3 種茶包混合製成的茶精油，提升咖啡香的豐富性，由於僅是為了添加香氣，因此採用噴霧式噴灑進咖啡，而非直接加入咖啡中。

示範 李恩珠 咖啡師（韓國）

2014 KBC 第一名

ORANGE PEEL SO GOOD

PROFILE 小檔案

- 義式咖啡機 Rancilio Classe 11 x-celsius
- 磨豆機 Rancilio Kryo 65 OP& ST
- 原豆，綜合原豆配方 義大利 Musetti Midori 咖啡豆
- 原豆量 16g
- 濃縮咖啡萃取方式 預浸 6 秒，包含預浸時間共萃取 18 秒，芮斯崔朵 15ml
- 副原料 柳橙皮 3g，檸檬醬 3g，柳橙糖漿 5ml
- 其他器具 聰明濾杯
- 最終飲料量 20ml
- 風味 柑橘，清涼又清爽的口感

RECIPE 製作方式

---

1 研磨好的咖啡粉粒填裝至沖煮把手中，進行濃縮咖啡萃取。

2 在聰明濾杯中放入柳橙皮、檸檬醬以及步驟 1 萃取好的濃縮咖啡，利用搗棒加壓柳橙皮後，浸泡約 4 分鐘後萃取至杯中。

3 將步驟 2 咖啡倒入裝滿冰塊的碗，約冷卻 4 分鐘。

4 在咖啡杯中放入柳橙糖漿。

5 將步驟 3 咖啡慢慢地倒進步驟 4 咖啡杯中，製造出層次。

TIP 柳橙糖漿製作方式

材料 1 顆柳橙的果皮、砂糖 100g、水 100ml

用刨絲器將柳橙果皮的部分刨成細絲，白色肉皮的部分會有苦澀味，因此刨絲的時候不要把白色肉皮也刨出來。最後再將所有材料都放入鍋中煮 5 分鐘後冷卻，冷藏保管 3 日。

TIP 檸檬醬製作方式

將相同份量的檸檬果肉與砂糖一同放入容器中，在室溫下經 1 天發酵後，再放入冰箱 7 日冷藏保管。

STORY 小故事

ORANGE PEEL SO GOOD 是 1 杯為了展現濃縮咖啡中能散發柳橙和檸檬清爽又清涼口感的概念所研發的咖啡。因僅有 2 口的容量，再加上希望能在視覺上呈現出飲料分層的效果，因此選用小容量且杯底型態較窄的杯子盛裝。

示範 鄭美麗 咖啡師（音譯）

2014 KBC 第二名

REFRESSO

PROFILE 小檔案

· 義式咖啡機 Rancilio Classe 11 x-celsius
· 磨豆機 Rancilio Kryo 65 OP& ST
· 原豆，綜合原豆配方 義大利 Musetti Midori 咖啡豆
· 原豆量 16g
· 濃縮咖啡萃取方式 不進行預浸，總共進行 15 秒的萃取，芮斯崔朵 25ml
· 副原料 小黃瓜糖漿 5ml、吉利丁泡沫 10g、萊姆皮 1 片
· 最終飲料量 35ml
· 風味 柑橘，清爽乾淨的餘味

RECIPE 製作方式

1 研磨好的咖啡粉粒填裝至沖煮把手中進行萃取，此時不進行預浸，直接萃取 15 秒。
2 將步驟 1 萃取完的咖啡移至小杯中，再倒入裝滿冰塊的碗，冷卻 3 ～ 5 分鐘。
3 在咖啡杯中倒入冰涼的小黃瓜糖漿。
4 將步驟 2 咖啡沿著湯匙倒入步驟 3 咖啡杯中。
5 在咖啡上打出吉利丁泡沫做裝飾，最後再放上萊姆皮即完成。

TIP 小黃瓜糖漿製作方式

材料 水 25ml、砂糖 50g、寡糖 7ml、小黃瓜 30g

1 在鍋中放入水、砂糖與寡糖。
2 小黃瓜切片並過篩。
3 將 1 和 2 以 1：1 的比例混合後，放入冰箱冷藏保管。

因為小黃瓜水份較多，因此與咖啡混合後容易被吸收進去，而無法分層，所以製作糖漿時加入寡糖製造出黏度，才能使糖漿與咖啡呈現層次狀。

TIP 吉利丁泡沫製作方式

材料 熱水 340ml、吉利丁片 2 片（40g）、萊姆 50g、砂糖 50g

1 將吉利丁片放入熱水使其融化。
2 將萊姆與砂糖放入攪拌器中，攪拌後再過篩。
3 將步驟 1 和步驟 2 都放入鮮奶油發泡器中再注入氮氣，放進冰箱發酵 12 小時後再取出使用。

STORY 小故事

REFRESSO 的第 1 口喝到的是濃郁的芮斯崔朵，第 2 口則是小黃瓜糖漿的清涼感與甜蜜感，第 3 口則能夠感受到吉利丁泡沫口感清爽的後味。特別是吉利丁泡沫比起鮮奶油的質地較輕盈也較爽口，與小黃瓜搭配得恰到好處，再加上萊姆糖漿又更提升了咖啡整體的清爽感，萊姆皮的裝飾更增添了柑橘類的香氣。最後選用高雅的高腳杯來盛裝這杯芮斯崔朵，表達 REFRESSO 清爽無負擔的形象。

示範 尹慧玲 咖啡師（首爾）

索　引

Aeropress 愛樂壓 257, 368, 437, 471
aftertaset 餘味 75, 80, 82, 84, 375
alma negra 黑靈魂日曬處理法 348
arabica 阿拉比卡 13, 15, 93, 94, 163, 347,
aroma 濕香 63, 64, 72, 75, 77, 82, 84
balance 均衡度 75, 81, 82, 84, 375
body 醇度 75, 79, 81, 84, 100,105,145, 163, 167, 199,347,375
bourbon 波旁 13, 99, 163, 347
breakfast blend 早餐綜合咖啡豆 167
brewing 沖煮 153, 248, 253
burr 磨盤 183, 363
caffeine 咖啡因 15, 41, 42, 61, 93, 96,133, 377, 382,
cappuccino 卡布奇諾 271,385, 442, 444, 446,466, 468
castillo 卡斯提優 99
catuai 卡杜艾 13, 347
catura 卡杜拉 13, 99, 347
channeling 通道效應 182, 228, 229, 232, 413
city roasting 城市烘焙 138, 153, 349
clean cup 澄淨度 75, 78, 82, 84, 163
clever 聰明濾杯 260, 367
coffe berry disease 咖啡炭疽病 23
coffee berry borer 咖啡果小蠹 23
coffee leaf rust 葉鏽病 23
cold brew 冷萃咖啡 262, 368
crema 克麗瑪 217～221, 227, 279, 280,281, 301, 302
crust 咖啡浮渣 63, 72
cupping 杯測 62, 64, 66～73, 75, 76,81,82, 86, 87, 103, 152, 375
dark roasting 重烘焙 224, 349
doser chamber 分量器 185, 187
doser lever 撥桿 185, 187
drip pot 細口壺 359, 383
dripper 濾杯 251, 254, 260, 366, 367
dutch coffee 冰滴咖啡 368
espresso 濃縮咖啡 153, 194, 217, 220, 223～229, 231, 233, 368, 381, 382,
396
espresso blend 義式綜合豆 167
etching 雕花 273, 276, 326, 329, 332, 359
exotic blend 特選綜合咖啡豆 167
extraction 萃取 173, 174, 175, 177, 182,188, 193, 194, 195,198,199,
201～209, 217～237,248～252,279～281,
350,357,359,
361～368,374～385
free pouring 傾注成型 236～238, 274, 282, 441
French roasting 法式烘焙 128, 138
french press 法式濾壓壺 255～257, 368
French roast blend 法式烘焙綜合咖啡豆 167
full city roasting 深城市烘焙 128, 129, 138,153, 349,
grinder 研磨 170～189, 362～364
hand drip 手沖 253, 254, 366～368, 383

hand picking	人工採收	25
hemileia vastatrix	咖啡駝孢鏽菌	23
high roasting	深度烘焙	138
honey process	蜜處理法	38, 348
house blend	家常綜合咖啡豆	167
infusion	預浸	364, 381
insect damage bean	蟲蛀豆	23, 47
Italian roasting	義式烘焙	129, 138
kopi luwak	麝香貓咖啡	39
latte	拿鐵	167, 351, 370, 385, 440, 441, 454, 455, 456, 457, 462, 463
latte art	拿鐵拉花	265 ～ 309
light roasting	淺度烘焙	97, 138, 224, 349
litchi leaf blight	葉枯病	22
lungo	朗戈咖啡	382
mechanical striping	機器採收	25
medium dark	中度重烘焙	349
medium roasting	中度烘焙	138
milk foam	奶泡	219, 267, 271, 273, 280, 282 ～ 284, 286, 289, 293, 294, 197 ～ 300, 305 ～ 309, 385, 440 ～ 447
Mokapot	摩卡壺	368
mouth feel	口感	75, 78, 79, 81, 82, 165, 175, 248, 249, 375
mundo novo	蒙多諾沃	13, 347
natural process	日曬處理法	27, 347
perla negra	黑珍珠日曬處理法	348
portafilter	沖煮把手	185, 228, 237, 243, 364, 380
professional free pouring	進階傾注成型	274, 339
pulped natural process	去果皮自然乾燥處理法	35
raisin process	葡萄乾處理法	348
rib	肋骨	251, 367
ristretto	芮斯崔朵	382, 419, 443, 445, 449, 455, 461, 465, 469, 473, 475, 477, 485, 489, 491
robusta	羅布斯塔	12 ～ 15, 50, 93 ～ 96, 105, 160, 163, 224, 347
selective harvesting	選擇性採收	25
semi washed process	半水洗處理法	348
shade grown	樹蔭栽種	20, 22, 99
steam milk	蒸奶	219, 271, 273, 274, 276, 279, 280 ～ 284, 286, 288, 293 ～ 304, 307 ～ 309, 312 ～ 341, 351, 359, 384, 385, 440 ～ 457, 463, 467, 469, 477,
steam pitcher	拉花鋼杯	277, 295 ～ 300, 302, 304, 307,359, 385
steam tip	蒸氣頭	294 ～ 296, 298, 299
striping	搓枝法採收	25
summer blend	夏日綜合咖啡豆	167
sun grown	日照栽種	21, 99
syphon	虹吸式咖啡壺	368
tamper	填壓器	231, 232, 357, 381
tiger skin	虎皮	221
Turkish roasting	土耳其烘焙	138
typica	鐵比卡	99, 163, 167, 347
washed process	水洗處理法	17, 30, 33, 37, 347

咖啡專業知識全書
咖啡豆產地、烘焙、沖煮、菜單設計與店家經營深度分析

作　　者／崔致熏、元景首、金世軒、金志訓、IBLINE 編輯部
譯　　者／陳聖薇、葉雨純、陳青萍
編　　輯／顏慧儀
版權專員／顏慧儀
封面設計／黃聖文
內頁排版／申朗創意

發 行 人／何飛鵬
總 經 理／黃淑貞
總　　監／楊秀真
法律顧問／元禾法律事務所 王子文律師
出　　版／華雲數位股份有限公司
　　　　　台北市 104 民生東路二段 141 號 7 樓
　　　　　電話：（02）2500-7008・傳真：（02）2500-7759
　　　　　網址：www.jabook.com.tw
　　　　　email：jabook_service@hmg.com..tw
發　　行／英屬蓋曼群島商家庭傳媒股份有限公司城邦分公司
　　　　　台北市中山區民生東路二段 141 號 11 樓
　　　　　書虫客服務專線：（02）2500-7718 /（02）2500-7719
　　　　　24 小時傳真服務：（02）2500-1990 /（02）2500-1991
　　　　　讀者服務信箱 E-mail: service@readingclub.com.tw
　　　　　服務時間：週一至週五上午 9:30 ～ 12:00，下午 13:30 ～ 17:00
　　　　　劃撥帳號：19863813　戶名：書虫股份有限公司
　　　　　城邦讀書花園網址：www.cite.com.tw
香港發行所／城邦（香港）出版集團有限公司
　　　　　E-mail:hkcite@biznetvigator.com
　　　　　電話：（852）2508-6231・傳真：（852）2578-9337
馬新發行所／城邦（馬新）出版集團【Cite（M）Sdn.Bhd.】
　　　　　41, Jalan Radin Anum, Bandar Baru Sri Petaling, 57000 Kuala Lumpur, Malaysia.
　　　　　電話：（603）9057-8833・傳真：（603）9057-6622
印　　刷／高典印刷有限公司
　　　　　電話：（02）2242-3160・傳真：（02）2242-3170

出版日期：2018 年（民 107）1 月 25 日
再版日期：2022 年（民 111）8 月 4 日初版 5 刷
售價：1200 元

咖啡專業知識全書：咖啡豆產地、烘焙、沖煮、菜單設計與店家經營深度分析 / 崔致熏等作；陳聖薇，葉雨純，陳青萍譯 . -- 初版 . -- 臺北市：華雲數位出版：家庭傳媒城邦分公司發行，民 106.12
　　面；　公分

ISBN 978-986-95799-1-9（精裝）

1. 咖啡

427.42　　　　　　　　　　　　106024085

104台北市民生東路二段141號11樓

英屬蓋曼群島商家庭傳媒股份有限公司城邦分公司 收

- -

請沿虛線對摺，謝謝

J@B∞k
華雲數位

書號：3JA401　　　書名： 咖啡專業知識全書
　　　　　　　　　　　　　 咖啡豆產地、烘焙、沖煮、菜單設計與店家經營深度分析

J@B**oo**k
華雲數位
讀者回函卡

謝謝您購買我們出版的書籍！請費心填寫此回函卡，我們將不定期寄上華雲數位最新的出版訊息。

● 您從何處購入本書？
　□誠品　□金石堂　□博客來　□紀伊國屋　□諾貝爾　□一般書店
　□其他_____

● 吸引您購買的動機？（可複選）
　□工作上需要　□增加相關知識　□休閒閱讀
　□其他_____

● 購買本書前，您是否知道「華雲數位」這家公司？
　□知道，並購買過相關出版品　□知道，但從未購買過相關出版品　□從未聽過

● 您喜歡本書的哪個部分？（可複選）
　□照片　□文字　□版面編排　□內容資訊　□其他_____

● 讀完本書，您會想購買之後的其他出版品嗎？
　□想　□不想，原因是_____

● 對於本書或本公司，是否有其他意見？
_____

基本資料
姓名 _____ 性別 □男 □女 婚姻 □未婚 □已婚
生日 西元 _____ 年 ____ 月 ____ 日
學歷 □高中職（含）以下 □專科 □大學 □研究所 □博士（含）以上
職業 □資訊業 □金融業 □服務業 □製造業 □貿易業 □自由業
　　 □大眾傳播業 □軍公教 □學生 □其他 _____
個人年收入 □ 25 萬（含）以下 □ 26-50 萬（含）□ 51-75 萬（含）
　　　　　 □ 76-100 萬（含）□ 101-125 萬（含）□ 126-150 萬（含）
　　　　　 □ 151-200 萬（含）□ 201-300 萬（含）□ 301 萬（含）以上

聯絡電話 _____ 手機 _____
E-mail _____
地址 □□□ _____
_____